KOSMOS

Die Milchstraße

KOSMOS astrobibliothek

DIETER B. HERRMANN

Die Milchstraße

STERNE
NEBEL
STERNSYSTEME

INHALT

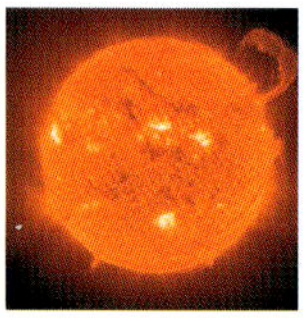

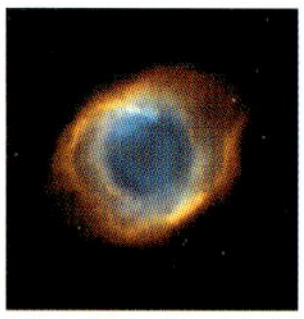

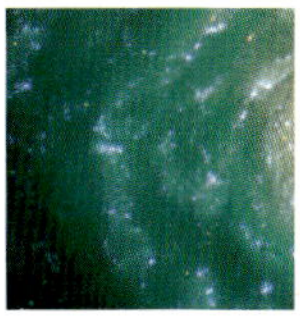

PROLOG

Ein Sternenband wie aus glitzernden Perlenwolken – das ist die Milchstraße. Ihr Anblick unter dunklem Himmel zählt zu den erhabensten Eindrücken, die wir Menschen empfangen können. Lange wusste man nicht, was sich hinter dieser majestätischen Erscheinung verbirgt und der Weg zur Erkenntnis war lang und hindernisreich. Dieses Buch berichtet davon, wie der Mensch allmählich das Geheimnis der Milchstraße entschlüsselte; es berichtet von einem der großen Abenteuer wissenschaftlicher Forschung.

Wenn unser Blick in einer klaren mondlosen Nacht zum Himmel schweift, erblicken wir eine Fülle unterschiedlichster Objekte: die hellen Planeten des Sonnensystems, Sterne verschiedener Strahlkraft und Farbe, Anhäufungen funkelnder Lichtpunkte, dunstig-neblige Objekte, gelegentlich aufblitzende Sternschnuppen und wohl auch manchmal einen Kometen mit seinem charakteristischen Schweif. Planeten, Kometen und Sternschnuppen sind Teil unserer näheren kosmischen Umgebung, sie gehören zum Planetensystem wie auch unsere heimatliche Erde. Das Sonnensystem mit seinen Planeten und deren Monden sowie die große Zahl aller anderen mit dem bloßen Auge sichtbaren Objekte sind Bestandteil einer gigantischen kosmischen Insel im Universum, dem Milchstraßensystem. Etwa einhundert Milliarden Sonnen tummeln sich hier, geordnet nach naturgesetzlichen Regeln.

Der wichtigste optische Hinweis auf die Existenz eines solchen Sternsystems ist das leuchtende Sternenband der Milchstraße, das sich hier schmaler, dort ausladender und zerklüfteter um den ganzen Himmel zieht. Jahrhundertelang grübelten die Gelehrten über dieses rätselhafte Phänomen. Die Schwierigkeit besteht darin, dass wir das gigantische kosmische Haus, in dem wir wohnen, quasi „von innen heraus“ aufklären müssen; wir wünschen gleichsam einen „Außenanblick“, ohne dass wir das Haus verlassen können. Zunächst wissen wir nicht einmal, an welcher Stelle des Hau-

DAS PANORAMA UNSERER MILCHSTRASSE

ses wir uns überhaupt befinden – eine intellektuelle Aufgabe von höchstem Anspruch! Erst in den letzten hundert Jahren ist es gelungen, die Geheimnisse unseres Milchstraßensystems so weit zu entschlüsseln, dass ein im Großen und Ganzen zutreffendes Bild entstand. Unsere heutigen Kenntnisse verdanken wir zahlreichen Forschern aller Länder und Zeiten. Ihnen allen wird mit jeder zeitgenössischen Darstellung ein Denkmal gesetzt. Viele Einzelheiten sind allerdings nach wie vor unklar und müssen künftigen Generationen von Forschern überlassen werden. So bildet auch diese Darstellung letztlich eine „Momentaufnahme" des gegenwärtigen Wissensstandes, der in manchen Einzelheiten gewiss noch korrigiert, aber vermutlich nicht mehr grundlegend verändert werden muss.

Dieses Buch beginnt mit den verschiedenen Objekttypen unseres Milchstraßensystems. Das entspricht nicht nur weitgehend dem tatsächlichen historischen Weg der Erkenntnis, sondern ist auch aus didaktischen Gründen sinnvoll. Denn erst das gesammelte Wissen über Sterne, Sternhaufen, interstellare Materie sowie deren jeweilige Eigenschaften wird es uns gestatten, das im eigentlichen Hauptteil vom Milchstraßensystem als Ganzem entworfene Bild zu verstehen. Zum Schluss lassen wir unseren Blick noch in die unmittelbare räumliche Nachbarschaft jenseits der heimatlichen Galaxis schweifen und betrachten die beiden Magellanschen Wolken und den großen Andromeda-Nebel. Hier schauen wir von außen auf ähnliche Weltgebilde wie unser eigenes Sternsystem und können diesen Vorteil in mancher Hinsicht auch für das Verständnis unseres Milchstraßensystems nutzen.

Wer nach der Lektüre den Wunsch verspürt, manche der hier dargestellten Probleme noch eingehender zu verfolgen, der greife zur weiterführenden Fachliteratur. Einige Empfehlungen, die sich auch an den interessierten Laien wenden, sind am Schluss des Buches zu finden.

Dieter B. Herrmann
Berlin, im Sommer 2003

SONNEN IM ALL – DIE STERNE

VOM LICHTPUNKT ZUR GASKUGEL

Was sind wohl die funkelnden Lichter am Himmel? Woher kommen sie, woraus bestehen sie und wie weit sind sie weg? Solcherlei Fragen stellten sich die Forscher und Gelehrten über viele Jahrhunderte. In grauer Vorzeit wusste niemand, was die Sterne sind. Dennoch finden wir bei fast allen alten Kulturvölkern ein Geflecht von mythischen Ideen und Mutmaßungen über das Wesen der Sterne, das mit religiösen Gedanken und einfachen Erfahrungen aus der irdischen Alltagswelt verbunden war. So galten die Sterne bei den Babyloniern in Mesopotamien vor über 3000 Jahren als Lampen am Himmelsgewölbe, das man sich wie das Innere einer gewaltigen Kuppel vorstellte. Die Ägypter betrachteten die Sterne als göttliche Wesen und Wohnsitz der Toten. Auch Plato stellte sich die Sterne göttlich vor. Sie sollten aus den vier Urstoffen Feuer, Wasser, Erde und Luft bestehen, zusätzlich aber den belebenden Urstoff der göttlichen Seele enthalten. Thales von Milet hingegen betrachtete die Sterne bereits als meteorologische Phänomene wie Blitz und Regentropfen und gab damit dem Prinzip einer natürlichen Deutung den Vorrang.

Bei den Pythagoräern taucht erstmals die Vorstellung von der Kugelgestalt der Sterne auf, die sie auch dem Universum als Ganzem und der Erde zuschrieben. Diese Vorstellung fußt allerdings nicht auf astronomischen Beobachtungen, sondern entspricht der

IM WELTBILD DER BAYLONIER HAT DAS HIMMELSGEWÖLBE DIE FORM EINER GEWALTIGEN KUPPEL. DARÜBER BEFINDET SICH DER SITZ DER GÖTTER. DAS INNERE DER HIMMELSKUGEL WIRD DURCH DIE SONNE UND DIE STERNE ERLEUCHTET. DIE ERDE WIRD DURCH EINEN HOHEN BERG DARGESTELLT, DER AUF DEM MEER RUHT.

mathematischen Ästhetik der Pythagoräer, die in der Kugel die vollkommenste aller denkbaren Gestalten erblickten.

Die Schule der griechischen Atomisten verzichtete ganz auf mythisches Beiwerk. Ihre Mitglieder betrachteten die Sterne als glühende Felsmassen in großer Ferne – als helle Feuer in dunkler Luft. Al-Farghani, der bekannte islamische Gelehrte des Mittelalters war davon überzeugt, dass selbst der kleinste aller sichtbaren Sterne größer sei „als das ganze Erdenreich".

Natürlich fragte man sich, in welcher Distanz sich diese „Lampen", „glühenden Felsen" oder „göttlichen Lichtwesen" wohl befinden würden. Wahrscheinlich sehr weit weg, so glaubte man, – jedenfalls jenseits der Sphäre des Planeten Saturn, des entferntesten der damals bekannten Wandelsterne. Die Kugelschale, an deren Innerem man sich die Sterne befestigt dachte, bildete in der damaligen Vorstellung die äußere Begrenzung des Kosmos, so dass alle Sterne gleich weit von der Erde entfernt sein mussten. Nur vereinzelt kamen andere Vermutungen auf, so z. B. bei Geminos, einem berühmten Mathematiker im 1. Jahrhundert v. Chr. Er schreibt, es sei nicht anzunehmen, dass alle Sterne auf einer Fläche liegen, sondern dass sie sich vielmehr in unterschiedlicher Höhe befinden, was man aber sinnlich nicht wahrnehmen könne. So gab es zwar vereinzelt bereits durchaus richtige Denkansätze, aber die allgemeine Lehrmeinung favorisierte dennoch die Vorstellung einer festen Fixsternsphäre.

Frischer Wind durch neue Ideen

An dieser Vorstellung hat sich Jahrtausende hindurch nichts Grundlegendes geändert. Selbst Nikolaus Kopernikus, der das geozentrische Weltbild im 16. Jahrhundert stürzte und die Sonne in das Zentrum des Universums setzte, betrachtete die Fixsternsphäre als den äußeren Abschluss der Welt, ohne über das Wesen der dort befindlichen Sterne auch nur die geringste Vermutung zu äußern.

Erst Giordano Bruno und Johannes Kepler brachten frischen Wind in die überkommenen Vorstellungen. So deutet Kepler in seinem Werk „Epitome Astronomiae Copernicanae" (Auszug aus der kopernikanischen Astronomie, 1620) erstmals an, dass nicht alle Sterne vom Zentrum des Planetensystems gleich weit entfernt stünden. Er nahm dabei stillschweigend für alle Sterne die gleiche „natürliche" Helligkeit an und vermutete wegen der unterschiedlichen scheinbaren Helligkeiten, dass die Fixsternsphäre eine bestimmte Dicke aufweist. Wenn auch diese „überhimmlische Kristallsphäre", die „tunica" der Welt nur 1/6000 des Sonnenradius dick sein sollte, so stellte sie damit doch keine zweidimensionale Sphäre mehr dar. Das Leuchten der Sterne führt Kepler übrigens

DIE WELTVORSTELLUNG DES KOPERNIKUS: DIE ERDE UND DIE ANDEREN PLANETEN KREISEN UM DIE SONNE.

ganz in der Tradition des Aristoteles auf Reflexion des Sonnenlichts zurück.

Bruno hingegen sieht in den Sternen zum ersten Mal ferne Sonnen! In dem von ihm postulierten unendlichen Weltall gibt es unendlich viele Sonnen, die ihrerseits Mittelpunkte von Planetensystemen sind. Von einer Fixsternsphäre ist bei Bruno keine Rede mehr. Allerdings handelte es sich bei diesen Vorstellungen letztlich nur um Spekulationen, wenn auch von zuvor nie da gewesener Kühnheit. Und immerhin: Die Vorstellung von unterschiedlich weit entfernten Sternen brach sich nun allmählich immer stärker Bahn. So schloss sich z. B. Otto von Guericke der Meinung Galileis an, die Sterne hätten recht verschiedene Abstände. Seine „Begründung“ war, dass es ihm sinnlos erschien, die „unbegreifliche Menge riesiger glänzender Körper“ auf eine einzige Sphäre zusammenzudrängen und den gedachten unendlichen Raum leer zu lassen.

Wie lange es allerdings noch dauern sollte, bis die Sterne in das Blickfeld physikalischer Betrachtungen gelangten, verdeutlicht ein Ausspruch des bekannten Berliner Physikers Heinrich Wilhelm Dove um die Mitte des 19. Jahrhunderts: „Was die Sterne sind, wissen wir nicht und werden es nie wissen.“ Viele seiner Zeitgenossen dachten ganz ähnlich. So hatte z. B. Johann Heinrich Mädler ebenfalls im 19. Jahrhundert erklärt, „dass auch selbst bei der Annahme einer noch weit größeren Vervollkommnung der optischen und mechanischen Hilfsmittel sich keine Aussicht eröffnen will, solche Beobachtungen möglich zu machen“, die uns „über die eigentliche

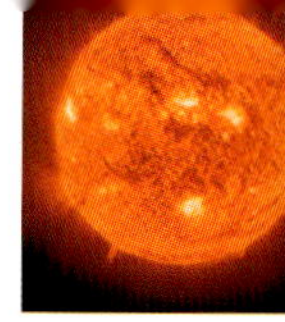

innere Natur der einzelnen Fixsterne“ Aufschluss geben könnten. Jedoch hatte es seit längerem auch Erkenntnisse gegeben, die andere Schlussfolgerungen nahe legten. Die ersten definitiven Entfernungsbestimmungen von Sternen Ende der 30er Jahre des 19. Jahrhunderts gestatteten es nämlich, die wirkliche Strahlungsleistung der Sterne abzuschätzen. Für einige Objekte ergaben sich dabei zwar Werte, die weit über denen unserer Sonne lagen, dennoch erschien es mehr als wahrscheinlich, dass die Sterne der Sonne physikalisch zumindest ähnelten.

Die Revolution durch die Spektralanalyse

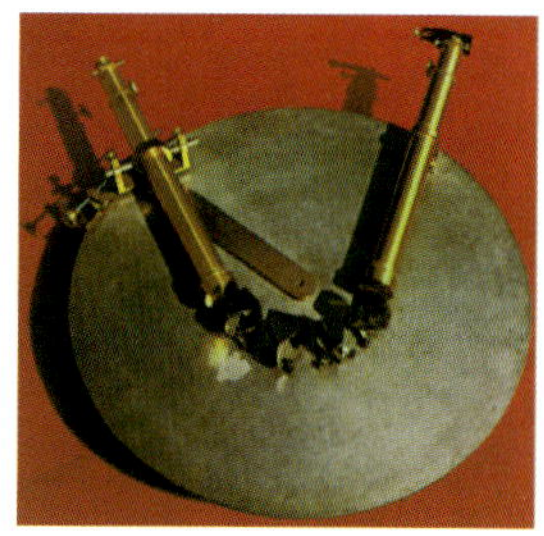

ORIGINAL-SPEKTROSKOP, MIT DEM G. R. KIRCHHOFF UM DIE MITTE DES 19. JAHRHUNDERTS DAS SPEKTRUM DER SONNE UNTERSUCHTE.

Die endgültige Bestätigung dieser seit den Tagen der Renaissance immer wieder aufgeflammten Idee kam gleichsam „über Nacht“. Denn im Jahr 1859 hatten der Physiker Gustav Robert Kirchhoff und der Chemiker Robert Wilhelm Bunsen die Spektralanalyse entdeckt, also die chemische Analyse durch Untersuchung der von Stoffen emittierten oder absorbierten Spektrallinien. Bei ihren Experimenten mit farbigen Flammen richteten die Forscher ihr Spektroskop eines Tages auch auf die Sonne und brachten vor die Spaltöffnung eine im gelben Licht des Natriums (Kochsalz) leuchtende Flamme. Sie erwarteten, dass die an derselben Stelle im Sonnenspektrum liegende dunkle D-Linie nun heller erscheinen würde. Doch das Gegenteil trat ein, die Linie war noch dunkler als zuvor. Kirchhoff erklärte diesen eigenartigen Befund auf folgende Weise: Die Natriumdämpfe der Flamme verschlucken Strahlen derselben Farbe, die sie im glühenden Zustand aussenden. Als Kirchhoff nachweisen konnte, dass sich zu 70 hellen Linien im Spektrum des Eisendampfes gleich viele entsprechende dunkle Linien im Sonnenspektrum nachweisen ließen, erschien es sehr wahrscheinlich, dass sämtliche dunklen Linien der Sonne auf Absorption, also auf ein Verschlucken der Strahlung zurückzuführen waren. Man nennt diese dunklen Linien „Fraunhofer-Linien“ nach ihrem Entdecker Joseph von Fraunhofer.

Kirchhoff leitete aus seinen Beobachtungen die erste wissenschaftliche Sonnentheorie ab, die besagte: Das Sonneninnere ist von höherer Temperatur als das Gas der Sonnenhülle, so dass die dort leuchtenden Elemente durch Absorption der Strahlung dunkle Linien erzeugen. Da die Spektren der Sterne ebenfalls durch das Vorkommen dunkler Linien gekennzeichnet waren, mussten die Sterne letztlich fernstehende Sonnen sein. Die Sonne erschien somit als Prototyp eines Fixsterns und ihre Erforschung versprach daher zugleich Aufschluss über das Wesen der anderen Sterne.

Schnell fand man heraus, dass die Sternspektren deutliche Unterschiede erkennen ließen, die in unverkennbarem Zusammen-

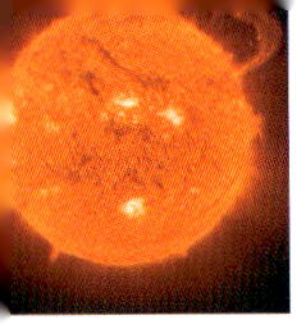

hang mit der Farbe des Sternenlichts standen: Die blauweißen Sterne wie Sirius im Großen Hund oder Rigel im Orion zeigten auf kontinuierlichem Grund etliche typische Wasserstofflinien. Bei den gelblichen Sternen, wie z. B. Arktur im Bootes, waren wesentlich mehr Linien in allen Bereichen des Spektrums zu erkennen, ähnlich dem Sonnenspektrum. Bei den rötlichen Sternen, wie etwa Beteigeuze im Orion, war der Linienreichtum am größten. Außerdem konnten verwaschene Streifen mit dunklen Linien und schattierte Bänder beobachtet werden. Der italienische Astrophysiker Angelo Secchi begründete auf diesen morphologischen Unterschieden seine Einteilung der Sternspektren in drei Klassen, die er mit römischen Zahlen bezeichnete. Allerdings war ihm bereits damals bewusst, dass die Vielfalt der Sternspektren mit dieser groben Einteilung nur sehr unzulänglich erfasst war. Deshalb wurde seine einfache Klassifikation später noch erheblich ausgeweitet und immer weitere Einzelheiten in die Beschreibung der verschiedenen Spektraltypen mit einbezogen. So vermutete man z. B. einen Temperatureffekt: Die weißen Sterne hielt man für heißer als die gelben

DIE SPEKTRALTYPEN NACH SECCHI

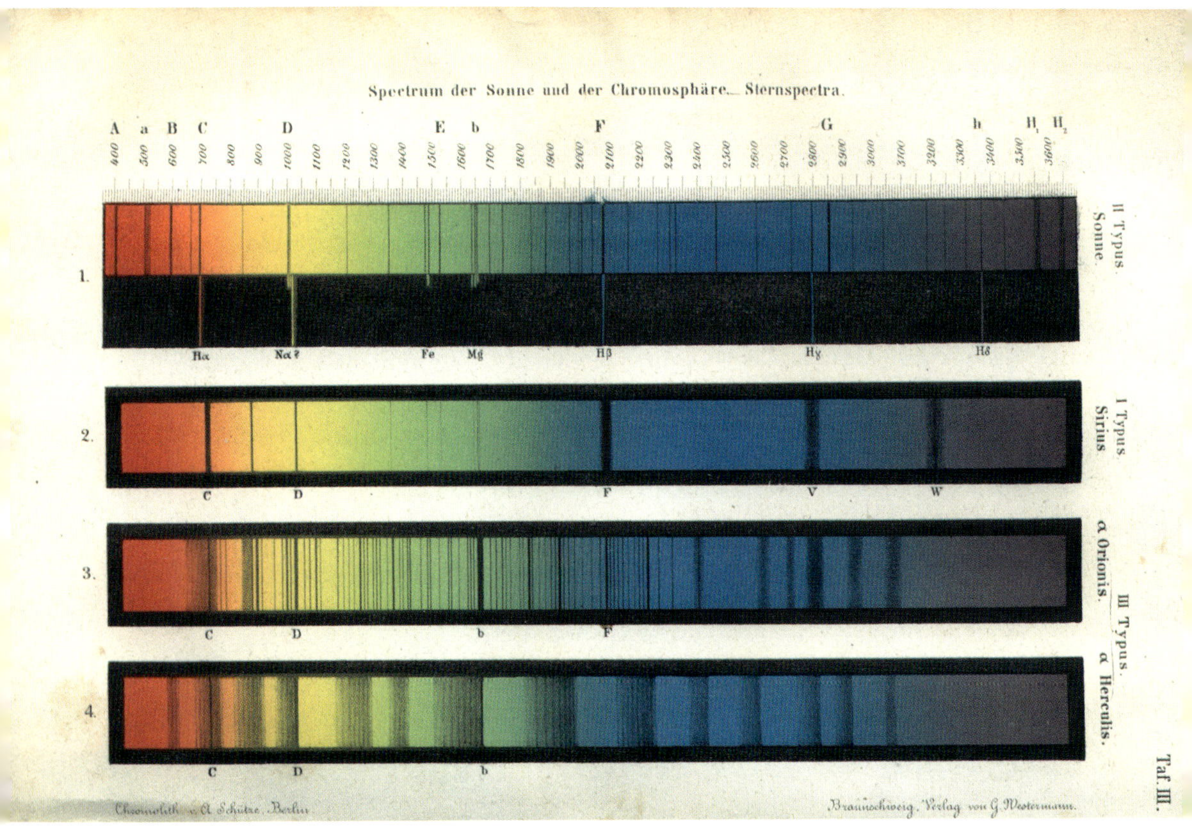

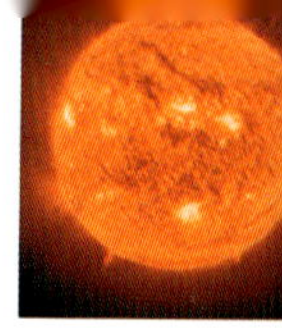

DIE SPEKTRALTYPEN NACH SECCHI UND IHRE MERKMALE

Typ	*Merkmale*	*Vertreter*
I	Wasserstofflinien und einige Linien im gelben und grünen Teil des Spektrums auf kontinuierlichem Grund	Sirius, Wega, Rigel
II	Große Zahl von Linien in allen Bereichen des Spektrums, ähnlich dem Spektrum der Sonne	Arktur
III	Schattierte Bänder und verwaschene Streifen	Beteigeuze, Antares

und diese wiederum für heißer als die rötlichen. Doch eine wissenschaftlich stichhaltige Begründung ließ sich dafür zunächst noch nicht angeben.

Die wahre Natur der Sterne

In einer Hinsicht war man jedoch vorangekommen: Der gasförmige Aggregatzustand wurde für die Sonne schon länger als plausibel betrachtet, konnte man doch aus dem der Erde zugestrahlten Energiebetrag die Oberflächentemperatur der Sonne abschätzen. Dazu wurde die so genannte Solarkonstante gemessen, der je Flächen- und Zeiteinheit senkrecht auf die Erde treffende Energiebetrag der Sonnenstrahlung. Um daraus die Sonnentemperatur abzuleiten, bedurfte es allerdings noch der Kenntnis des Zusammenhangs zwischen Energieausstrahlung und Temperatur. Isaac Newton vermutete zwischen den beiden Werten eine Proportionalität. Um 1817 meinten jedoch Pierre Louis Dulong und Alexis Thérèse Petit, dass die Strahlung nach einer geometrischen Reihe wächst, die Temperatur indessen nach einer arithmetischen. Beide Beziehungen waren zwar falsch, lieferten jedoch sehr hohe Werte für die Sonnentemperatur, die zwangsläufig zu der Annahme eines gasförmigen Körpers führten.

Nun fühlten sich auch die Theoretiker zu dem Versuch berechtigt, unter Anwendung der Gasgesetze gedanklich in das Innere des Sonnenkörpers vorzudringen. So veröffentlichte z. B. der englische Physiker Jonathan Homer Lane im Jahr 1870 eine Abhandlung mit dem aussagekräftigen Titel „Über die theoretische Temperatur der Sonne aufgrund der Hypothese einer gasförmigen Masse, die ihr Volumen infolge ihrer inneren Wärme aufrecht erhält und die den Gasgesetzen gehorcht, wie sie aus irdischen Versuchen bekannt sind". Hier wird erstmals ausgesprochen, dass die Sonne eine Gaskugel im mechanischen Gleichgewicht darstellt, die nur deshalb nicht unter der Last ihrer Masse zusammenbricht, weil sie eine enorme innere Temperatur besitzt und andererseits nicht auseinander fliegt, weil sie so schwer ist. Später hat Robert Emden

ZUSTANDSGRÖSSEN

Die vollständige Beschreibung eines Sterns umfasst die folgenden Größen:

- Masse
- Leuchtkraft
- Radius
- mittlere Dichte und Schwerebeschleunigung
- Temperatur
- Spektralklasse
- Rotationsgeschwindigkeit am Äquator
- Magnetfeld
- chemische Zusammensetzung.

in seinem klassischen Buch „Gaskugeln" diese Ansätze weiter entwickelt und damit die Anstöße für künftige Entwicklungen gegeben, die schließlich in den Untersuchungen des britischen Astrophysikers Arthur Stanley Eddington gipfelten. Eddington gelang es, eine Theorie des inneren Aufbaus der Sterne zu entwickeln, die bis heute in ihren Grundzügen gültig geblieben ist.

Die Interpretation der Sternspektren beruhte zunächst auf rein empirischen Erfahrungen. So führte man das unterschiedliche Erscheinungsbild der verschiedenen Spektren anfangs hauptsächlich auf die verschiedenartige chemische Zusammensetzung der Sternatmosphären zurück. Erst als es Jahrzehnte später gelungen war, die Entstehung der Lichtaussendung aus dem atomaren Aufbau der Materie abzuleiten, kam die Forschung in die Lage, die Bedeutung der Einzelheiten der Sternspektren wirklich zu verstehen. Die bedeutendste Leistung auf diesem Gebiet vollbrachte im Jahr 1920 der indische Astrophysiker Meghnad N. Saha. Er untersuchte auf der Grundlage der atomphysikalischen Erkenntnisse, in welchem Maße die einzelnen Atome an den Oberflächen der Sterne ionisiert sind. Dabei zeigte sich rasch, dass weniger die Unterschiede in der chemischen Zusammensetzung als vielmehr jene des Ionisationsgrades das Aussehen der Spektren bestimmten. Dadurch wurden die empirischen Studien über die Spektren der Sterne mit einer gültigen Theorie verbunden, die es gestattete, begründete Aussagen über die „Sternatmosphären", also die äußeren Schichten eines Sterns zu machen, aus denen das zu uns gelangende Licht im Wesentlichen stammt. Ein verlässlicher Zugang zu den Temperaturen der Sterne eröffnete sich schließlich durch die Entdeckung des Planckschen Strahlungsgesetzes im Jahr 1900 über die Messung der spektralen Energieverteilung der Sterne.

DIE ZUSTANDSGRÖSSEN DER STERNE

Möchte man einen Stern als wissenschaftliches Phänomen beschreiben, so benötigt man objektive Kenngrößen, die wesentliche Eigenschaften des Sterns widerspiegeln. Zur umfassenden Charakterisierung eines Sterns als physikalisches Objekt verwendet man heute die so genannten Zustandsgrößen (s. Kasten oben). Sie können direkt oder indirekt aus Beobachtungen abgeleitet werden.

Die meisten Zustandsgrößen hängen aufgrund ihrer Definition miteinander zusammen, so z. B. die mittlere Dichte mit der Masse und dem Radius eines Sterns oder die Spektralklasse mit der Temperatur. Lediglich zwei Zustandsgrößen sind wirklich unabhängig voneinander: die Masse und die chemische Zusammensetzung. Für die Bestimmung der Zustandsgrößen wurden zahlreiche Verfahren und Methoden entwickelt, deren tatsächliche Anwendung oftmals vom Einzelfall des betrachteten Sterns abhängig ist.

Im Folgenden sollen die Zustandsgrößen der Sterne näher charakterisiert und die wichtigsten Verfahren zu ihrer Ableitung aus Beobachtungen beschrieben werden.

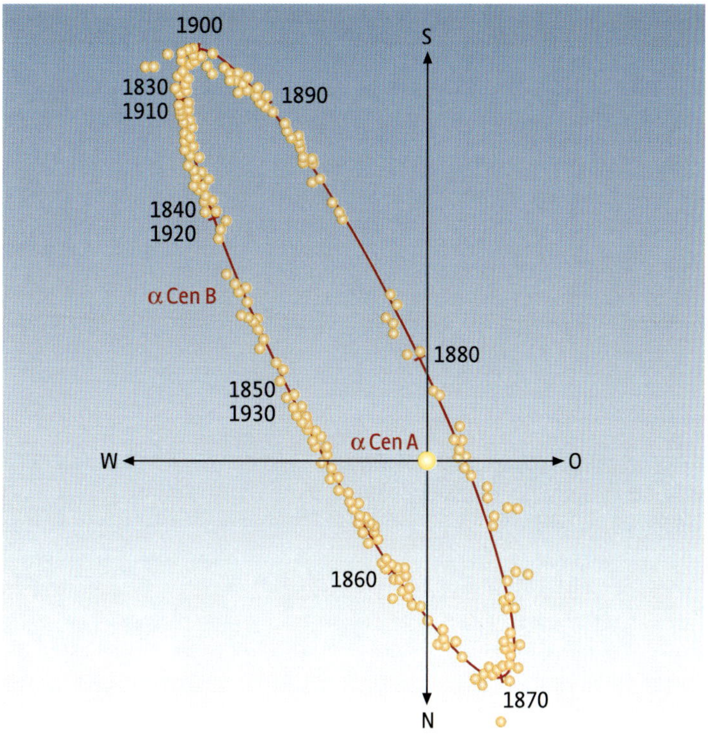

BAHN DES DOPPELSTERNSYSTEMS ALPHA CENTAURI NACH LANGZEITBEOBACHTUNGEN VON 1830 BIS 1930

Die Masse

Die Massen der Sterne variieren in einem weiten Bereich: Die „schwersten" Sterne bringen mehr als das 100fache der Masse unserer Sonne „auf die Waage", die masseärmsten hingegen nur etwa $^1/_{50}$ der Sonnenmasse. Die wichtigste Eigenschaft von Masse ist ihre Trägheit: Jeder materielle Körper setzt einer Kraft, die seinen Bewegungszustand zu verändern sucht, einen Widerstand entgegen. Zwischen der Kraft F, der Masse des Körpers M und der Beschleunigung b, die dieser Körper unter Einwirkung der Kraft erfährt, gilt die Beziehung $F = M \cdot b$. Demnach kann eine Masse bestimmt werden, wenn eine ihrer Größe nach bekannte Kraft eine messbare Beschleunigung hervorruft. Doch diese Feststellung ist wenig hilfreich, wenn man die Masse eines Sterns bestimmen will. Selbst wenn man durch Messungen eine beschleunigte Bewegung feststellen könnte, gelingt es nicht, die Größe der beschleunigenden Kraft zu ermitteln.

Anders ist die Situation hingegen, wenn sich zwei Massen unter dem gegenseitigen Einfluss ihrer Schwerkraft bewegen, wie dies bei Doppelsternen der Fall ist. Diese Klasse astronomischer Objekte wurde gegen Ende des 18. Jahrhunderts von Friedrich Wilhem Herschel entdeckt. Er konnte den Nachweis führen, dass viele der am Himmel nahe beieinander befindlichen Sterne nicht zufällig in räumlicher Nachbarschaft stehen, sondern tatsächlich eine physikalische Gemeinschaft bilden. Doppelsterne bewegen sich in

MASSEN-BESTIMMUNG

Nach dem dritten Keplerschen Gesetz gilt für zwei Sterne in einem Doppelsternsystem die Beziehung:

$$M_1 + M_2 = a^3/T^2.$$

Dabei sind M_1 und M_2 die Massen der beiden Sterne, a ist die große Halbachse der Umlaufbahn des einen Sterns um den anderen in Einheiten der Entfernung Erde – Sonne (eine Astronomische Einheit) und T die Umlaufszeit in Jahren. Um allerdings a in Astronomischen Einheiten angeben zu können, ist es erforderlich, die Entfernung des betreffenden Doppelsternsystems zu kennen.

vergleichsweise geringem Abstand um ihren gemeinsamen Schwerpunkt, sie sind also durch die Gravitationswirkung ihrer Massen gleichsam aneinander gebunden. Solche Objekte kommen sehr häufig vor – vermutlich zählt mehr als die Hälfte aller Sterne zu den Doppelsystemen.

Für diesen Fall ist die Bestimmung der Massensumme $M_1 + M_2$ der beiden Komponenten des Systems allein durch Beobachtung ihres Abstandes und ihrer Umlaufszeit möglich (s. Kasten links). Die Massensumme ergibt sich dann in Vielfachen der Sonnenmasse. Unter speziellen Bedingungen lassen sich auch die Einzelmassen von Sternen anstelle der Massensumme bestimmen. Dazu müssen die großen Halbachsen der Bahnen beider Sterne um ihren gemeinsamen Schwerpunkt bekannt sein.

Doppelsterne sind die einzigen Sterne im Weltall, deren Massen exakt ermittelt werden können. Deshalb sind sie für unsere Kenntnis der Sternmassen so wichtig. Die Massen der anderen Sterne müssen aus der so genannten Masse-Leuchtkraft-Beziehung (s. S. 40) abgeschätzt werden, was aber nur durch Eichung mit Hilfe von Doppelsternbeobachtungen möglich ist.

Obwohl es eine große Zahl von Doppelsternen gibt, ist es nur für einen vergleichsweise geringen Bruchteil dieser Objekte, den so genannten visuellen Doppelsternen möglich, die beiden Komponenten des Systems getrennt wahrzunehmen. Der scheinbare Abstand der beiden Sterne muss dazu nämlich größer als 0,1 Bogensekunden sein. Bei den „astrometrischen Doppelsternen" kann grundsätzlich nur eine Komponente beobachtet werden. Das Vorhandensein eines zweiten Sterns ergibt sich allein aus der veränderlichen Eigenbewegung des sichtbaren Sterns. Bei den „spektroskopischen Doppelsternen" ist die doppelte Natur des Systems lediglich im Spektrum zu erkennen: Man findet zwei Sätze von Spektrallinien oder eine periodische Dopplerverschiebung der Linien. Schließlich sind noch die „fotometrischen Doppelsterne" (Bedeckungsveränderliche) zu erwähnen. Ihre Komponenten wandern für den irdischen Beobachter regelmäßig voreinander vorbei, so dass die Gesamthelligkeit des Systems periodischen Schwankungen unterliegt.

Bei allen Typen von Doppelsternen sind Massenbestimmungen grundsätzlich möglich, jedoch treten z. B. bei den spektroskopischen Doppelsternen zusätzliche Probleme auf, die zu Schwierigkeiten und Unsicherheiten bei der Massenbestimmung führen. Schon bei den visuellen Systemen muss man sich darüber im Klaren sein, dass man aus mikrometrischen Messungen lediglich die Projektion der relativen Bahn einer Komponente auf eine Tangentialebene der Sphäre wahrnimmt, die senkrecht zum Sehstrahl angeordnet ist. Da man jedoch davon ausgehen kann, dass es sich bei der Bahnform um eine Ellipse handelt, lässt sich aus den Messungen nicht nur die große Halbachse in Bogensekunden (a'') und

die Exzentrizität der Bahn bestimmen, sondern mittels spezieller Methoden auch die Neigung *i* der Bahn gegen die Tangentialebene. Bei den spektroskopischen Doppelsternen beobachtet man jedoch lediglich die im Sehstrahl liegende Komponente der Geschwindigkeitsveränderung, ohne die Neigung der Bahnebene zu kennen. Die Beobachtungsergebnisse liefern also nicht die Geschwindigkeit v, sondern $v \cdot \sin i$. Wenn eine der beiden Komponenten deutlich heller ist als die andere, hat man es mit Einspektrensystemen zu tun und kann keine Aussagen über die Massen ableiten. Sind die Komponenten etwa gleich hell, treten die Linien der Spektren beider Sterne auf (Zweispektrensystem) und man kann $a \cdot \sin i$ für beide Sterne ermitteln. Solche Systeme von Doppelsternen sind für statistische Untersuchungen geeignet, z. B. wenn man die Zusammenhänge zwischen Sternmassen und Spektraltypen untersuchen will. Für die aus den Messungen nicht hervorgehende Bahnneigung *i* nimmt man dann den Mittelwert, der sich ergibt, wenn man von einer zufälligen Verteilung der Bahnneigungen ausgeht.

Anders verhält es sich jedoch bei den Bedeckungsveränderlichen. Hier beträgt die Bahnneigung gegen den Sehstrahl $i = 90°$. Kann man außerdem die Spektren beider Komponenten beobachten, sind Massenbestimmungen besonders gut möglich.

SCHEINBARE HELLIGKEITEN

Objekt	*Helligkeit in ^{m}*
Sonne	−26,8
Sirius	− 1,6
Wega	+ 0,0
Rigel	+ 0,1
Polarstern	+ 2,1

Die Leuchtkraft

FOTOMETER NACH ZÖLLNER

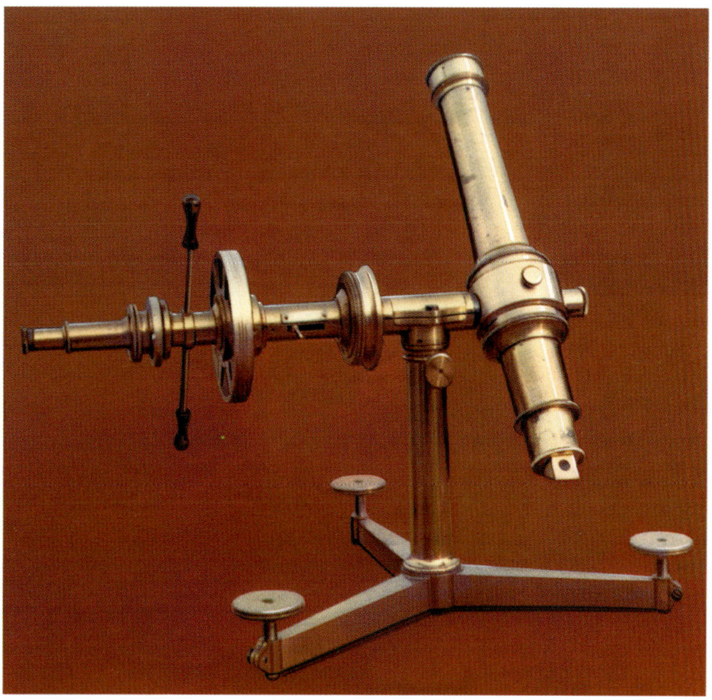

Schon ein oberflächlicher Blick zum Firmament zeigt uns Sterne unterschiedlicher Helligkeiten. Mit Mühe erkennen wir einerseits Sterne, die kaum noch wahrzunehmen sind, während andere strahlend hell am Firmament prangen. Was wir dabei sehen, sind aber nur die scheinbaren Helligkeiten der Sterne, denn wir kennen ja nicht ihre Entfernungen und damit ihre wahre Leuchtkraft. Bereits im Altertum wurden den verschiedenen Helligkeiten der Sterne Zahlenwerte zugeordnet, hauptsäch-

STERNHELLIGKEITEN

Für die Helligkeitsdifferenzen und Intensitätsverhältnisse zweier Sterne gilt

$$m_1 - m_2 = -2{,}5 \cdot lg\, I_1/I_2$$

lich wohl um sie – zusätzlich zu Angaben über ihre Position – besser identifizieren zu können. Dabei erhielten die hellsten sichtbaren Sterne die „Größe" (Abk. Mag oder m von lat.: magnitudo) 1, die gerade noch mit dem bloßen Auge erkennbaren Sterne die „Größe" 6. Der Helligkeitseindruck eines Sterns zweiter Größe ist weniger als halb so groß wie der eines Sterns erster Größe und dieses Verhältnis setzt sich über die ganze Skala fort. Diese historische Helligkeitsskala ist bis heute weitgehend beibehalten worden. Die Einheit m wird der Zahl hochgestellt angefügt (z. B. Helligkeit eines Sterns der dritten Größe: 3^m). Als nach der Einführung des Fernrohrs zu Beginn des 17. Jahrhunderts die Beobachtung immer schwächerer Sterne möglich wurde, erweiterte man die Skala zu größeren Zahlen hin. Für hellere Objekte wurde sie auch zum anderen Ende hin ausgedehnt, bis in den Bereich negativer Größen hinein. Als „Nullpunkt" der Größenklassen-Skala gilt die Festlegung der scheinbaren Helligkeit des Polarsterns zu $m = 2{,}12^m$ (s. auch Kasten S. 19).

Die vom menschlichen Auge wahrgenommene scheinbare Helligkeit ist nun aber nicht der Strahlungsintensität *I* des betreffenden Objektes, sondern dem Logarithmus dieser Intensität proportional. Empfinden wir beispielsweise eine Lichtquelle als doppelt so hell wie eine andere, dann entspricht die Intensität der helleren Quelle dem Quadrat der Intensität der schwächeren. Als man damit begann, Sternhelligkeiten durch die Messung von Strahlungsintensitäten mit so genannten Fotometern zu erfassen, wurde es erforderlich, den Zusammenhang zwischen den historisch überlieferten Helligkeitseindrücken und den Intensitäten festzustellen, damit man die eine Größe aus der anderen ableiten konnte. Es ergab sich die links oben stehende Beziehung.

Der Proportionalitätsfaktor –2,5 wurde so gewählt, dass sich eine annähernde Übereinstimmung mit den älteren Helligkeitsangaben in Größenklassen ergibt. Eine Größenklassendifferenz von 2,5 entspricht demnach einem Intensitätsverhältnis von 1:10!

Für die präzise Festlegung einer scheinbaren Helligkeit ist allerdings noch die Angabe des Spektralbereichs erforderlich, in dem die Messung erfolgte. In der älteren Astronomie war dieser Bereich stets durch die spektrale Empfindlichkeitsfunktion des menschlichen Auges gegeben, daher bezeichnet man die so gewonnenen Werte auch als visuelle Helligkeiten. Als man jedoch nach der Mitte des 19. Jahrhunderts mit dem Einsatz von hauptsächlich blauempfindlichen Fotoplatten begann, berücksichtigte man dies durch die Definition einer fotografischen Helligkeit. Schließlich wurden auch andere Spektralbereiche in die Helligkeitsmessungen einbezogen (z. B. der infrarote und der ultraviolette Bereich des Spektrums), so dass spezielle Helligkeitssysteme festgelegt wurden. Eines der gebräuchlichsten ist das UBV-System. B und V entsprechen etwa den Helligkeitsangaben im fotografischen bzw. visuellen Bereich, U hingegen dem ultravioletten Bereich des Spektrums.

Die Helligkeit eines Sterns über das gesamte Spektrum, d. h. über alle Wellenlängen gemessen, wird als bolometrische Helligkeit bezeichnet. Sie ist praktisch sehr schwierig zu erfassen und wird aus der visuellen Helligkeit durch eine so genannte bolometrische Korrektion (BC) gewonnen. Diese ist definiert als $BC = m_{vis} - m_{bol}$. Für sonnenähnliche Sterne gilt per Definition $m_{bol} = m_{vis}$, d. h. $BC = 0$. Um die bolometrische Korrektion zu ermitteln, ist es erforderlich, die Energieverteilung des Sternspektrums über alle Wellenlängen zu messen.

So wichtig die Erfassung der scheinbaren Helligkeit eines Sterns auch ist, so handelt es sich doch keineswegs um eine Zustandsgröße. Sowohl die Intensitäten als auch die scheinbaren Helligkeiten sind nämlich von der Entfernung eines Sterns abhängig. Die Kenntnis der Sternentfernungen ist daher ausschlaggebend für die Ermittlung ihrer wirklichen Leuchtkräfte.

Wenn wir am Himmel einen sehr hellen und einen sehr lichtschwachen Stern betrachten, wissen wir noch nicht, welcher wirklich der hellere von beiden ist. Deshalb definiert man eine von der Entfernung unabhängige Intensität und nennt sie Leuchtkraft, die zugehörige Helligkeit in Größenklassen bezeichnet man als die absolute Helligkeit. Dazu versetzt man gedanklich alle Sterne in dieselbe Entfernung von 10 Parsec (= 32,6 Lichtjahre, s. auch Kasten S. 22). Die Helligkeit, mit der sie aus dieser Distanz erscheinen würden, definiert man als die absolute Helligkeit des jeweiligen Sterns. Bezeichnet man die absolute Helligkeit eines Sterns mit M und seine Leuchtkraft mit L, so gilt entsprechend der obigen Beziehung zwischen den absoluten Helligkeiten zweier Sterne und deren Leuchtkraftverhältnissen $M_1 - M_2 = -2{,}5 \cdot \lg L_1/L_2$.

Unsere Sonne strahlt mit einer scheinbaren bolometrischen Helligkeit m_{bol} von $-26{,}^{m}8$, ihre absolute bolometrische Helligkeit M_{bol} hingegen beträgt nur $4{,}^{m}7$. Das entspricht einem Entfernungsmodul von −31,5 (s. Kasten rechts). Würden wir unsere Sonne in eine Distanz von 10 Parsec versetzen, könnten wir sie also gerade noch mit dem bloßen Auge erkennen. Die absoluten Helligkeiten der Sterne schwanken zwischen etwa einem Zehntel der ab-

DER ENTFERNUNGSMODUL

Zwischen der scheinbaren Helligkeit eines Sterns *m*, seiner absoluten Helligkeit *M* und seiner Entfernung *r* in Parsec gilt die Beziehung

$$m - M = 5 \cdot \lg r - 5.$$

Die Differenz $m - M$, gemessen bei gleicher Wellenlänge, bezeichnet man als Entfernungsmodul, weil sich die Entfernung eines Sterns unmittelbar angeben lässt, wenn die Differenz zwischen seiner scheinbaren und seiner absoluten Helligkeit bekannt ist. So entspricht z. B. einem Entfernungsmodul von $m - M = -5$ eine Entfernung von 1 Parsec, einem Entfernungsmodul von 10 hingegen eine Distanz von 1 Kiloparsec (1000 Parsec). Nicht berücksichtigt ist in dieser Beziehung die Schwächung des Sternlichts durch interstellaren Staub (vgl. Kasten S. 88).

ENTFERNUNGSBESTIMMUNG VON STERNEN

Die grundlegende Methode zur Entfernungsbestimmung von Sternen besteht in der Messung von so genannten trigonometrischen Parallaxen: Infolge der jährlichen Bewegung der Erde um die Sonne beschreiben die Sterne an der Himmelssphäre scheinbar kleine Ellipsen. Die große Halbachse einer solchen Ellipse wird als die jährliche Parallaxe p des Sterns bezeichnet. Sie entspricht dem Winkel, unter dem von dem betrachteten Stern aus die große Halbachse der Erdbahn, die Astronomische Einheit erscheinen würde. Ist die jährliche Parallaxe eines Sterns aus Messungen bekannt, so ergibt sich aus dem rechtwinkligen Dreieck Erde – Sonne – Stern die Entfernung des Sterns. Als Entfernungseinheit definiert man jene Distanz, aus der die große Halbachse der Erdbahn unter einem Winkel von einer Bogensekunde (1″) erscheint. Diese Entfernung heißt Parallaxensekunde und wird kurz Parsec (pc) genannt.
In der Literatur wird für Entfernungsangaben in der Astronomie auch häufig die Einheit Lichtjahr (LJ) verwendet. Unter einem Lichtjahr versteht man die Entfernung, die das Licht (Vakuumgeschwindigkeit: rund 300 000 km/s) in einem Jahr zurücklegt. Ein Lichtjahr entspricht etwa 9,5 Billionen Kilometern. Zwischen der Distanz r eines Objektes in Parsec und seiner Parallaxe in Bogensekunden besteht die einfache Beziehung

$$r = 1/p''.$$

Die größte bekannte Fixsternparallaxe beträgt 0,772 (± 0,002) Bogensekunden. Sie wurde bei dem uns am nächsten stehenden Fixstern Proxima Centauri gemessen. Das entspricht einer Entfernung von 1,295 (± 0,004) Parsec oder 4,225 (± 0,013) Lichtjahren. Denn es gilt $1\ pc = 206\ 265\ AE = 3{,}086 \cdot 10^{13}\ km = 3{,}26\ LJ$.

DER ASTROMETRIE-SATELLIT HIPPARCOS

soluten Sonnenhelligkeit und dem Hundertfachen. Die Leuchtkräfte der Sterne überdecken damit den weiten Bereich zwischen 1/100 000 und dem 1 000 000-fachen der Sonnenleuchtkraft.

Da die Genauigkeit trigonometrischer Parallaxenbestimmungen durch terrestrische Beobachtungen zur Bestimmung von Sternentfernungen (s. Kasten oben) bei 0,01 Bogensekunden liegt, können Entfernungen oberhalb von 100 Parsec mittels erdgebundener Teleskope nicht mehr hinreichend genau bestimmt werden. Der Einsatz des Astrometrie-Satelliten Hipparcos (**Hi**gh **P**recision **Par**allax **Co**llecting **S**atellite) hat diese Grenze in jüngster Zeit allerdings deutlich zu kleineren Parallaxen und somit zu größeren Entfernungen verschoben. Auch die oben angegebene Parallaxe von Proxima Centauri ist bereits ein Ergebnis von Hipparcos-Messungen. Während die erdgebundene Astronomie nur knapp 2000 trigonometrische Parallaxen mit einem Fehler unter 20 % ermitteln konnte, lieferte der Hipparcos-Satellit rund 40 000. Selbst 4000 Parallaxen mit einer Genauigkeit unter 5 % konnte man mit dem Satelliten bestimmen. Die Zahl der brauchbaren trigonometrischen Parallaxen hat sich durch den Einsatz von Hipparcos verfünfzehnfacht. Damit ist zugleich die Anzahl der Sterne mit hinreichend genau bestimmten Leuchtkräften außerordentlich angestiegen – ein großer Gewinn für unser Verständnis von Sternen überhaupt.

DIE ENTSTEHUNG DER FIXSTERNPARALLAXEN. JE NACH DER STELLUNG DER ERDE IN IHRER BAHN BEOBACHTEN WIR EINEN STERN UNTER VERSCHIEDENEM BLICKWINKEL. DIE GRÖSSE DES WINKELS NIMMT MIT ZUNEHMENDER ENTFERNUNG DES STERNS AB.

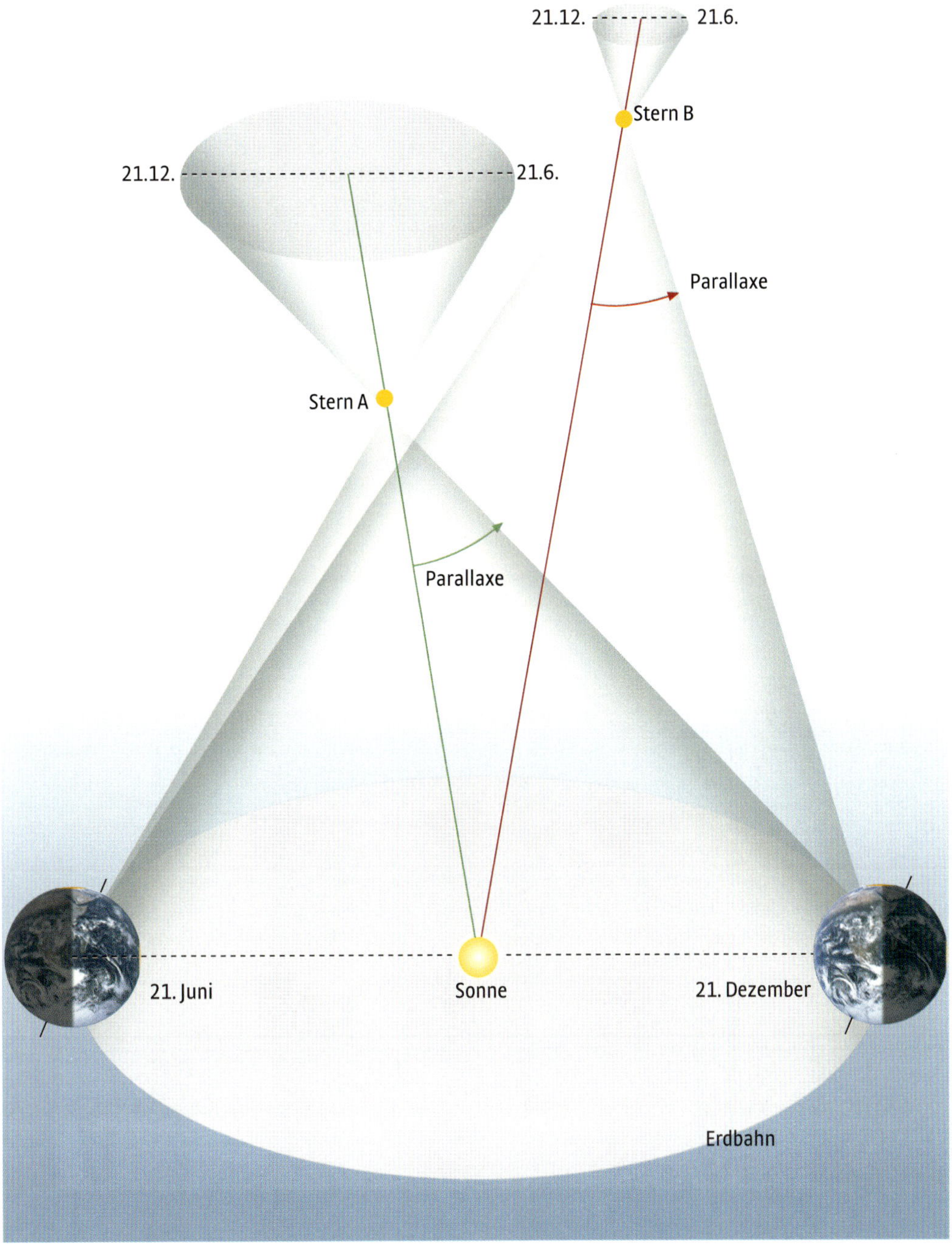

Der Radius

Die Radien der Sterne wären sehr einfach zu bestimmen, wenn sie uns nicht samt und sonders punktförmig erscheinen würden – als Folge ihrer großen Entfernungen. Auch der Einsatz großer Teleskope vermag an diesem Umstand nichts zu ändern. Der einzige Fixstern, dessen Winkeldurchmesser sich direkt messen lässt, ist die Sonne. Der scheinbare Durchmesser der Sonne schwankt (wegen der elliptischen Bahnform der Erde) zwischen 31,5 und 32,5 Bogenminuten. Ihre mittlere Entfernung liegt bei rund 150 Millionen Kilometern. Bereits aus einer Entfernung von 1 Parsec würde die Sonnenscheibe nur noch unter einem Winkel von 0,01 Bogensekunden erscheinen. Sie würde deshalb wegen der Beugungserscheinungen an der Fernrohröffnung und der Luftunruhe der irdischen Atmosphäre aus dieser Distanz auch mit Fernrohren nur noch als Punkt wahrgenommen. Lediglich bei einigen wenigen nahe gelegenen Sternen mit besonders großen Durchmessern konnte die Natur durch technischen Einfallsreichtum „überlistet" und Sterndurchmesser unmittelbar bestimmt werden. Dies gelingt mit so genannten Michelson-Interferometern, die den Astronomen seit 1920 zur Verfügung stehen. Dabei wird das Sternlicht entlang zweier verschiedener Wege im Objektiv eines Fernrohrs geführt und dann zu einem Bild vereinigt. Ist die Öffnung des Teleskops groß genug, um die Quelle als Kreis aufzulösen, tritt

RELATIVE BAHN UND LICHTKURVE DES BEDECKUNGSVERÄNDERLICHEN AR CASSIOPEIAE. BEIM VORÜBERGANG DES KLEINEREN STERNS VOR DEM GRÖSSEREN ODER BEIM TEILWEISEN VERSCHWINDEN DIESES STERNS HINTER DEM GRÖSSEREN VERRINGERT SICH DIE BEOBACHTETE GESAMTHELLIGKEIT DES SYSTEMS, SO DASS SICH DIE UNTEN GEZEIGTE LICHTKURVE ERGIBT.

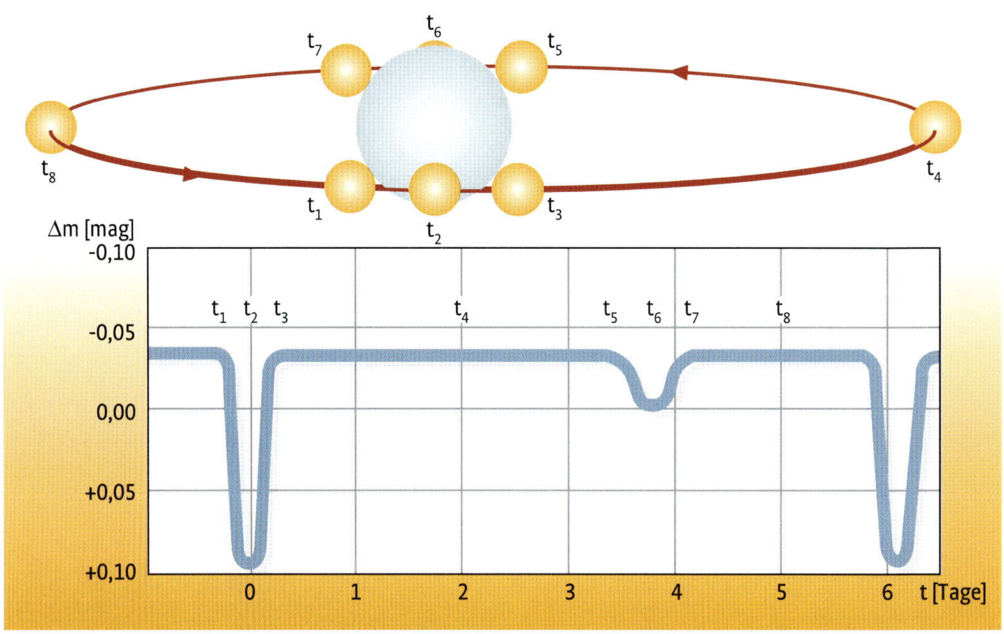

STERNRADIEN IM VERGLEICH:
1 - SONNE,
2 - WEGA (4 X SONNE),
3 - KAPELLA (16 X SONNE),
4 - ARKTUR (22 X SONNE),
5 - ALDEBARAN (36 X SONNE),
6 - VV CEPHEI (2400 X SONNE)

kein Interferenzmuster auf. So kann man über das Auflösungsvermögen des Teleskops die scheinbare Winkelausdehnung des Objekts bestimmen. Auf diese Art wurden die Winkeldurchmesser von insgesamt 11 Riesen- und Überriesensternen bestimmen. Noch weiter reichende Ergebnisse brachte das Intensitäts-Interferometer (1954), das sich die Photonennatur des Lichtes zunutze macht. Während die Winkelgrenze beim Michelson-Interferometer etwa 0,01 Bogensekunden beträgt, liegt sie beim Intensitäts-Interferometer um rund zwei Größenordnungen niedriger. Dennoch ist die Gesamtzahl der auf diesem Wege gelungenen Radius-Bestimmungen vergleichsweise gering, zumal nur helle Sterne für die Untersuchungen in Frage kommen.

Ein zuverlässiger Weg zur Bestimmung linearer Sternradien eröffnete sich durch die Beobachtung von Bedeckungsveränderlichen. Bei diesen Sternen handelt es sich um Doppelsternsysteme, deren Bahnen im Raum zufällig so liegen, dass die beiden Komponenten sich während ihres Umlaufs um den gemeinsamen Schwerpunkt für einen irdischen Beobachter regelmäßig gegenseitig bedecken, so dass es zu „Sternfinsternissen“ kommt (s. Abb. links). Die Analyse des Lichtwechsels solcher Systeme führt auf direktem Weg zur Bestimmung der Sterndurchmesser in Kilometern. Aus der

Lichtkurve lassen sich sowohl die Kontaktzeiten t_A (t_1), t_B, t_C und t_D (t_3) als auch die Umlaufperiode P ermitteln. Bezeichnet man mit D den Durchmesser des größeren und mit d den Durchmesser des kleineren Sterns und mit U den Umfang der Bahn des kleineren um den größeren Stern, so gelten für zentrale Bedeckungen die Beziehungen $(t_D - t_A) / P = (D + d)/U$ sowie $(t_C - t_B)/P = (D - d)/U$. Gelingt es nun, aus der Beobachtung der Doppler-Verschiebung die Bahngeschwindigkeit v der kleineren Komponente um die größere in km/s zu bestimmen, so kennt man auch U, den Umfang der Bahn, denn er ergibt sich aus $U = v \cdot P$. Somit sind alle Größen bekannt, um aus den beiden Gleichungen D und d, die Durchmesser der beiden Komponenten in Kilometern abzuleiten. Bei der nachfolgenden Behandlung der Spektralklassen und Temperaturen der Sterne werden wir sehen, dass es auch noch andere Möglichkeiten zur Bestimmung von Sternradien gibt. Die Radien der Sterne (ausgenommen die der Neutronensterne) schwanken zwischen einem Hundertstel und dem Dreitausendfachen des Sonnenradius.

Die Spektralklasse und die Temperatur

Schon der italienische Jesuitenpater Angelo Secchi hatte in der zweiten Hälfte des 19. Jahrhunderts die Sterne nach den Eigenschaften ihrer Spektren eingeteilt. Die heute verwendete Spektralklassifikation der Sterne beruht vor allem auf den Arbeiten, die am Harvard-Observatorium (USA) zu Beginn des 20. Jahrhunderts ausgeführt wurden. Grundlage der Klassifikation sind Absorptionslinien in den Sternspektren, die im Wesentlichen temperaturabhängig sind. Dabei handelt es sich hauptsächlich um die Wasserstofflinien der so genannten Balmer-Serie (einer Reihe von Spektrallinien bestimmter Frequenzen), Heliumlinien, Eisenlinien und einige andere. Nach anfänglich alphabetischer Ordnung hat man die Spektraltypen später entsprechend den Temperaturen der Sterne umsortiert (s. Kasten oben rechts), wobei die spektralen Charakteristika von Klasse zu Klasse einen stetigen Übergang zeigen.

Neben dieser Hauptfolge, in die sich die meisten Sterne eingliedern lassen, gibt es noch einige Spezialfälle. Die Klassen C und S bilden eine Nebenfolge und entsprechen den Typen G bis M, die zugehörigen Sterne unterscheiden sich jedoch durch die chemische Zusammensetzung ihrer oberflächennahen Schichten. Außerdem verwendet man noch spezielle Bezeichnungen für die Spektren der Novae (explodierte Sterne (s. S. 69), Typ Q), der Planetarischen Nebel (gasförmige Auswürfe (s. S. 62), Typ P) und der Wolf-Rayet-Sterne (Typ W). Bei den Letzteren handelt es sich um Objekte mit sehr rasch expandierenden Hüllen, die wahrscheinlich Bestandteile von Doppelsternsystemen sind.

DICHTE & SCHWERE-BESCHLEUNIGUNG

Kennt man den Radius eines Sterns und seine Masse, so ergibt sich daraus unmittelbar seine mittlere Dichte ρ, denn es gilt:

$$\rho = M/V,$$

worin M die Masse des Sterns und V sein Volumen bedeuten. Zwischen dem Radius r und dem Volumen V einer Kugel besteht bekanntlich die Beziehung:

$$V = 4/3 \cdot \pi r^3$$

Die Dichten der Sterne schwanken in dem außerordentlich breiten Bereich zwischen dem 10^{-7}fachen und dem 10^6fachen der mittleren Dichte unserer Sonne.

Die Kenntnis der Masse und des Radius eines Sterns gestattet es auch, die Schwerebeschleunigung an dessen Oberfläche zu bestimmen. Zwischen der Schwerebeschleunigung g, der Masse M und dem Radius r besteht nämlich die Beziehung:

$$g = G \cdot M/r^2$$

Hierin bedeutet G die Gravitationskonstante ($G = 6{,}672 \cdot 10^{-11}\, m^3\, kg^{-1}\, s^{-2}$).

Die Bezeichnungen „Haupt- und Nebenfolge“ stellen einen Hinweis auf die Häufigkeit des Vorkommens der einzelnen Spektraltypen dar: Die weitaus meisten Spektren der Sterne gehören der Hauptfolge an. In dem berühmten Henry-Draper-Katalog des Harvard-Observatoriums, der die Spektralklassifikation von mehr als 225 000 Sternen enthält und als Referenzkatalog dient, verteilen sich die Spektralklassen der Hauptfolge bis zu einer Grenzhelligkeit von 9^m wie folgt: B: 3 %; A: 27 %; F: 10 %; G: 16 %; K: 37 %; M: 7 %. Da die herangezogenen Sterne aber aus ganz unterschiedlichen Raumgebieten stammen, handelt es sich hierbei nur um eine scheinbare Verteilung.

SPEKTRALSEQUENZ DER STERNE

Die Spektralsequenz der Sterne nach fallender Temperatur weist heute folgende Reihenfolge auf:

O–B–A–F–G–K–M

Die genannten Hauptklassen werden entsprechend ihren Merkmalen noch dezimal unterteilt, wobei dem großen lateinischen Buchstaben eine arabische Zahl von 0 bis 9 hinzugefügt wird. Auch für spektrale Besonderheiten, wie z. B. besonders scharfe Linien (die auf eine große absolute Helligkeit des betreffenden Sterns schließen lassen), werden spezielle Bezeichnungen verwendet, die man als kleine lateinische Buchstaben der Bezeichnung des Spektraltyps beifügt. So bedeutet z. B. die Beifügung c, dass im Spektrum besonders scharfe Linien vorkommen. Schließlich weisen manche Sterne auch derartig „individuelle“ Spektren auf, dass man sie gesondert beschreiben muss, weil man sie in der Klassifizierung nicht einordnen kann. Solche Spektren werden dann als „peculiar“ (p) gekennzeichnet (engl., seltsam).

Die Spektren der Sterne liefern den unmittelbaren Zugang zu ihren Temperaturen. Allerdings ist die Definition von Sterntemperaturen ein recht schwieriges Problem, da es sich bei den Sternen nicht um ideale „Schwarze Strahler“ handelt. Unter einem Schwarzen Strahler (Schwarzen Körper) versteht man einen Temperaturstrahler, der sich im thermischen Gleichgewicht mit seiner Umgebung befindet und auftreffende elektromagnetische Strahlung vollständig absorbiert und wieder emittiert. In diesem Fall ist die ausgesendete Strahlung nur von der Temperatur des Strahlers abhängig. Das Spektrum des Schwarzen Strahlers verläuft kontinuierlich. Bereits das Vorkommen von Absorptionslinien in den Sternspektren lässt erkennen, dass es sich bei den Sternen nicht um Schwarze Strahler handeln kann. Deshalb hat man verschiedene Temperaturen definiert, die dementsprechend auch unterschiedlich aussagekräftig sind. So versteht man unter der effektiven Temperatur (T_{eff}) eines Sterns diejenige Temperatur eines Schwarzen Strahlers, der je Flächen- und Zeiteinheit die gleiche Energie ausstrahlt – und zwar über den gesamten Spektralbereich gemessen. Diese effektive Temperatur ist von besonderer Bedeutung, denn sie beinhaltet letztlich die tatsächliche gesamte Energieausstrahlung eines Sterns, sie ist somit ein

DAS SPEKTRUM DER SONNE

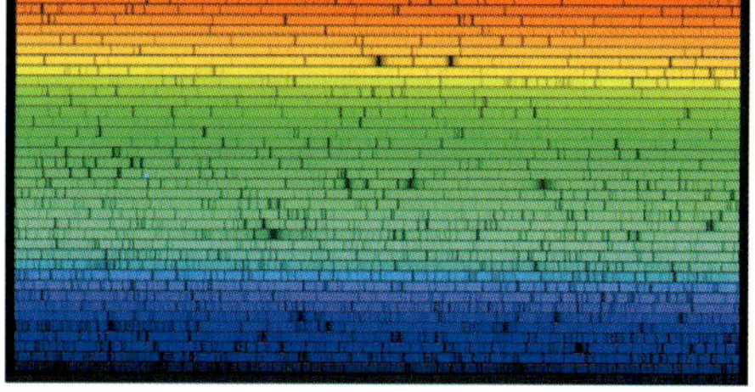

LEUCHTKRAFT UND TEMPERATUR

Für die Gesamtstrahlungsleistung eines Sterns, die letztlich seiner Leuchtkraft L entspricht, gilt entsprechend dem Stefan-Boltzmannschen Strahlungsgesetz:

$$L = 4\pi r^2 \cdot \sigma \cdot T_{eff}^4$$

Hierin bedeuten r den Radius des Sterns (der Faktor $4\pi r^2$ entspricht demnach der Oberfläche des Sterns), σ die Stefan-Boltzmannsche Konstante ($\sigma = 5{,}669 \cdot 10^{-8}\ W/(m^2\ K^4)$) und T_{eff} die effektive Temperatur.

Maß für seine Strahlungsleistung. In Verbindung mit der absoluten Helligkeit des Sterns ergibt sich sogar die Größe seiner strahlenden Oberfläche. Leider kann die effektive Temperatur jedoch nicht direkt gemessen werden.

Die effektive Temperatur kann also nur bestimmt werden, wenn Leuchtkraft und Radius des Sterns bekannt sind. Die Berechnung der Leuchtkraft setzt die Kenntnis der absoluten bolometrischen Helligkeit M_{bol} voraus. Sowohl die Radien als auch absolute bolometrische Helligkeiten sind jedoch nur für vergleichsweise wenige Sterne zugänglich. Deshalb bemüht man sich um die indirekte Bestimmung effektiver Sterntemperaturen und bedient sich dazu der so genannten Strahlungstemperaturen. Die Strahlungstemperatur T_{Str} entspricht der Temperatur eines Schwarzen Strahlers, der in demselben beobachteten Spektralbereich je Flächeneinheit die gleiche Energie ausstrahlt. Der Übergang von der effektiven Temperatur zur (messbaren) Strahlungstemperatur entspricht dem weiter oben beschriebenen Übergang von der scheinbaren bolometrischen Helligkeit eines Sterns zu seiner visuellen Helligkeit.

Ohne auf weitere Definitionen von Sterntemperaturen näher einzugehen, wollen wir festhalten, dass man aus dem Spektrum eines Sterns seine Temperatur ableiten kann und dass zwischen dem Spektraltyp eines Sterns und seiner Temperatur ein Zusammenhang besteht. Die Temperaturen der Sterne liegen in dem breiten Bereich von 2500 bis 100 000 Kelvin.

Aufgrund der Strahlungsgesetze besteht auch eine Beziehung zwischen der absoluten bolometrischen Helligkeit eines Sterns M_{bol}, seiner Leuchtkraft L, seiner Temperatur T_{eff} und seinem Durchmesser D. Hier gelten die Beziehungen $M_{bol} = 4{,}62 - 2{,}5 \cdot \log L$ und $M_{bol} = 42{,}24 - 10 \cdot \log T_{eff} - 5 \cdot \log D$. Dabei wird T_{eff} in Kelvin, L in Einheiten der Sonnenleuchtkraft und D in Einheiten des Sonnendurchmessers gemessen. Je nachdem, welche Größen für einen Stern bekannt sind, lassen sich die anderen daraus bestimmen (z. B. die Temperatur bei bekannter absoluter bolometrischer Helligkeit und bekanntem Durchmesser).

DIE LEUCHTKRAFTKLASSEN DER STERNE

Leuchtkraftklasse	*Objekte*
Ia	helle Überriesen
Ib	schwächere Überriesen
II	helle Riesen
III	normale Riesen
IV	Unterriesen
V	Hauptreihensterne (Zwerge)
VI	Sub-Hauptreihensterne (Unterzwerge)
VII	Weiße Zwerge

Da zahlreiche Sterne bei gleichem Spektraltyp sehr unterschiedliche Leuchtkräfte aufweisen, wurde der Klassifikation der Sterne nach ihren Spektraltypen noch eine weitere hinzugefügt: die Einteilung nach so genannten Leuchtkraftklassen (s. Tabelle links). Diese von den Astronomen W. W. Morgan,

P. C. Keenan, E. Kellmann u. a. eingeführte Klassifikation wird auch als MKK-System bezeichnet und charakterisiert die Leuchtkräfte der Sterne folgendermaßen: Die unterschiedlichen Leuchtkräfte bei gleichem Spektraltyp weisen auf verschiedene Durchmesser der jeweiligen Objekte hin, wie dies die Bezeichnungen der Objekte bereits ausdrücken.

Die Rotationsgeschwindigkeit am Äquator

Alle Sterne des Universums befinden sich in Rotation, weil schon die gasförmigen Nebel, aus denen sie hervorgingen, eine Drehbewegung aufwiesen und Drehimpuls nicht verloren gehen kann. Die Rotationsgeschwindigkeit eines Sterns kann aus seinem Spektrum ermittelt werden. Rotiert ein Stern mit hinreichend großer Geschwindigkeit um seine Achse, so bewegt sich die eine Hälfte messbar auf den Beobachter zu, während sich die andere gleichzeitig von ihm entfernt.

Im Jahr 1842 hatte der österreichische Physiker Christian Doppler die Entdeckung gemacht, dass sich die Frequenz einer Schallquelle, die sich radial auf einen Beobachter zu oder von ihm weg bewegt, scheinbar verändert. Bei radialer Bewegung in Richtung des Beobachters werden höhere Frequenzen gemessen als die Schallquelle aussendet, bei Bewegung vom Beobachter weg hingegen geringere. Dieser Effekt tritt auch bei Lichtquellen auf und spielt in der modernen Astrophysik eine wichtige Rolle. Bewegt sich nämlich eine Lichtquelle auf einen Beobachter zu, so erscheinen die Linien in ihrem Spektrum zum blauen Ende, bei fortgerichteter Bewegung zum roten Ende des Spektrums verschoben. Die Größe der Verschiebung ist ein Maß für die Geschwindigkeit der Quelle.

Stellen wir uns nun einen rotierenden Stern vor, dann sind die Spektrallinien der auf uns zukommenden Seite zum blauen Ende des Spektrums, die der anderen Seite hingegen zum roten Ende verschoben. Das führt durch Überlagerung insgesamt zu einer Verbreiterung der Linien, die ein Maß für die Rotationsgeschwindigkeit des Sterns darstellt. Allerdings erfassen wir auf diese Weise nur eine Komponente der Geschwindigkeit, nämlich jene, die genau in der Sichtlinie des Beobachters liegt. Um die wahre Rotationsgeschwindigkeit des betreffenden Sterns zu ermitteln, müsste noch der Winkel i zwischen der Sichtlinie zum Stern und der Rotationsachse des Sterns bekannt sein. Dann ergibt sich die tatsächliche Rotationsgeschwindigkeit, indem man die gemessene Komponente durch $\sin i$ dividiert. Da die Lage der Rotationsachsen von Sternen nicht ermittelt werden kann, geht man von der plausiblen Annahme aus, dass sie zufällig im Raum verteilt sind. Dann

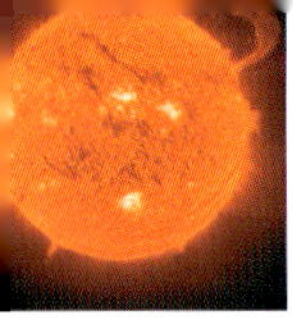

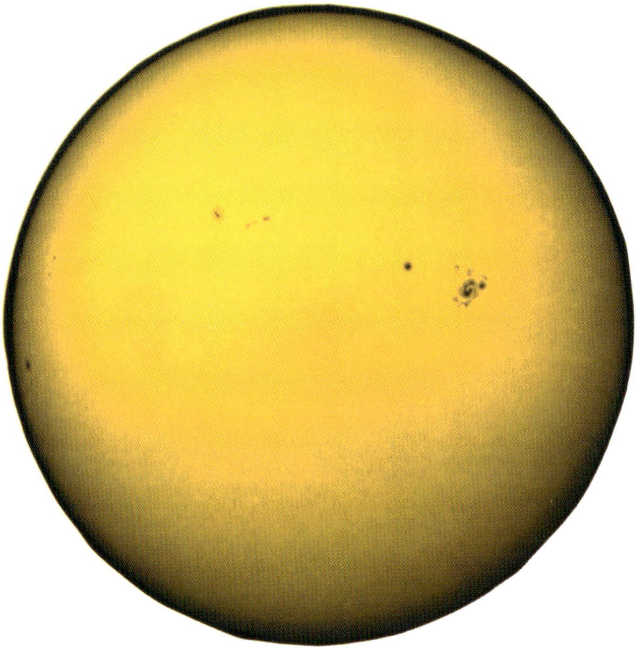

DIE ROTATION DER SONNE LÄSST SICH DURCH DIE BEOBACHTUNG VON SONNENFLECKEN GUT NACHVOLLZIEHEN.

lassen sich die Rotationsgeschwindigkeiten der Sterne wenigstens statistisch bestimmen. Im Ergebnis solcher Abschätzungen hat sich gezeigt, dass die heißeren Sterne schneller rotieren als die kühleren. So findet man z. B. bei Sternen der Spektraltypen O und B Rotationsgeschwindigkeiten am Äquator von 200 bis 250 km/s, für die kühleren G-Sterne hingegen nur noch 2 km/s. Der letztere Wert trifft auch für die Rotation unserer Sonne am Äquator zu.

Das Magnetfeld

Um die Mitte des 19. Jahrhunderts bildete das Studium magnetischer Erscheinungen ein wichtiges Feld physikalischer Diskussionen und Untersuchungen. Damals hatte der Physiker James Clerk Maxwell eine Theorie aufgestellt, die das Licht als eine elektromagnetische Welle interpretierte. Sollte es aber dann nicht auch Wechselwirkungen zwischen Licht und Magnetismus geben? Bei gezielten Versuchen in dieser Richtung fand der holländische Physiker Pieter Zeeman, dass Spektrallinien unter dem Einfluss eines Magnetfeldes gespalten werden und die Größe der Aufspaltung von der Feldstärke abhängig ist. Gleichzeitig konnte er zeigen, dass es sich bei dem Licht der gespaltenen Linien um polarisierte elektromagnetische Wellen handelt. Die Schwingungen der Wellen zeigen im Unterschied zu natürlichem Licht nur noch eine Schwingungsrichtung. Zwar verstand man anfangs die hinter den Phänomenen stehenden Ursachen noch nicht – diese ergaben sich erst aus der Planckschen Quantentheorie zu Beginn des 20. Jahrhunderts – doch hatte Zeeman mit seiner Entdeckung den Grundstein für die Erfassung von Magnetfeldern im Kosmos gelegt.

Nachdem man den Zeeman-Effekt anfänglich erfolgreich für die Sonnenforschung nutzte, gelang der erste Nachweis eines stellaren Magnetfeldes erst im Jahr 1946. Heute spielt die Messung von Magnetfeldern kosmischer Objekte eine wichtige Rolle für das Verständnis diverser Vorgänge, darunter auch die Struktur unseres Sternsystems (vgl. Kap. „Die allgemein verbreitete interstellare Materie“, S. 94, und „Magnetfelder im Raum“, S. 98).

Die chemische Zusammensetzung

Über die chemische Zusammensetzung der Sterne können wir uns ebenfalls durch die Spektren ihrer Strahlung informieren. Allerdings enthalten diese lediglich Aussagen über die äußeren Schichten, aus denen das analysierte Licht stammt, die so genannten Sternatmosphären.

Als die Spektralanalyse entdeckt wurde, war die Stimmung unter den Astrophysikern, Physikern und Chemikern geradezu euphorisch. Man war davon überzeugt, durch die Lage der Absorptionslinien unmittelbar die in der Sonnenatmosphäre und in den Atmosphären der Sterne vorkommenden Elemente bestimmen zu können. In Wirklichkeit erwies sich die Lage jedoch aus verschiedenen Gründen als weitaus komplizierter. Zum Ersten herrschen in den Sternatmosphären Bedingungen, die man im irdischen Labor nicht ohne weiteres nachahmen kann. Das führt dazu, dass die Elemente Linien emittieren oder absorbieren, die man auf Grund irdischer Laborexperimente diesem Element gar nicht zuschreiben würde. Zweitens sind die Linien nicht so scharf, wie man sie nach irdischen Laborerfahrungen erwarten würde. Sie zeigen vielmehr eine vom Gasdruck in der Sternatmosphäre abhängige, zusätzliche Verbreiterung (die Druckverbreiterung), weil es während der Zeit des Absorptionsvorgangs zu Störungen durch elektrische Felder anderer naher Atome kommt. Drittens vollzieht sich der Absorptionsvorgang in einem sehr heißen Gas, so dass es auf Grund der Bewegung der Atome zu einem Doppler-Effekt kommt: Wenn sich das absorbierende Atom in Richtung auf den Beobachter zu bewegt, werden Strahlen geringerer Wellenlänge registriert, bei Bewegung vom Beobachter weg hingegen Strahlen größerer Wellenlänge. Auch das führt insgesamt zu einer Linienverbreiterung. Doch davon wussten die Pioniere der Spektralanalyse natürlich noch nichts. Erst dem schon erwähnten indischen Astrophysiker M. N. Saha gelang es im Jahr 1920 in seiner klassischen Arbeit „Ionisation in the Solar Chromosphere", eine exakte Beziehung zwischen Temperatur, Druck und Ionisierungsgrad herzuleiten und damit die Grundlage für eine zutreffende Interpretation des Sonnenspektrums und der Sternspektren zu schaffen. Die Verbindung zwischen Sahas Theorie und den astrophysikalischen Beobachtungsdaten stellte Cecilia Helene Payne schließlich 1925 in ihrem Buch „Stellar Atmospheres" her. Damit war die quantitative Spektralanalyse geschaffen, die es gestattet, die Häufigkeitsverteilung der Elemente in den Sternatmosphären zu ermitteln.

Das Prozedere einer solchen Bestimmung ist allerdings recht schwierig. In der Praxis verfährt man prinzipiell folgendermaßen: Zunächst bestimmt man theoretisch die so genannten Wachstumskurven, d. h. die zu erwartenden Änderungen der Breiten von Absorptionslinien mit der wachsenden Anzahl absorbierender Teilchen. Dann vergleicht man die durch Messungen gewonnenen tatsächlichen Linienbreiten mit den rechnerisch ermittelten und leitet daraus die Elementhäufigkeit ab.

DAS HERTZSPRUNG-RUSSELL-DIAGRAMM (HRD)

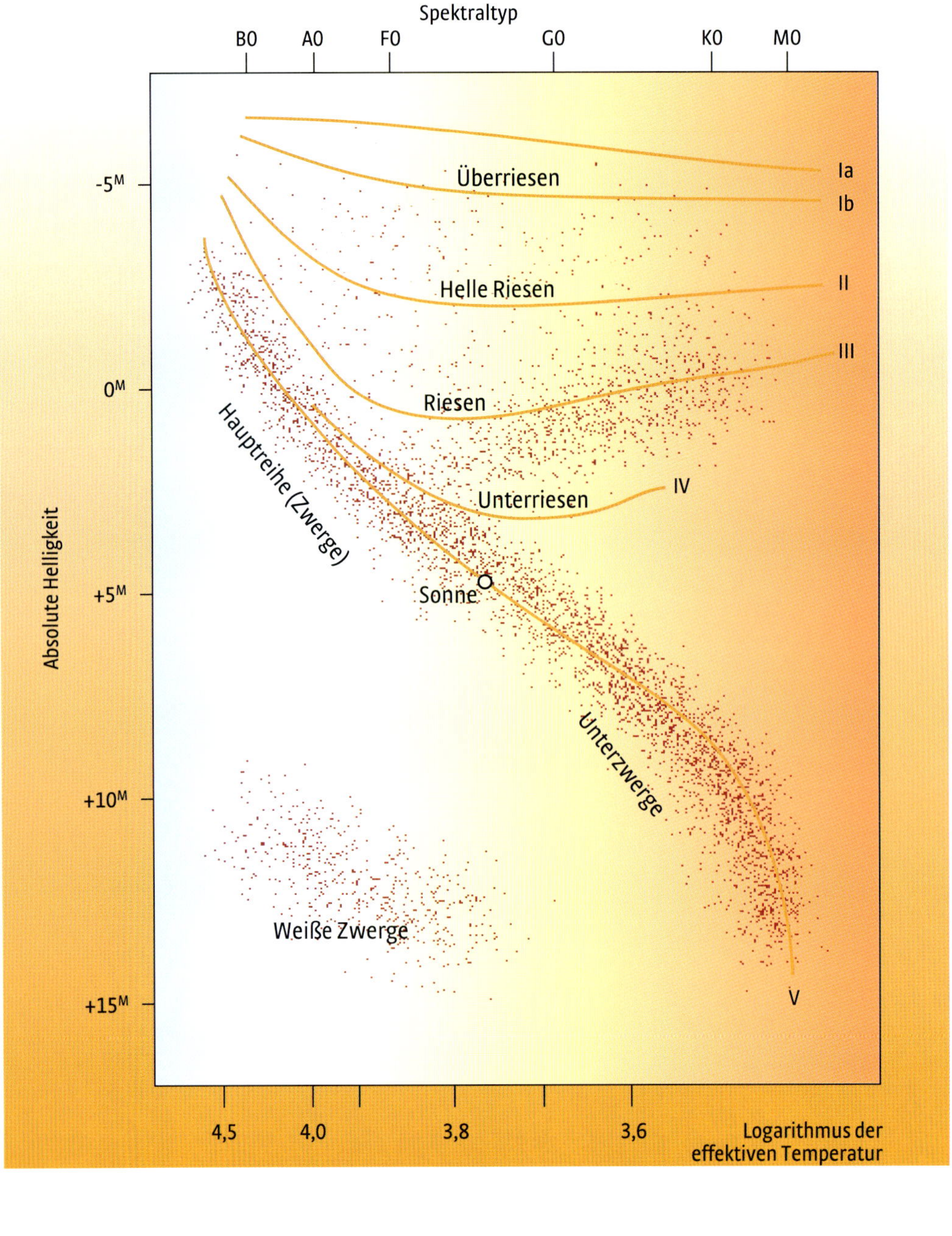

Eines der verblüffendsten Resultate dieser quantitativen Analysen besteht in der Erkenntnis, dass die chemische Zusammensetzung der Mehrzahl der Sternatmosphären sehr ähnlich ist und weitgehend jener Häufigkeitsverteilung der Elemente entspricht, die man für die Sonnenphotosphäre gefunden hat. Die großen Unterschiede in den Erscheinungsbildern der Sternspektren sind also nicht auf unterschiedliche chemische Zusammensetzungen, sondern hauptsächlich auf unterschiedliche Druck- und Temperaturverhältnisse zurückzuführen. So enthält z. B. die heiße Atmosphäre eines B-Sterns einen viel größeren Anteil ionisierter Atome als die im Vergleich dazu kühle Atmosphäre eines K-Sterns. Die Saha-Theorie zeigt nun, dass eine ganze Reihe fragwürdiger Linien, die in irdischen Labormessungen gar nicht vorkommen, zu durchaus bekannten, aber hochgradig ionisierten Elementen gehören. Die in den Spektren der B-Sterne vorkommenden kräftigen Linien ionisierter Metalle gehören also zu denselben chemischen Elementen wie die in ganz anderen Spektralbereichen liegenden Linien in den Spektren der K-Sterne. Dort erscheinen sie als gewöhnliche Atomspektren nicht ionisierter Metalle.

In der Skala der Harvard-Spektralklassen werden z. B. die Spektren von A bis G unter anderem durch die abnehmende Intensität der Absorptionslinien des Wasserstoffs charakterisiert. Die Saha-Theorie macht aber deutlich, dass man daraus keineswegs auf einen abnehmenden Wasserstoffgehalt für die Sterne der Spektralklassen von A nach G schließen darf. Vielmehr nimmt der Ionisationsgrad von G nach A wegen der steigenden Temperaturen zu, so dass immer mehr Atome des Wasserstoffs die Bedingung für die Emission der Linien der Balmer-Serie erfüllen, die dann im Spektrum als Absorptionslinien in Erscheinung treten.

DAS HERTZSPRUNG-RUSSELL-DIAGRAMM

Das Hertzsprung-Russell-Diagramm (HRD) ist das wohl wichtigste zweidimensionale Zustandsdiagramm der Astrophysik. Beim HRD handelt es sich um eine grafische Darstellung, in der die beiden Zustandsgrößen absolute bolometrische Helligkeit M_{bol} und Spektralklasse gegeneinander aufgetragen sind (s. Abb. links). Dabei werden die Spektralklassen auf der Abszisse (oben) von links nach rechts in der Folge von O nach M, d. h. nach fallenden Temperaturen, die absoluten Helligkeiten auf der Ordinate von unten nach oben in der Folge von geringen zu größeren M_{bol} angeordnet. Jedem untersuchten Stern entspricht ein Bildpunkt in diesem Diagramm. Äquivalent dazu ist ein Diagramm, in dem die Leuchtkraft der Sterne gegen ihre Oberflächentemperatur dargestellt ist.

SO STELLTE MAN SICH ZU BEGINN DES 20. JAHRHUNDERTS DEN LEBENSWEG VON STERNEN IM HERTZSPRUNG-RUSSELL-DIAGRAMM VOR: ALS KONTRAHIERENDE GIGANTEN SOLLTEN SIE „GEBOREN“ WERDEN, UM DANN AUF DIE HAUPTREIHE ZU GELANGEN UND DORT ALLMÄHLICH ABZUKÜHLEN UND SOMIT NACH UNTEN RECHTS ABZUWANDERN.

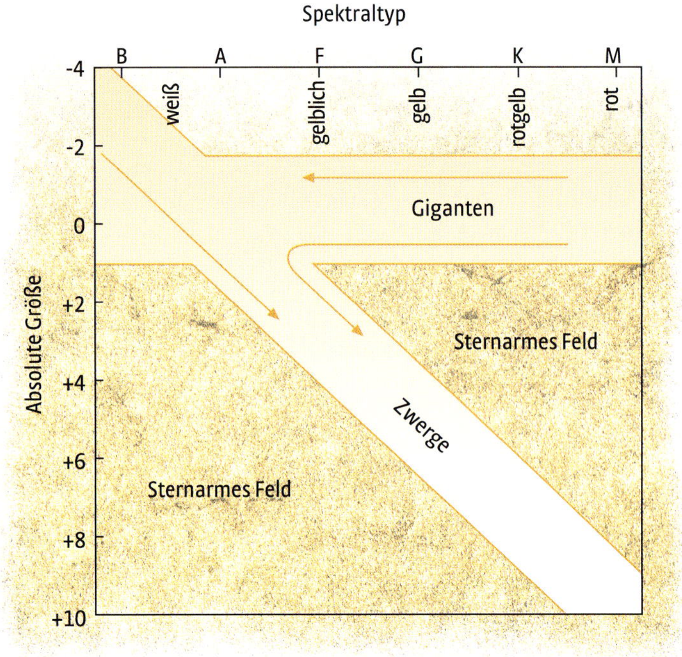

Diese Sternpunkte sind jedoch äußerst ungleichförmig verteilt, d. h. nicht alle Kombinationen zwischen absoluter Helligkeit und Spektraltyp sind in der Natur verwirklicht. Die meisten Bildpunkte sind längs einer Diagonalen angeordnet, die das Diagramm von links oben nach rechts unten durchzieht. Diese Diagonale nennt man die Hauptreihe des HRD. Auch unsere Sonne befindet sich auf der Hauptreihe. Rechts oben im Diagramm befindet sich ein Feld von Bildpunkten mit größeren absoluten Helligkeiten als sie den Sternen der Hauptreihe gleichen Spektraltyps entsprechen. Das ist der so genannte Riesenast des HRD. Die Hauptreihensterne werden deshalb oft auch als Zwergsterne bezeichnet. Oberhalb des Riesenastes erstreckt sich bis in den Bereich sehr hoher Temperaturen hinein der Ast der Überriesen. Die Unterschiede in den absoluten Helligkeiten sind beträchtlich: Weist ein G0-Stern der Hauptreihe etwa die absolute Helligkeit $M_V = +4\overset{M}{,}6$ auf, so strahlt ein Riesenstern desselben Typs um rund 4 Größenklassen heller, ein Überriese gar besitzt eine absolute Helligkeit von $M_V = -5\overset{M}{,}0$ oder mehr.

Links unterhalb der Hauptreihe finden wir das Feld der „Weißen Zwerge“, deren Name darauf hindeutet, dass es sich größtenteils um Sterne weißlicher Farbe, also der Spektraltypen etwa B0 bis

F5 handelt. Die absoluten Helligkeiten dieser Sterne liegen um mehr als 5 Größenklassen unterhalb jener der Hauptreihensterne gleichen Spektraltyps. Auf das physikalische Wesen der verschiedenen zugehörigen Objektgruppen kommen wir im Kapitel über die „Entwicklungswege von Sternen" (ab S. 44) näher zu sprechen.

Ein Steckbrief der Sterne

Die Frage nach einem Zusammenhang zwischen den beiden Zustandsgrößen absolute Helligkeit und Spektraltyp der verschiedenen Sterne hatte sich erstmals der dänische Chemie-Ingenieur und Astro-Amateur Ejnar Hertzsprung im Jahr 1905 gestellt, als er sich mit der Harvard-Spektralklassifikation beschäftigte. Die beiden Protagonistinnen dieser Klassifikation, Antonia C. Maury und Annie J. Cannon, hatten zur genaueren Charakterisierung der Spektren durch kleine lateinische Buchstaben bezeichnete Unterabteilungen eingeführt. So bedeutet z. B. der Zusatz „b" zum Spektraltyp das Vorkommen breiterer Linien gegenüber dem Zusatz „a", während mit „c" besonders scharfe Linien bezeichnet werden. Die beiden Astronominnen sprachen in diesem Zusammenhang die Vermutung aus, dass es sich bei den Sternen der „division c" möglicherweise um Objekte einer anderen Konstitution handeln könne als bei jenen der „divisions" a und b. Hertzsprung stellte sich nun die Frage, „wie groß die systematischen Unterschiede der auf gleichen Abstand reduzierten Helligkeiten von Sternen der verschiedenen Gruppen sein werden", d. h. es ging ihm letztlich darum, die absoluten Helligkeiten der Sterne verschiedener Spektraltypen festzustellen. Zweifellos hoffte Hertzsprung, ein spektrales Äquivalent für die absoluten Helligkeiten zu finden.

Die Lösung des Problems gestaltete sich recht schwierig, da seinerzeit nur wenige trigonometrisch bestimmte Sternparallaxen zur Verfügung standen, aus denen man die absoluten Helligkeiten der Sterne mit Hilfe des Entfernungsmoduls hätte bestimmen können. So wählte Hertzsprung das Kriterium der Eigenbewegungen der Sterne zur Bestimmung ihrer Entfernungen. Statistisch ist nämlich die Annahme berechtigt, dass die Eigenbewegungen – also die Bewegungen, die die Sterne an der Himmelssphäre ausführen –, eine Funktion ihrer Entfernungen sind (s. Kapitel „Die Bewegungen der Sterne" auf S. 124). Nun wählte Hertzsprung Sterne unterschiedlicher Spektralklassen aus, deren Eigenbewegungen besonders zuverlässig bestimmt waren, und schloss alle Objekte aus, die spektrale Besonderheiten aufwiesen oder deren Helligkeiten als veränderlich galten. Durch diese strengen Auswahlkriterien standen ihm zwar insgesamt nur 308 Sterne zur Verfügung, doch war er überzeugt, dieses Vorgehen würde sich durch zuverlässigere

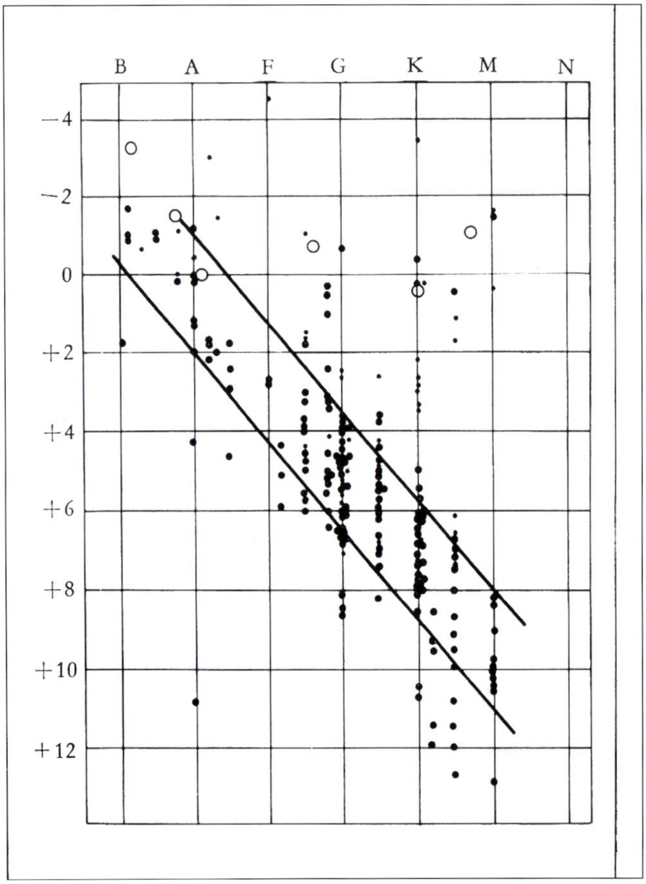

ZEICHNUNG DES ERSTEN HERTZSPRUNG-RUSSELL-DIAGRAMMS VON HENRY NORRIS RUSSELL (1913)

Ergebnisse auszahlen. Die mühevolle Untersuchung, die übrigens das Produkt reiner Schreibtischarbeit war und bei der Hertzsprung ausschließlich auf bereits gedruckt vorliegende Beobachtungen anderer zurückgriff, zeigte überraschende Ergebnisse:

Bei den Spektralklassen G bis M sah man eine Aufspaltung in zwei „Serien", die sich bei gleichem Spektraltyp durch unterschiedliche absolute Helligkeiten auszeichneten. Die Spannweite der Helligkeitsdifferenzen wurde umso größer, je rötlicher die Sterne strahlen. Hertzsprung konnte nachweisen, dass die großen Helligkeiten nicht etwa durch besonders große Massen im Vergleich zu den weniger hellen Sternen gleichen Spektraltyps verursacht wurden. Schließlich zeigte sich zudem, dass es sich bei Sternen besonders großer absoluter Helligkeit um vergleichsweise selten vorkommende Objekte handelte.

Jahre später kam der amerikanische Astronom Henry Norris Russell unabhängig von Hertzsprung zu denselben Erkenntnissen. Während Hertzsprung jedoch seine Daten nur tabellarisch zusammengefasst hatte, stellte Russell die Beziehung zwischen Spektraltypen und absoluten Helligkeiten grafisch dar und schuf damit die heute übliche Gestalt des Hertzsprung-Russell-Diagramms.

Ein langer Irrweg in der Deutung

Die Erklärung dieser merkwürdigen Befunde ließ allerdings einstweilen noch auf sich warten. Zunächst kam die Vermutung auf, dass es Zusammenhänge mit der Lebensgeschichte der Sterne geben könnte: Es erschien plausibel, dass die roten, absolut hellen Sterne größere strahlende Oberflächen aufweisen als ihre weniger hellen Pendants gleicher Temperaturen. Nach dem Planckschen

Strahlungsgesetz bestimmt nämlich die Temperatur eines Schwarzen Strahlers eindeutig die je Flächeneinheit ausgestrahlte Energie. Selbst wenn man davon absieht, dass die Sterne keine idealen Schwarzen Strahler darstellen, sollten zwei Sterne gleicher Temperatur auch die gleiche Energie je Flächeneinheit emittieren. So lag also die durchaus richtige Annahme nahe, dass die helleren Sterne gleicher Temperatur größere Oberflächen aufweisen, also so etwas wie „Riesensterne" sind. Damals bürgerte sich der Begriff der „Roten Riesen" ein. Da sich bereits im letzten Drittel des 19. Jahrhunderts unter den Fachleuten die Überzeugung verbreitet hatte, dass Sterne eine Entwicklung durchlaufen, also eine Lebensgeschichte aufweisen, waren auch hier Zusammenhänge nahe liegend. So erschien es einsichtig, dass ein Stern – wie übrigens schon Immanuel Kant im 18. Jahrhundert vermutet hatte – seinen Lebensweg als ein großes Objekt geringer Dichte beginnt und sich dann immer weiter zusammenzieht. Bei dieser Kontraktion musste nach den Erkenntnissen von Lord Kelvin und Hermann von Helmholtz Energie frei werden, wodurch die Temperatur des Sterns immer weiter ansteigen und sich seine Spektralklasse folglich von M über G und A möglicherweise bis zum heißen B-Stadium verändern sollte. Während des später erfolgenden Abkühlungsprozesses müsste derselbe Stern die umgekehrte Reihenfolge der Spektralklassen durchmessen, nämlich von B über A, F, G und K zu M. Diese evolutionäre Konzeption führte übrigens zu den noch heute verwendeten Bezeichnungen „frühe", „mittlere" und „späte" Spektralklassen für die Typen O, B, A bzw. F, G sowie schließlich K und M. Auch für die Seltenheit der „Roten Riesen" bot sich eine Erklärung an: Konnte es sich bei ihnen nicht um ein Entwicklungsstadium handeln, das besonders rasch durchlaufen wird?

So haben die Entdeckungen von Hertzsprung und Russell sehr rasch zu lebhaften Diskussionen um das Wesen und die Evolution von Sternen geführt und dem Hertzsprung-Russell-Diagramm einen zentralen Platz bei der weiteren Erforschung dieses Problemfeldes zugewiesen. Das HRD avancierte nun förmlich zum Vehikel für die Darstellung des Lebensweges eines Sterns. Man stellte sich vor, dass ein junger Stern zunächst oben rechts im Diagramm auf dem Riesenast erscheint. Da der Stern mit zunehmender Kontraktion immer heißer wird, strahlt er zwar je Flächeneinheit immer größere Energiebeträge aus, was aber auf seine absolute Helligkeit wegen der gleichzeitig kleiner werdenden Oberfläche zunächst keine Auswirkungen hat. Er sollte sich also parallel zur Abszisse von rechts nach links im HRD bewegen. Dann würde er als heißer Stern auf die Hauptreihe des Diagramms gelangen und noch einmal die bereits durchlaufene Temperaturfolge durchmessen – diesmal aber in umgekehrter Reihenfolge –, um schließlich als roter Stern mit vergleichsweise geringer absoluter Helligkeit unten rechts im Diagramm anzulangen (vgl. Abb. S. 34).

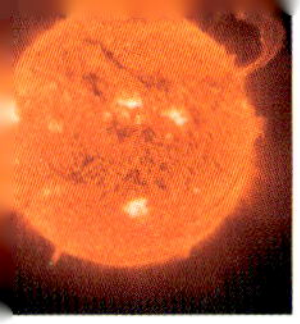

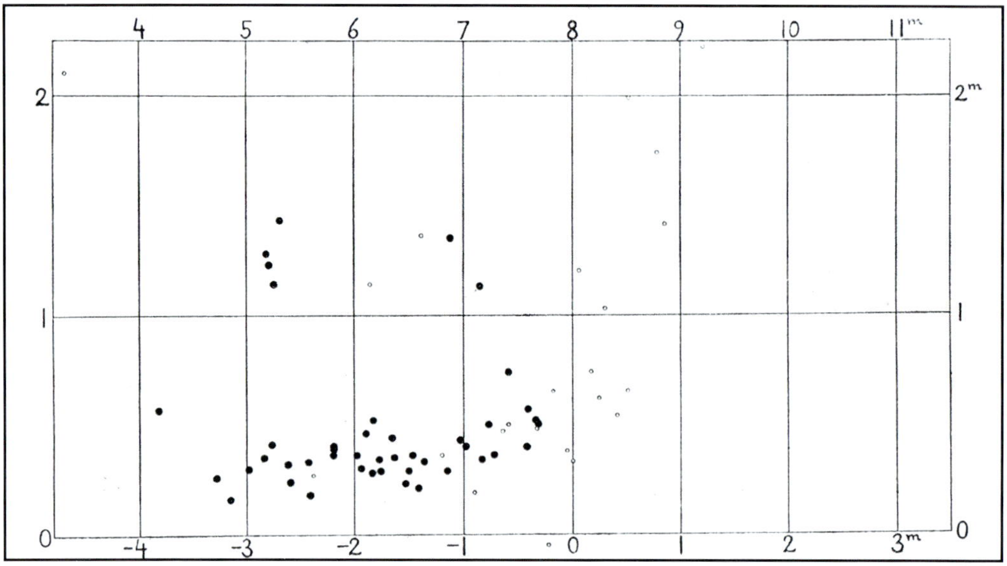

FARBEN-HELLIGKEITSDIAGRAMM (FHD) DER HYADEN NACH EJNAR HERTZSPRUNG (1911)

Diese intuitive Deutung des Diagramms konnte jedoch **nicht** aufrechterhalten werden und gilt heute als veraltet. Das HRD spielt aber dennoch für die Erforschung und Darstellung der Entwicklung der Sterne bis heute eine entscheidende Rolle. Jedoch hat man inzwischen festgestellt, dass die Temperaturfolge keine Entwicklungssequenz darstellt. Im Einzelnen wird die heutige Interpretation im Kapitel „Sternentwicklung im HRD“ ab S. 71 beschrieben.

Anstelle der vor allem für lichtschwächere Sterne schwierig zu bestimmenden Spektralklassen werden auch oft die so genannten „Farben“ verwendet und anstelle der absoluten Helligkeiten genügen bei Objektgruppen annähernd gleicher Entfernung der Einzelobjekte auch deren scheinbare Helligkeiten, da diese dann gleichsam ein Maß für die absoluten Helligkeiten darstellen. Die Differenz zwischen den scheinbaren Helligkeiten solcher Sterne und ihren absoluten Helligkeiten ist nämlich dann für alle Objekte annähernd gleich. Die Farben als Äquivalent für die Spektralklasse erhält man als Differenz der scheinbaren Helligkeiten der Sterne in zwei verschiedenen Spektralbereichen (Farbenindex). Man spricht dann von einem Farben-Helligkeits-Diagramm (FHD). FHDs werden uns insbesondere noch bei der Beschreibung der Sternhaufen wieder begegnen (s. S. 81). Die ersten FHDs hat übrigens Hertzsprung selbst bereits im Jahr 1911 für die offenen Sternhaufen der Plejaden und Hyaden veröffentlicht (s. Abb. oben), ohne jedoch damals schon zu wissen, welche Bedeutung gerade solche Darstellungen für die Forschung später gewinnen sollten.

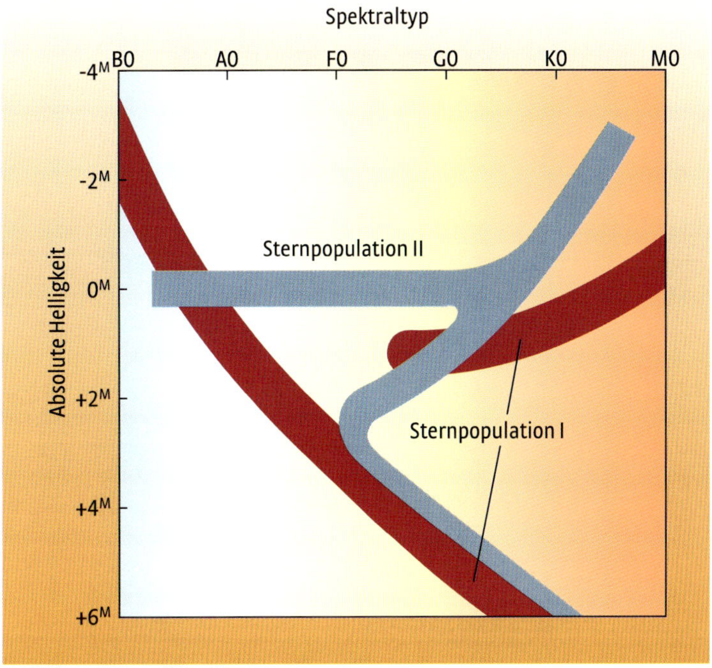

DIE POPULATIONEN I UND II IM HERTZSPRUNG-RUSSELL-DIAGRAMM

Die Sternpopulationen

Bei der Einordnung von Sternen in das Hertzsprung-Russell-Diagramm fiel dem deutschen Astronomen Walter Baade 1944 auf, dass zwischen den verschiedenen Gruppen deutliche Unterschiede bestehen. Er teilte die „Sternvölker" deshalb in zwei Populationen ein. Bei den Sternen der Population I ist die Hauptreihe des HRD bis zu den heißesten Sternen (Spektralklassen O und B) besetzt. Bei jenen der Population II hingegen fehlen die Hauptreihensterne mit

DIE FÜNF POPULATIONEN UND IHRE VERTRETER

Population	*Objekte*
Extreme Population I	O- und B-Sterne, δ-Cephei-Sterne, Überriesen, Offene Sternhaufen
Ältere Population I	A-Sterne, Riesen
Scheibenpopulation	Novae, Planetarische Nebel, helle Rote Riesen, Sterne im Kerngebiet des Milchstraßensystems
Zwischenpopulation II	Mira-Sterne, Schnellläufer
Halo-Population II	Kugelsternhaufen, RR-Lyrae-Sterne mit langen Lichtwechselperioden

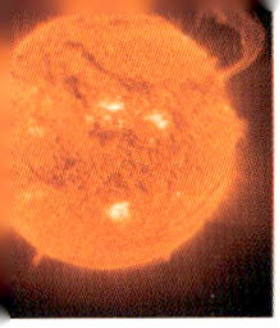

höheren Temperaturen als F0. Auch die Riesenäste der beiden Populationen verlaufen anders, sie sind gegeneinander verschoben. Baade hatte damals kaum eine Vorstellung von den physikalischen Hintergründen dieser Unterschiede. Später zeigte sich, dass die Sterne der verschiedenen Populationen sich in vielerlei Hinsichten voneinander unterscheiden: im Alter, der chemischen Zusammensetzung, ihrem Bewegungsverhalten und der räumlichen Verteilung. Allerdings erwies es sich als notwendig, die anfänglich grobe Unterteilung in zwei Populationen noch zu verfeinern, so dass wir die Sterne heute in fünf Populationen einteilen: die extreme Population I, die ältere Population I, die Scheibenpopulation, die Zwischenpopulation II und die Halo-Population II.

Im weiteren Verlauf werden wir noch mehrfach auf die verschiedenen Populationen zurückkommen, denn viele Beobachtungstatsachen und Entwicklungsvorgänge lassen sich sonst nicht verstehen. Auch die Entwicklungsgeschichte der Milchstraße fußt wesentlich auf den Kenntnissen über die Sternpopulationen (vgl. Kapitel „Vom Ursprung der Milchstraße“ ab S. 172)

DIE MASSE-LEUCHTKRAFT-BEZIEHUNG

Für die beiden Zustandsgrößen Leuchtkraft *L* und Masse *M* gilt im Mittel die Beziehung:

$$L \sim M^{3,5}$$

Für Sternmassen oberhalb vom Dreifachen der Sonnenmasse ist die Leuchtkraft etwa proportional zur dritten Potenz der Masse, für Massen unterhalb 0,5 Sonnenmassen gilt näherungsweise eine Proportionalität zur 4,5ten Potenz der Masse. Die Masse-Leuchtkraft-Beziehung bedeutet, dass ein Stern mit zehnfacher Sonnenmasse etwa tausendmal heller strahlt als die Sonne. Die Differenz der absoluten Helligkeiten beträgt dann $7\overset{m}{,}5$.

Beziehungen zwischen Temperatur, Masse, Leuchtkraft und Radius

Von großer Bedeutung für die Interpretation des HRD war die Entdeckung einer Beziehung zwischen den beiden Zustandsgrößen Masse und Leuchtkraft der Sterne. Erste Vermutungen über das Bestehen einer solchen Relation sind schon Ende des 19. Jahr-

MITTELWERTE FÜR ZUSTANDSGRÖSSEN (SONNE = 1)

Spektraltyp	*Leuchtkraft*	*Radius*	*Masse*	*Dichte*
Hauptreihensterne				
O5	10^5	20	30	0,004
B0	10^4	8	15	0,03
B5	500	4	6	0,1
A0	50	2,2	3	0,3
F0	5	1,5	1,5	0,4
G0	1	1	1	1
K0	0,3	0,8	0,7	1,4
M0	0,05	0,6	0,5	2
M5	0,001	0,2	0,2	25
Riesensterne				
G0	50	10	2,5	10^{-3}
K0	80	10	2,5	10^{-4}
M0	350	60	2,5	10^{-5}

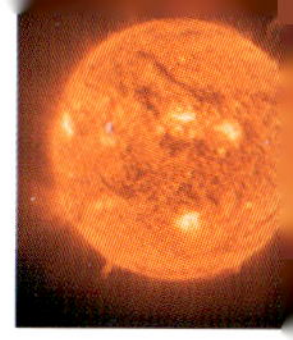

hunderts ausgesprochen worden. So versuchten u. a. Henry Norris Russell, Jacob Halm und Hans Ludendorff einen Zusammenhang zwischen diesen Größen aufzufinden. Doch die definitive Entdeckung gelang empirisch erst im Jahr 1919 Ejnar Hertzsprung, während Eddington die theoretische Begründung lieferte. Gerade theoretisch war das Bestehen einer Beziehung zwischen den Massen und Leuchtkräften der Sterne nahe liegend. Schließlich sind die einzelnen Sterne voneinander unabhängige physikalische Systeme, dennoch gibt es keine beliebigen Kombinationen von Temperaturen und Leuchtkräften. Man kann deshalb vermuten, dass sich der innere Aufbau der Sterne eines Häufungsgebiets im HRD und die in diesen Sternen ablaufenden physikalischen Prozesse weitgehend ähneln. Dann sollten aber für die Häufungsgebiete, insbesondere für die Hauptreihe, noch weitere Zusammenhänge zwischen den Zustandsgrößen der dort befindlichen Sterne bestehen.

Die Masse-Leuchtkraft-Beziehung (MLB, s. Kasten links) besagt, dass die Leuchtkraft der Hauptreihensterne des HRD mit wachsender Masse zunimmt. Mit der Entdeckung der Masse-Leuchtkraft-Beziehung war die bis dahin gültige Vorstellung über die Entwicklung der Sterne ernsthaft in Frage gestellt. Die einfache Abkühlung eines Sterns nach Erreichen des Gipfelpunktes seiner

TEMPERATUR, MASSE & RADIUS

Für zwei Sterne gleichen inneren Aufbaus und identischer chemischer Zusammensetzung verhalten sich ihre mittleren Temperaturen wie die Quotienten aus ihren Massen *M* und ihren Radien *r*. Die mittlere Temperatur *T* im Inneren eines Sterns gehorcht also der Beziehung $T \sim M/r$. Dieser als Lanesches Gesetz bezeichnete Zusammenhang ist von grundlegender Bedeutung für das Verständnis der Energiefreisetzung im Inneren der Sterne.

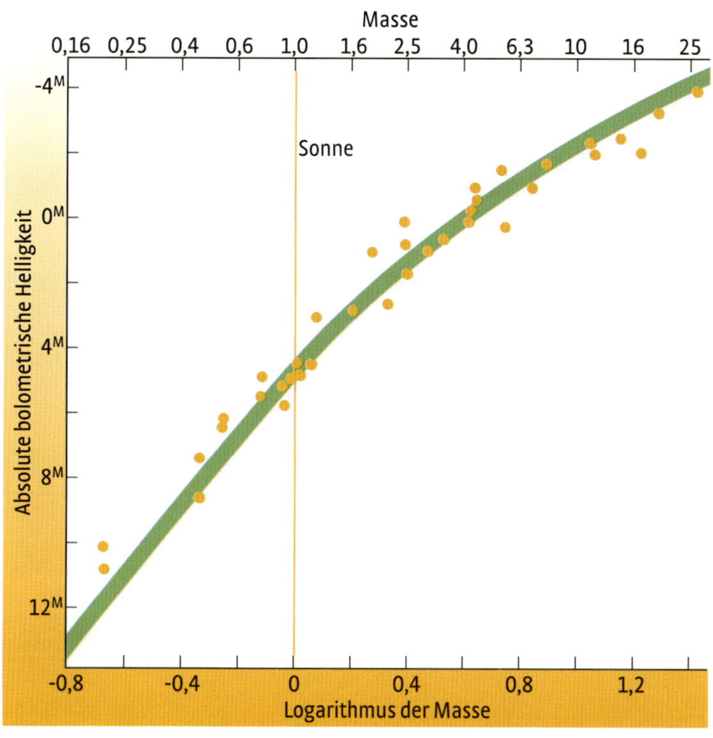

DIE MASSE-LEUCHTKRAFT-BEZIEHUNG (ORANGE KREISE: GEMESSENE WERTE – GRÜNE KURVE: THEORETISCHE WERTE NACH EDDINGTON)

Temperatur und die Bewegung seines Bildpunktes im HRD von oben links nach unten rechts musste falsch sein, denn auf welche Weise sollte der Stern bei seiner Abkühlung so viel Masse verlieren, wie es die MLB verlangte?

Auch zwischen den Radien und den Massen der Hauptreihensterne gibt es einen ausgeprägten Zusammenhang. Es gilt nämlich näherungsweise $r \sim M^{0,6}$. Diese Beziehung bedeutet, dass die Hauptreihensterne mit den größten Massen (und folglich den größten Leuchtkräften) auch die größten Radien aufweisen.

DER INNERE AUFBAU DER STERNE

Die Entdeckung der Masse-Leuchtkraft-Beziehung stellte für die Theoretiker eine beträchtliche Herausforderung dar, denn schließlich musste es Gründe dafür geben, dass diese beiden wichtigen Zustandsgrößen so eng miteinander zusammenhängen. Dabei stand die Forschung vor der Aufgabe, nicht nur qualitative Ursachen zu benennen, sondern die empirisch ermittelten quantitativen Beziehungen auch zu begründen. Das war nur möglich, indem man sich dem inneren Aufbau der Sterne sowie ihrer Entstehung und Entwicklung zuwendete. Die Klärung all dieser Fragen zog sich über viele Jahrzehnte hin, weil letztlich erst die Entdeckung der Mechanismen der Energiefreisetzung in den Sternen die gewünschten Antworten brachte. Das Gleiche gilt für die Erkenntnis der tatsächlichen Entwicklungsvorgänge von Sternen.

Das Innere eines Sterns ist keiner Messung zugänglich, da die uns erreichenden Informationen ausschließlich aus seinen oberflächennahen Schichten stammen. So müssen die Astrophysiker mit dem Rüstzeug des Theoretikers rein gedanklich in das Innere der Sterne hinabtauchen und haben als Anhaltspunkt nur die Zustandsgrößen Radius, Masse, Leuchtkraft, Oberflächentemperatur und chemische Zusammensetzung der Sterne. Als Prototyp eines Sterns bietet sich unsere Sonne an. Durch ihre geringe Distanz können ihre Zustandsgrößen besonders gut bestimmt werden. Die für die Sonne gewonnenen Ergebnisse lassen sich dann grundsätzlich auf die Fixsterne übertragen.

Die Modellvorstellung für das Innere der Sonne besagt, dass dort aufgrund der Schwerkraft sowohl Kräfte in Richtung Zentrum wirken als auch die entgegengesetzt gerichteten Kräfte des Gas- und Strahlungsdrucks. Beide müssen sich im Gleichgewicht befinden (hydrostatisches Gleichgewicht), da die Sonne weder auseinander fliegt noch in sich zusammenbricht. Für jeden Punkt im Sonneninneren gibt es folglich eine Kraft, die der in Richtung Zentrum wirkenden Schwerkraft mit gleichem Betrag entgegenwirkt.

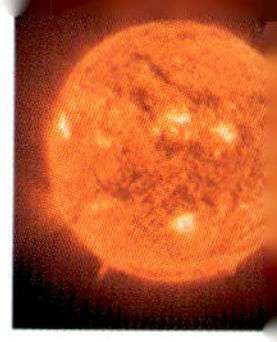

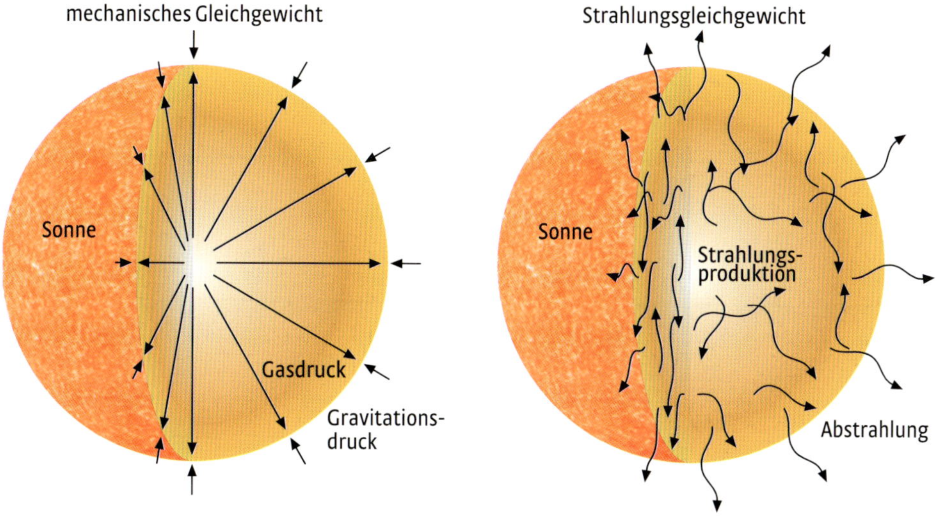

MECHANISCHES GLEICHGEWICHT UND STRAHLUNGSGLEICHGEWICHT EINES STERNS

Für die Stabilität jeder Schicht eines Sterns ist außer dem hydrostatischen Geichgewicht noch das Bestehen des thermodynamischen Gleichgewichts erforderlich. Die jeder Schicht aus den zentrumsnäheren Gebieten zugeführte Energie muss der nach weiter außen abgeführten Energie gleich sein. Keine der Schichten eines Sterns im thermodynamischen Gleichgewicht darf sich aufheizen oder abkühlen. Dies ist durchaus nicht immer der Fall, es gibt auch auf- und absteigende, so genannte konvektive Schichten in Sternen. Wann Konvektion auftritt, hängt sowohl von der Stärke des Strahlungstroms als auch von der Undurchlässigkeit (Opazität) des jeweiligen Volumenelements für die Strahlung ab. Die Opazität wiederum ist sowohl wellenlängenabhängig als auch eine Funktion des Anteils schwerer Elemente, die das mittlere Molekulargewicht bestimmen. Dennoch kann der Stern als Ganzes stabil sein.

Unter Berücksichtigung dieser Überlegungen kann man nun Sternmodelle konstruieren. Dabei geht man davon aus, dass Druck, Temperatur und Dichte im Mittelpunkt des Sterns am höchsten sind und dann nach außen allmählich abfallen, um schließlich an der Oberfläche nahezu den Wert Null zu erreichen.

Die Erzeugung der Sternenergie spielt sich in zentrumsnahen Gebieten des Sterns ab, von dort gelangt sie zur Oberfläche des Sterns, wo sie in den Weltraum abgestrahlt wird. Für den Energietransport kommen hauptsächlich zwei Prozesse in Frage: Strahlung und die schon erwähnte Konvektion. Zur Konvektion kommt es allerdings nur, wenn sich einzelne Schichten aufheizen, also kein Strahlungsgleichgewicht mehr besteht, und somit heiße Materiegebiete aufsteigen und kühlere absinken.

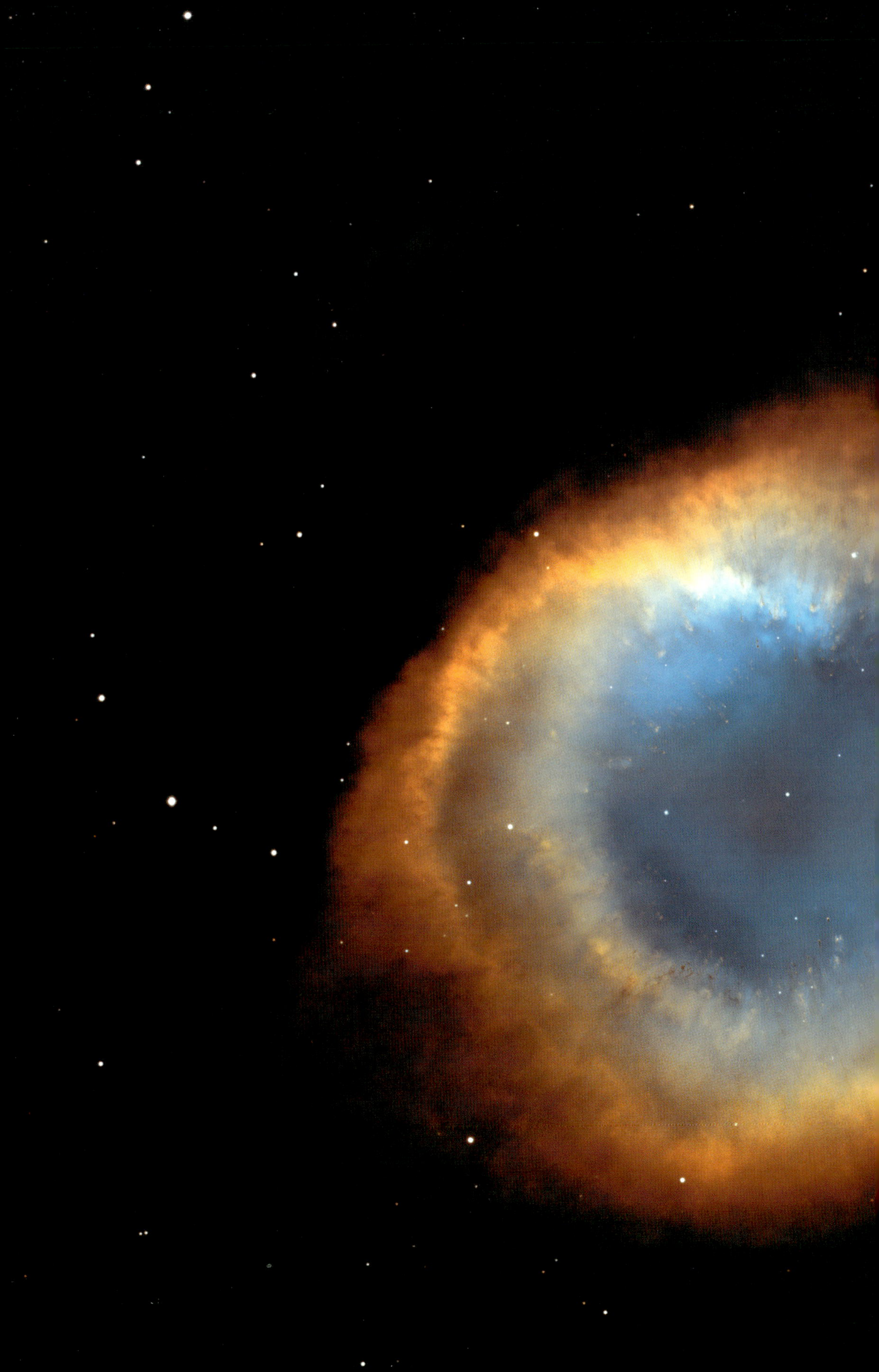

DIE ENTWICKLUNGSWEGE VON STERNEN

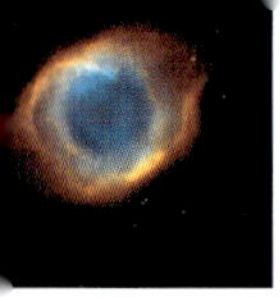

SIND DIE STERNE UNVERÄNDERLICH?

Bis weit ins 18. Jahrhundert hinein galten die Sterne allgemein als etwas einmal Erschaffenes (oder Entstandenes), das danach keinerlei Veränderungen mehr unterliegt, sondern zu den ewigen Gegebenheiten der Natur gehört. Diese Auffassung entsprach der versteinerten Lehrmeinung des antiken Gelehrten Aristoteles, der jegliche Veränderungen allein der Sphäre „unter dem Monde" zubilligte, während jenseits des Mondes auf alle Zeiten Stillstand herrschen sollte. Allerdings deuteten vereinzelte Beobachtungsergebnisse darauf hin, dass es mit dieser Hypothese nicht seine Richtigkeit haben konnte. So war z. B. im Herbst des Jahres 1572 unvermittelt ein „neuer Stern" am Firmament erschienen (nach heutigen Erkenntnissen eine Supernova), den u. a. der berühmte dänische Astronom Tycho Brahe beobachtete und der sich größter Aufmerksamkeit erfreute. Als Brahe nun auch noch feststellte, dass der Stern jener Sphäre des Himmels zugehörte, in der sich angeblich keinerlei Veränderungen abspielten, geriet die Lehre des Aristoteles zum ersten Mal ins Wanken. 1604 tauchte abermals ein neuer Stern auf. Damals fragte sich Johannes Kepler, ob nicht diese „stella nova" ein Werk der Natur sein könnte.

Auch die seit alters bekannten Schweifsterne (Kometen) fügten sich nur so lange ins aristotelische Naturbild, wie man sie für Phänomene der Erdatmosphäre hielt. Sie erschienen unversehens am Firmament, prägten mit ihren oftmals prächtigen Schweifen für einige Zeit den Anblick des Himmels, um dann wieder zu verschwinden; gleichsam wie Wolken, nur weniger flüchtig. Bei dem großen Kometen von 1577 gelang es schließlich Tycho Brahe durch vergleichende Messungen, die Distanz des Gebildes annähernd festzustellen. Dabei ergab sich auch für den Schweifstern ein Platz jenseits der Sphäre des Mondes, jener Region also, in der sich angeblich keine Veränderungen vollzogen.

IMMANUEL KANT VERTRAT REVOLUTIONÄRE IDEEN AUF DEM WEG ZUR MODERNEN ASTROPHYSIK.

Der Weg zur modernen Astrophysik

Einen förmlichen Generalangriff auf die Lehre von der Unveränderlichkeit des Himmels unternahm der Philosoph Immanuel Kant in seiner bekannten Jugendschrift „Allgemeine Naturgeschichte und Theorie des Himmels" (1755). Hier erklärte er das gesamte „Weltgebäude" zu einem Produkt der Entwicklung auf der Grundlage des Newtonschen Gesetzes der allgemeinen Massenanziehung. Auch die Sterne sollten keineswegs in einem einmaligen Schöpfungsakt erschaffen worden sein, um dann unveränderlich auf ewig fortzubestehen, sondern dem Gesetz von Werden und Vergehen unterliegen wie alle anderen Dinge der Natur. Indem Kant die Herausbildung und Entwicklung von Planeten, Sternen und Sternsystemen auf das Wirken eines Naturgesetzes zurückführte, verzichtete er sogar auf den Gedanken einer göttlichen Schöpfung. Zugleich mit dieser für die Naturwissenschaft wegweisenden Idee entwarf Kant eine Zeitskala für das kosmische Geschehen, die in krassem Widerspruch zu dem aus der Bibel berechneten Weltalter stand. Während man bis dahin aus der Geschlechterfolge des Alten Testaments auf ein Weltalter von einigen tausend Jahren geschlossen hatte, forderte Kant „ganze Gebirge von Millionen Jahrhunderten" für die Entstehung von Sternen und Sternsystemen.

Freilich, die „Allgemeine Naturgeschichte" war ungeachtet ihrer Bezugnahme auf Newtons Gravitationsgesetz eher ein naturphilosophisch-spekulatives Buch. Voller wegweisender Gedanken, konnte es doch dem Anspruch der naturwissenschaftlichen Forschung nicht gerecht werden, die nach Beweisen strebte und noch einen langen und dornenreichen Weg vor sich hatte.

TITELSEITE VON IMMANUEL KANTS „ALLGEMEINER NATURGESCHICHTE" (1755)

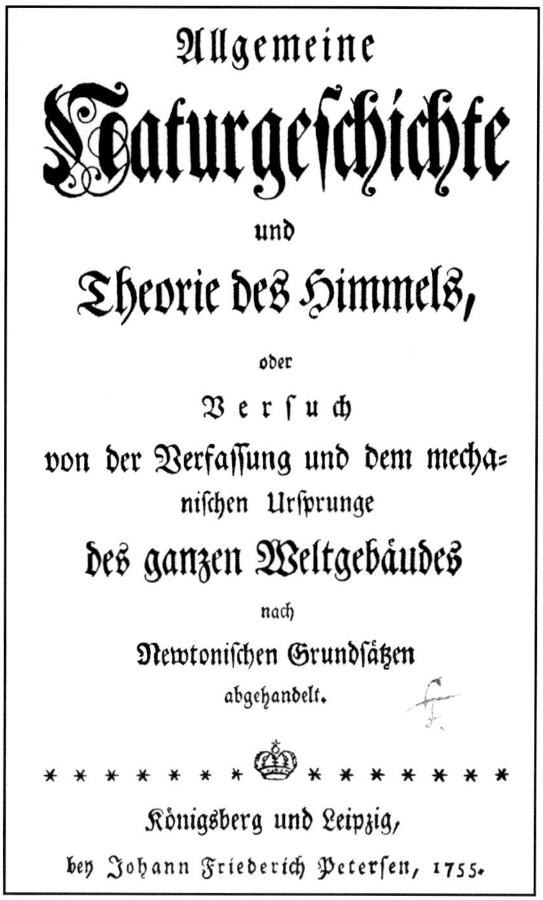

Allgemeine
Naturgeschichte
und
Theorie des Himmels,
oder
Versuch
von der Verfassung und dem mechanischen Ursprunge
des ganzen Weltgebäudes
nach
Newtonischen Grundsätzen
abgehandelt.

Königsberg und Leipzig,
bey Johann Friederich Petersen, 1755.

Abgesehen davon, dass Kants Ideen zunächst kaum Beachtung fanden, gab es im 18. Jahrhundert auch wenig konkrete Anhaltspunkte für eine naturwissenschaftlich exakte Behandlung des Problems. Erst das Aufkommen der neuen Forschungsdisziplin Astrophysik um die Mitte des 19. Jahrhunderts brachte allmählich die Voraussetzungen für eine erfolgreiche Untersuchung von Entwicklungsvorgängen im All. Erst jetzt wurden Sterne als physikalische Objekte mit einer Fülle von Eigenschaften begriffen statt nur als Massenpunkte im Sinne der klassischen Mechanik. Zutreffend beschrieb der deutsche Pionier der Astrophysik, Johann Karl Friedrich Zöllner, die neue Disziplin im Jahr 1865 mit den Worten: „War es die Aufgabe (der früheren Astronomie), unter Voraussetzung der Allgemeinheit *einer* Eigenschaft der Materie (der Gravitation) alle Ortsveränderungen der Gestirne zu erklären, so wird es die Aufgabe der Astrophysik sein, unter Voraussetzung der Allgemeinheit *mehrerer* Eigenschaften der Materie, alle übrigen Unterschiede und Veränderungen der Himmelskörper zu erklären."

Seit jener weitsichtigen Definition hat die Astrophysik außerordentliche Fort-

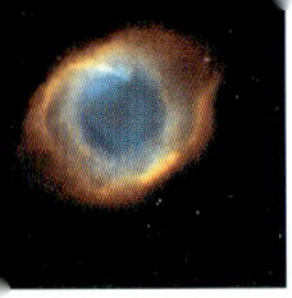

schritte erzielt, so dass wir heute in der Lage sind, den Lebensweg eines Sterns im Großen und Ganzen zutreffend und in Übereinstimmung mit den bekannten Naturgesetzen zu beschreiben – von seiner Entstehung bis zu seinem Ende. Es versteht sich fast von selbst, dass zahlreiche Fragen auch heute noch ungelöst sind, denn solange wir Wissenschaft betreiben, wirft eine gefundene Antwort gleich mehrere neue Fragen auf. Im Folgenden wollen wir die Lebensgeschichten der Sterne kurz skizzieren, wobei wir uns allerdings auf wesentliche Vorgänge beschränken und insofern manche Vereinfachung machen müssen.

GEBURT AUS GAS UND STAUB

Sterne bilden sich aus Gas- und Staubwolken heraus, der so genannten interstellaren Materie. Schon hier müssen wir allerdings zwischen den verschiedenen Populationen unterscheiden, zwischen der ersten Generation von Sternen und den heute ablaufenden Prozessen der Sternentstehung. Die ersten Sterne bildeten sich nämlich aus einem Gas, das ausschließlich aus Wasserstoff und Helium bestand, wobei die Wasserstoffhäufigkeit jene des Heliums etwa um den Faktor zehn übertraf. Wie uns die Schilderung des Entwicklungsweges der Sterne noch zeigen wird, bewirkte die erste Generation von Sternen eine Anreicherung des interstellaren Mediums mit schweren Elementen. Somit war das „Baumaterial" der kommenden Sterngenerationen chemisch anders zusammengesetzt als jenes ihrer „Ahnen".

Wann kollabieren Gaswolken?

Wie können wir uns die Herausbildung von Sternen aus dem Urgas vorstellen? Denken wir uns eine ausgedehnte Gaswolke. Welche Kräfte beherrschen sie? Da ist zunächst die Schwerkraft, denn jedes einzelne Gasatom übt auf die anderen Atome eine Anziehungskraft aus. Das Gas sollte sich also zusammenziehen. Dagegen steht jedoch der Gasdruck – die Wolke befindet sich im Kräftegleichgewicht. Selbst wenn sich einzelne Atome annähern und die Wolke zusammengedrückt wird, ändert sich an diesem Gleichgewichtszustand nichts, denn damit erhöht sich auch der Gasdruck – das Gas dehnt sich wieder aus und die einzelnen Atome nehmen ihre ursprüngliche Lage wieder ein. Dennoch kann eine solche Gaswolke durchaus zu kollabieren beginnen, wenn nur ihre Masse groß genug und ihre Temperatur niedrig genug ist. Geringe Tempe-

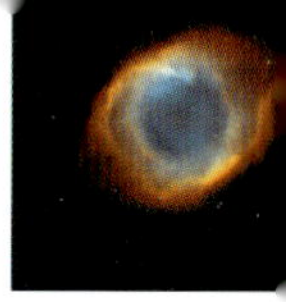

raturen bedeuten nämlich einen geringen Gasdruck, während große Massen eine entsprechend hohe Gravitationskraft erzeugen. Bei der geringsten Kontraktion wächst in einer solchen Wolke die Schwerkraft schneller als der Gasdruck. Die Wolke wird instabil und der Vorgang des Zusammenziehens ist nicht mehr aufzuhalten. Die so genannte kritische Masse hängt dabei von der Dichte und der Temperatur der Wolke ab. Bei einer Dichte von 100 Atomen je Kubikzentimeter und einer Temperatur von 100 K liegt die kritische Masse bei knapp 3000 Sonnenmassen. In noch kühleren Gasregionen kommt es auch schon bei Wolken geringerer Masse zum Kollaps. Diese Überlegungen gehen auf den englischen Astrophyiker James Jeans zurück, der auch eine entsprechende Formel ableitete. Ihm zu Ehren heißt diese Beziehung heute das Jeanssche Kriterium (s. Kasten rechts).

Während des fortschreitenden Zusammenziehens der Gasmasse kommt es zur Fragmentation, d. h. die Wolke bricht in mehrere Teile auseinander, die ihrerseits weiter kollabieren und z. T. wieder in kleinere Bestandteile zerfallen. Insgesamt ist allerdings nur ein kleiner Teil der Masse solcher Gaswolken an der Sternentstehung beteiligt. Kosmische Magnetfelder und wahrscheinlich auch von Supernova-Explosionen ausgehende Schockwellen wirken der Gravitation entgegen und verhindern, dass die gesamte Masse einer Gaswolke kollabiert und neue Sterne bildet.

DAS JEANSSCHE KRITERIUM

Nach dem englischen Astrophysiker James Jeans herrscht in einer Wolke Gravitationsinstabilität, wenn folgende Bedingung erfüllt ist:

$$M \geq 3{,}7 \cdot (RT/\mu G)^{3/2} \cdot 1/\sqrt{\rho_c}$$

Dabei ist M die Masse der Wolke, R die universelle Gaskonstante ($R = 8{,}31\ J\ K^{-1}\ mol^{-1}$), G die Gravitationskonstante ($G = 6{,}67 \cdot 10^{-11}\ m^3\ kg^{-1}\ s^{-2}$), μ das mittlere Molekulargewicht, T die Temperatur und ρ_c die Zentraldichte der Wolke.

Vom Protostern zur Kernfusion

Zunächst ist die Dichte der einzelnen Teile einer fragmentierten Wolke noch sehr gering, so dass sie für jegliche Art von Strahlung durchsichtig bleibt. Die durch das Zusammenziehen entstandene Wärme verlässt die Wolke in Form von Strahlung. Dieser natürliche Kühlungsvorgang verhindert also zunächst die Erhöhung der Temperatur in der Wolke. Doch schließlich wird die Dichte der Subfragmente so groß, dass nur noch ein Teil der Energie nach außen gelangen kann, während der andere Teil zur Aufheizung der Gaswolke beiträgt. Damit steigt auch der innere Druck, wodurch es zum Ausgleich von Dichte-Unregelmäßigkeiten kommt. Das Objekt nimmt allmählich Kugelgestalt an. Jetzt können wir bereits von einem Protostern sprechen.

Betrachten wir ein schon kugelförmiges Fragment der ursprünglichen Wolke etwas genauer und nehmen an, dass es gerade über die Masse unserer Sonne verfüge. Die Verdichtung des Gases sei bereits fortgeschritten und betrage 60 000 Wasserstoffatome je Kubikzentimeter. Die Dichte dieser Kugel ist immer noch extrem gering, ihre Ausdehnung übertrifft zunächst diejenige unserer Sonne um das rund Fünfmillionenfache. Doch ständig bewegt

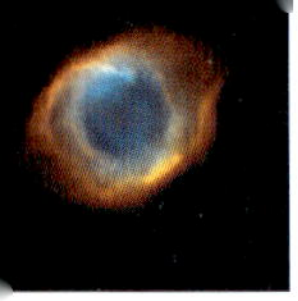

sich Gas zum Zentrum der Kugel hin, so dass dort die Dichte unablässig immer weiter zunimmt. Sobald die Dichte in zentrumsnahen Gebieten die entstehende Strahlung daran hindert, nach außen zu entweichen, steigen auch die Temperaturen in diesem Gebiet, das nur noch etwa 1/250 des ursprünglichen Durchmessers aufweist. Immer noch „regnet" es von außen Gas auf den weiter kollabierenden Innenbereich. Dieser Vorgang hat bis jetzt etwa einige hunderttausend Jahre in Anspruch genommen – auf der astronomischen Zeitskala ein recht kurzer Abschnitt. Erst wenn der Radius des verdichteten Zentralbereichs nur noch dem der Bahn des Planeten Jupiter in unserem Sonnensystem entspricht, kommt die weitere Kontraktion vorläufig zum Stillstand. Jetzt ist nämlich das hydrostatische Gleichgewicht eingetreten, d. h. der nach außen wirkende Gasdruck hält der Schwerkraft die Waage.

Das verdichtete Gebiet enthält jedoch zu diesem Zeitpunkt noch sehr wenig Masse: Nur etwa 0,5 % der Gesamtmasse der Wolke sind dort vereinigt. Die von außen weiter einfallende Materie strahlt ihre Energie beim Auftreffen auf das Kerngebiet ab, das sich seinerseits noch weiter zusammenzieht und heißer wird. Sind dort

SO BILDET SICH EIN STERN IM LAUFE VON HUNDERTTAUSENDEN VON JAHREN AUS EINER KONTRAHIERENDEN GAS- UND STAUBANSAMMLUNG.

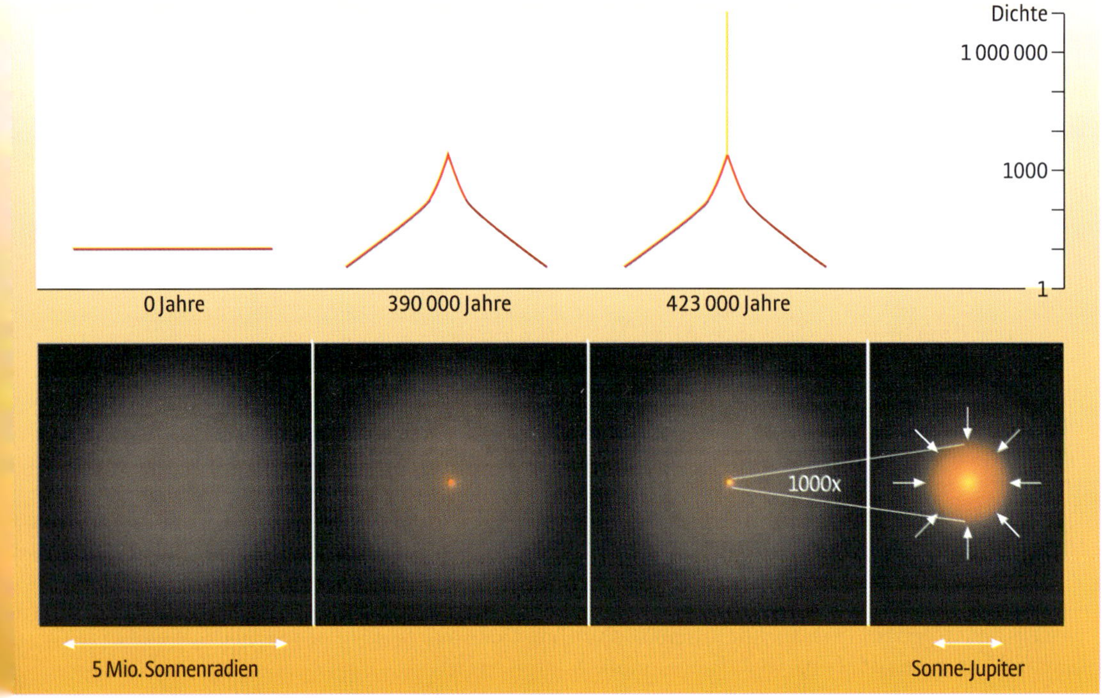

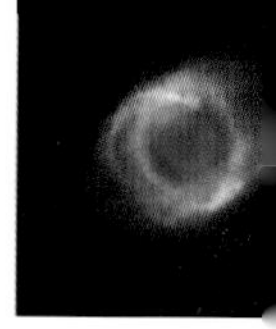

etwa 2000 Grad erreicht, zerbrechen die anfänglich vorhandenen Wasserstoffmoleküle in einzelne Atome. Die Kontraktion des Innengebietes zerstört schließlich alle Moleküle und der dadurch entstehende Kern hat nur noch etwa Sonnengröße. Auf ihn fällt nun unablässig der Rest des Gases aus dem großräumigen kugelförmigen Gebiet, wodurch dem Stern die Energie zugeführt wird, die er nach außen abstrahlt. Sehen könnte man einen „Protostern" in dieser Phase seiner Entwicklung noch nicht. Die Materiehülle, die ihn umgibt, lässt keine sichtbare Strahlung nach außen dringen, der Stern leuchtet jedoch im Infraroten. Irgendwann ist der größte Teil der ihn umgebenden Hülle herabgeregnet und die Temperatur im Zentrum hat einen Wert um 10 Millionen Grad erreicht. Dann ist der Geburtsvorgang des Sterns beendet. In seinem Inneren beginnt ein Vorgang abzulaufen, der für sehr lange Zeiten Energie freisetzt, den Stern stabilisiert und leuchten lässt – die Kernfusion!

Sterne sind keine Einzelkinder

Durch den Fragmentationsprozess sind natürlich viele Sterne gleichzeitig entstanden, gleichsam ein ganzes „Rudel" von Sternen. Sterne entstehen somit in Haufen, Gruppen oder Assoziationen. Dabei verfügen die einzelnen Mitglieder eines solchen Haufens über recht unterschiedliche Massen. Massereiche Sterne sind viel seltener als masseärmere Sterne. Für die Massenverteilung gilt das so genannte Salpeter-Gesetz. So entstehen beispielsweise fünfmal mehr Sterne mit der Masse unserer Sonne als Sterne der doppelten Masse. Noch schwerere Sterne, etwa mit 100facher Sonnenmasse sind 50 000-mal seltener als Sterne mit einer Sonnenmasse. Dennoch spielen insbesondere die massereichen Sterne eine wichtige Rolle im Universum, wie wir noch sehen werden (vgl. Kapitel „Supernova-Explosionen" auf S. 63).

Unter den Objekten, die während der Herausbildung von Sternen entstehen, befinden sich auch zahlreiche Gebilde, deren Masse zu gering ist, um die für das Wasserstoffbrennen (die Kernfusion) erforderlichen Temperaturen in ihrem Innern zu erreichen. Dies gilt für Massen unterhalb von 0,08 Sonnenmassen (80 Jupitermassen). Diese lichtschwachen, kleinen und vergleichsweise kühlen Objekte werden Braune Zwerge genannt. Sie stellen eine Art „Zwischenobjekt" dar, das eher dem Riesenplaneten Jupiter in unserem Sonnensystem ähnelt als einem Stern. In ihrem Inneren kann wohl – bei einer Masse oberhalb vom 13fachen der Jupitermasse – das so genannte Deuteriumbrennen ablaufen. Doch auf diesem Wege kann nicht einmal die abgestrahlte Energie ersetzt werden, so dass die Objekte unablässig auskühlen. Wegen ihrer geringen Helligkeit sind sie schwer zu entdecken. Erst unlängst ist es in einer aufwändigen Computer-Simulation von Sternentstehungsvorgängen gelungen, das massenweise Entstehen von Braunen Zwergen nachzuvollziehen. Man kann deshalb heute davon ausgehen, dass es in unserem Sternsystem ähnlich viele Braune Zwerge gibt wie Sterne.

Sternentstehungsgebiete in der Milchstraße

Die Teleskope der modernen Astronomie, allen voran das fliegende Weltraumobservatorium „Hubble Space Telescope" (HST), liefern uns unablässig neue Belege für die Richtigkeit unserer Vorstellungen über die Sternentstehung. So kennen wir heute zahlreiche Geburtsstätten von Sternen, in denen extrem junge oder noch in der Bildung begriffene Protosterne nachgewiesen wurden. Das bekannteste Areal einer Sternenkinderstube ist zweifellos der Orion-Nebel (M 42) im Sternbild Orion, der zu großen Teilen aus kaltem Gas und Staub besteht und für sichtbares Licht weitgehend undurchdringlich ist. Dennoch leuchten große Gebiete des Nebels im Licht der roten H-Alpha-Linie des Wasserstoffs (s. Abb. S. 150). Dieses Leuchten wird durch gerade erst entstandene, massereiche und sehr heiße Sterne verursacht, deren ultraviolette Strahlung den Wasserstoff zum Leuchten anregt.

Das Hubble-Weltraumteleskop vermag viele Sterne abzubilden, die sich vor dem Hintergrund des leuchtenden Nebels befin-

STERNENTSTEHUNG IM ADLERNEBEL IM STERNBILD SCHLANGE

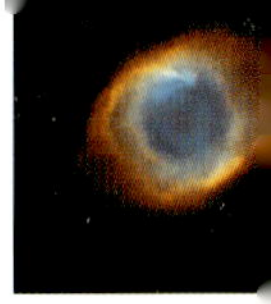

DIE TRAPEZ-STERNE IM ORION-NEBEL IM INFRAROTEN

den und ein sehr jugendliches Alter aufweisen. Am bekanntesten sind die auch in erdgebundenen Teleskopen sichtbaren vier „Trapez-Sterne" im Orion-Nebel, die das Leuchten des Nebels verursachen. Darüber hinaus sind inzwischen rund 700 weitere junge Sterne unterschiedlichen Alters gefunden worden, die 10 000-mal so dicht beieinander stehen, wie die Sterne in der Umgebung unserer Sonne. Bei vielen von ihnen lassen sich so genannte protoplanetare Scheiben erkennen, aus denen nach unseren heutigen Vorstellungen dereinst Planetensysteme hervorgehen könnten.

Ein weiteres großes Sternentstehungsgebiet befindet sich im Sternbild Schlange: Es ist der Adler-Nebel (M 16). Während der Orion-Nebel etwa 1400 Lichtjahre von uns entfernt ist, trennen uns vom Adler-Nebel rund 7000 Lichtjahre. Hier vollzieht sich die Geburt von Sternen in ausgesprochen bizarren gasförmigen Gebilden: Auf riesigen Säulen („Elefantenrüssel") mit Lichtjahren an Ausdehnung sitzen fingerförmige Strukturen, in denen sich junge Sterne herausbilden (s. Abb. links). Durch die Ultraviolettstrahlung der jungen heißen Sterne „verdampft" das Gas an der Oberfläche der Säulen und fließt in gewaltigen Strömen in den Raum hinaus. Erst das HST hat uns diese Vorgänge zugänglich gemacht. Allerdings sind auch neue Fragen aufgetaucht. So findet man z.B. im Adler-Nebel zahlreiche gasförmige Globulen, Blasen dichten Gases, in denen möglicherweise auch neue Sterne heranwachsen. Doch die Meinungen hierüber gehen noch auseinander.

Im so genannten Konus-Nebel im Sternbild Einhorn hingegen laufen zweifelsfrei Prozesse der Sternbildung ab. Hier gelang es, in der Nähe eines massereichen hellen Sterns mit Hilfe der Infrarottechnik sechs „Babysterne" zu entdecken, deren Massen etwa im Bereich der Sonnenmasse liegen. Die große Leuchtkraft des massereichen Sterns ist mit einem erheblichen Sternwind verbunden, einem Abblasen beträchtlicher Mengen von Gasen in den Raum. Vermutlich wurde das interstellare Medium dadurch so verdichtet, dass Sternbildung einsetzen konnte.

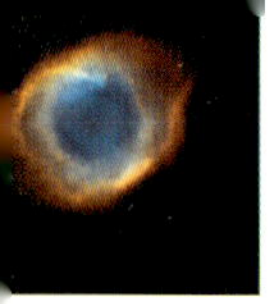

Auch im Lagunen-Nebel (M 8), einer schon ohne Fernrohr erkennbaren Gaswolke im Sternbild Schütze, sind Sternbildungsprozesse im Gange. Überall, wo die Materie in Form von Gas und Staub großräumig verteilt ist, können wir mit Aussicht auf Erfolg nach Geburtsstätten von Sternen suchen.

So finden wir z. B. auch im Rosetten-Nebel (NGC 2237, s. Abb. S. 140) im Sternbild Einhorn, einem Sternentstehungsgebiet mit einer Ausdehnung von wahrscheinlich rund 130 Lichtjahren, zahlreiche junge blaue Sterne. Den Nebel wird es wegen dieser Sterne wahrscheinlich nicht mehr allzu lange geben, denn die Strahlung der heißen Sterne wird ihn innerhalb kosmisch kurzer Zeit (vielleicht einer Million Jahre) „in alle Winde" des Universums zerstreuen.

Auf die Sternentstehungsgebiete werden wir im Zusammenhang mit der Struktur unserer Galaxis noch ausführlicher zurückkommen, denn diese Gebiete sind räumlich alles andere als zufällig verteilt (s. Kapitel „Die Spiralarme der Milchstraße" auf S. 130).

STERNE IM „ERWACHSENENALTER"

Nachdem die Temperaturen im Inneren eines Protosterns etwa 10 Millionen Grad erreicht haben, ist das Objekt in sein „Erwachsenenalter" eingetreten. Die Oberflächentemperaturen liegen bei mindestens 2000 K, oftmals auch wesentlich höher. Doch die ungleich höheren Innentemperaturen setzen jetzt einen Prozess in Gang, der für die weitere Existenz des Sterns entscheidend ist und der den bis dahin dominierenden Kontraktionsprozess ausschaltet: das Wasserstoffbrennen.

DIE PP-REAKTION

$^{1}H + {}^{1}H \rightarrow {}^{2}D + e^{+} + \nu$

$^{2}D + {}^{1}H \rightarrow {}^{3}He + \gamma$

$^{3}He + {}^{3}He \rightarrow {}^{4}He + {}^{1}H + {}^{1}H$

Die Bilanz lautet:

$4\,{}^{1}H \rightarrow 1\,{}^{4}He + 26{,}2\ \mathrm{MeV}$

Hier bedeuten H – Wasserstoff, D – Deuterium, He – Helium, e^{+} – Positron, γ – Gammastrahlung, ν – Neutrino. Die hochgestellten Ziffern geben die Anzahl der im Kern enthaltenen Protonen und Neutronen an.

Die Proton-Proton-Reaktionskette

Die Kerne der Wasserstoffatome im Inneren des Sterns, die so genannten Protonen, haben jetzt entsprechend den herrschenden Temperaturen so hohe Bewegungsgeschwindigkeiten erreicht, dass sie ungeachtet ihrer elektrischen Abstoßung miteinander zu verschmelzen und Kerne schwererer Elemente zu bilden beginnen. Man sagt, das „Wasserstoffbrennen" habe „gezündet". Dieser Vorgang wird als Kernfusion (Kernverschmelzung) bezeichnet und führt dazu, dass über mehrere Zwischenstufen aus jeweils vier Protonen ein Heliumatomkern entsteht. Bei dieser so genannten Proton-Proton-Reaktion (pp, s. Kasten links und Abb. rechts oben) wird Energie in unvorstellbarem

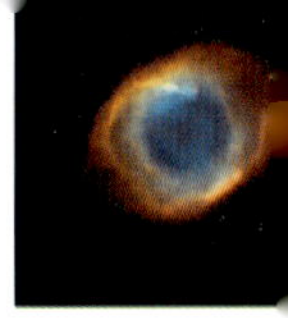

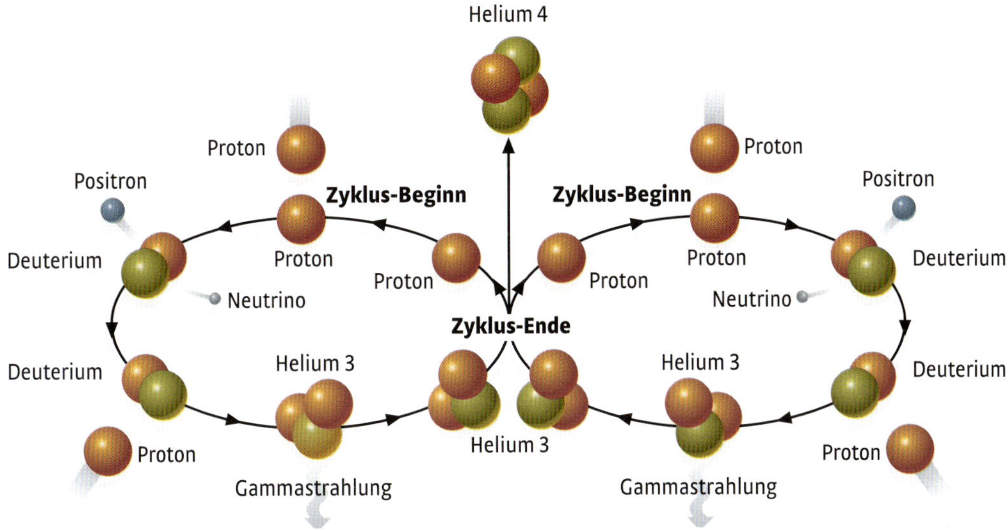

AUFBAU VON HELIUM AUS WASSERSTOFF IM INNEREN EINES STERNS DURCH KERNFUSION NACH DEM PP-PROZESS. DEUTERIUM IST „SCHWERER" WASSERSTOFF, ES ENTHÄLT NEBEN EINEM PROTON IM KERN ZUSÄTZLICH NOCH EIN NEUTRON.

Ausmaß freigesetzt. Die vier Teilchen, aus denen ein Heliumkern besteht (zwei Protonen und zwei Neutronen), werden dank der Kernkraft so stark aneinander gebunden, dass der Heliumkern weniger wiegt als seine Bestandteile für sich allein. Etwa 1 % der Masse von zwei Protonen und zwei Neutronen wird gemäß der berühmten Einstein-Gleichung $E = mc^2$ in Form von Energie frei (E – Energie, m – Masse der beteiligten Teilchen, c – Lichtgeschwindigkeit). Die Differenz zwischen der Masse der Ausgangsteilchen und des Endprodukts wird also gemäß der Einsteinschen Äquivalenzbeziehung vollständig in Energie umgewandelt. Dabei handelt es sich zwar „nur" um 1 % der Masse der Ausgangsteilchen – scheinbar verschwindend wenig, doch in der Realität unvorstellbar viel. Allein die Fusion von einem einzigen Gramm Wasserstoff zu Helium liefert den millionenfachen Energiebetrag, der bei der Verbrennung von einem Gramm Kohle freigesetzt wird.

Für unseren Stern von der Masse der Sonne bedeutet dies: Je Sekunde werden rund 600 Millionen Tonnen Wasserstoff in Helium umgewandelt. Dabei verliert der Stern in derselben Zeiteinheit rund 5 Millionen Tonnen Masse, die vollständig in Energie umgewandelt wird und den Stern in Form von Strahlung verlässt. Die in einer einzigen Sekunde erfolgende Energieausstrahlung unserer Sonne würde ausreichen, um den Energiebedarf der gesamten Menschheit für einige Milliarden Jahre zu decken!

Die Rate der Energieerzeugung eines Sterns wird durch den Energieverlust bestimmt, den der Stern durch Abstrahlung erleidet. Dieser wiederum ist eine Funktion der Oberfläche des Sterns. Ein Riesenstern strahlt wegen seiner großen Oberfläche wesentlich mehr

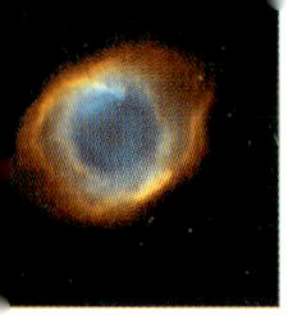

DER CNO-ZYKLUS

$^{12}C + {}^{1}H \rightarrow {}^{13}N + \gamma$

$^{13}N \rightarrow {}^{13}C + e^{+} + \nu$

$^{13}C + {}^{1}H \rightarrow {}^{14}N + \gamma$

$^{14}N + {}^{1}H \rightarrow {}^{15}O + \gamma$

$^{15}O \rightarrow {}^{15}N + e^{+} + \nu$

$^{15}N + {}^{1}H \rightarrow {}^{12}C + {}^{4}He$

Die Bilanz lautet:

$4\,{}^{1}H \rightarrow 1\,{}^{4}He + 25{,}0$ MeV.

Hier bedeuten C – Kohlenstoff, H – Wasserstoff, N – Stickstoff, O – Sauerstoff, γ – Gammastrahlung, e^{+} – Positron und ν – Neutrino. Die hochgestellten Ziffern geben die Anzahl der im Kern enthaltenen Protonen und Neutronen an.

Energie je Zeiteinheit ab als ein Zwergstern. Deshalb muss auch die Energieerzeugungsrate im Innern eines Riesensterns wesentlich höher sein als die in einem Zwergstern. Nun sind die Kernprozesse, durch die Energie freigesetzt wird, extrem temperaturabhängig. Beim soeben geschilderten „Wasserstoffbrennen" verändert sich die Energiefreisetzungsrate mit der 6. Potenz der Temperatur. Dadurch wird gewährleistet, dass der Stern gleichsam wie ein sich selbst regulierendes System über lange Zeiträume seine Zentraltemperatur und damit eine konstante Energiefreisetzungsrate aufrecht erhält. Zugleich bleiben Durchmesser und Leuchtkraft konstant. Der Stern befindet sich im thermischen Gleichgewicht. Die pp-Reaktion läuft vorwiegend im Temperaturbereich von $10^{6,7}$ bis $10^{7,2}$ K ab.

Der CNO-Zyklus

Im Inneren der Sterne können außer der pp-Reaktion auch noch andere Fusionsprozesse ablaufen, bei denen ebenfalls Energie freigesetzt wird. Teilweise geschieht dies gleichzeitig mit der pp-Reaktion, teils dominieren diese anderen Vorgänge eher bei Sternen eines anderen Massenbereichs oder in fortgeschrittenen Entwicklungsstadien.

Da ist zunächst der so genannte CNO-Zyklus, der nach seinen Entdeckern Hans Bethe und Carl Friedrich von Weizsäcker auch Bethe-Weizsäcker-Zyklus genannt wird. Bei diesem Prozess wird ebenfalls aus Wasserstoff das schwerere Element Helium erzeugt, allerdings in Anwesenheit und unter wesentlicher Mitwirkung von Kohlenstoff (C), Stickstoff (N) und Sauerstoff (O). Der Kohlenstoff wirkt dabei als Katalysator und geht daher aus dem Vorgang unverändert wieder hervor (s. Kasten links oben und Abb. rechts oben).

In der ersten Generation von Sternen, die sich im Universum gebildet hat, spielte dieser Prozess allerdings keine Rolle, da nur Wasserstoff und Helium vorhanden waren, während die schwereren Elemente noch fehlten. Der CNO-Zyklus läuft vorwiegend in einem Temperaturbereich von $10^{7,2}$ bis $10^{7,7}$ K ab. Ein Stern von der Masse und chemischen Zusammensetzung unserer Sonne gewinnt seine Energie im Wesentlichen aus der pp-Reaktion, gleichzeitig jedoch finden auch die Reaktionen des CNO-Zyklus statt, allerdings rund 2200-mal selter als die pp-Reaktion.

DAS HELIUM-BRENNEN

$^{4}He + {}^{4}He \rightarrow {}^{8}Be + \gamma$

$^{8}Be + {}^{4}He \rightarrow {}^{12}C + \gamma$

Die Bilanz lautet:

$3\,{}^{4}He \rightarrow 1\,{}^{12}C + 7{,}3$ MeV.

Hier bedeuten He – Helium, Be – Beryllium, C – Kohlenstoff, γ – Gammastrahlung.

Die Kernfusion schwererer Elemente

Weitere wichtige Reaktionen, bei denen im Sterninneren Energie freigesetzt wird, sind der Salpeter-Prozess und das Kohlen-

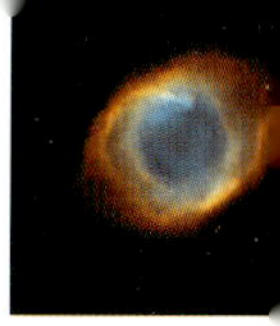

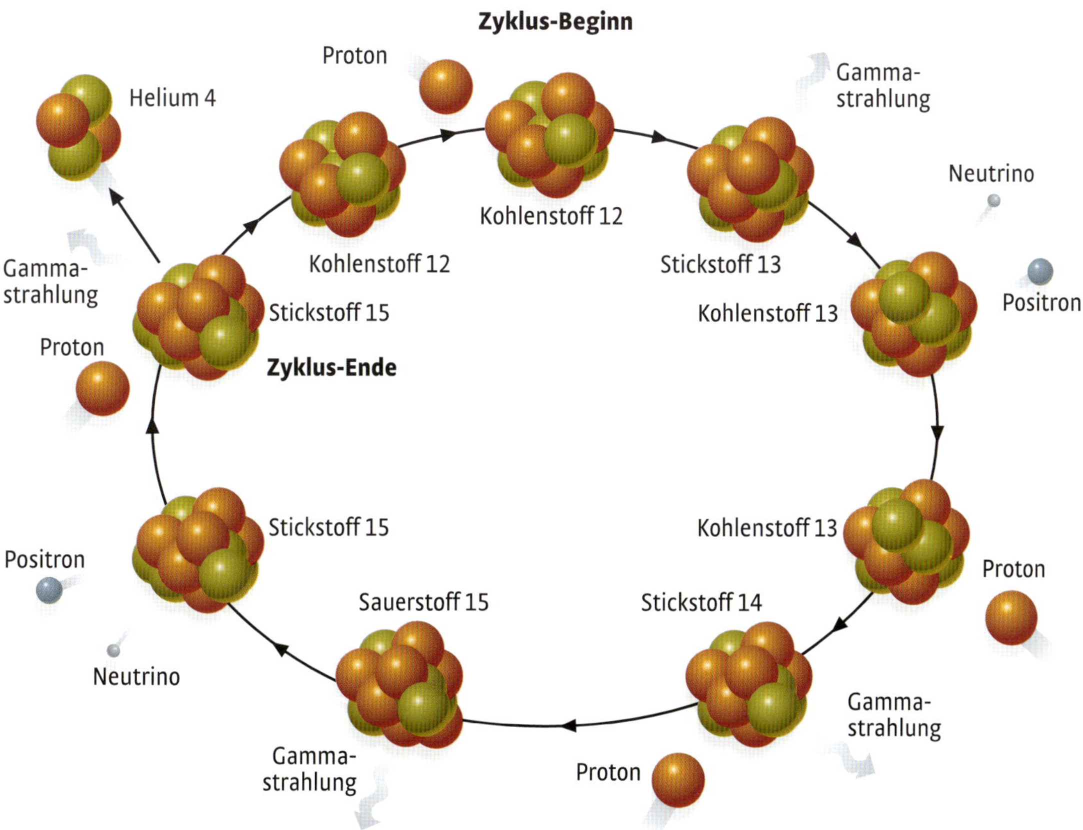

AUFBAU VON HELIUM IM STERN-INNERN DURCH KERNFUSION NACH DEM CNO-ZYKLUS

stoffbrennen. Beim Salpeter-Prozess, auch Heliumbrennen oder 3α-Prozess genannt, wird aus Helium Kohlenstoff erzeugt (s. auch Kasten links unten). Die typischen Temperaturen liegen hier um 10^8 Kelvin.

Beim Kohlenstoffbrennen (bei Temperaturen um 10^9 K, s. Kasten rechts) bilden sich aus Kohlenstoffkernen entweder Natriumatomkerne oder Neonkerne.

Darüber hinaus gibt es noch weitere Kernverschmelzungsvorgänge, die jedoch deutlich weniger Energie freisetzen und im Leben der Sterne auch nur für kürzere Perioden eine Rolle spielen. Da grundsätzlich nur bei Atomkernen mit einer Nukleonenzahl (Summe aus Protonen- und Neutronenzahl) unterhalb von 56 überhaupt Energie freigesetzt wird, ist Eisen (^{56}Fe, Nukleonenzahl = 56, Kernladungszahl = Protonenzahl = 26) das schwerste Element, das auf diese Weise im Inneren der Sterne synthetisiert werden kann (s. auch Abb. S. 59).

DAS KOHLENSTOFF-BRENNEN

$^{12}C + ^{12}C \rightarrow ^{23}Na + ^{1}H$

oder

$^{12}C + ^{12}C \rightarrow ^{20}Ne + ^{4}He$

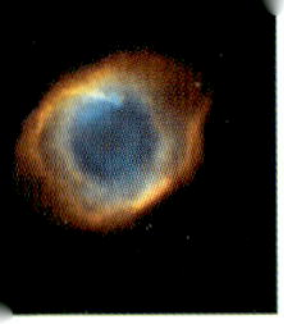

UNRUHIGE ZEITEN IM STERNENLEBEN

Wenn ein Stern von der Masse unserer Sonne je Sekunde rund 600 Millionen Tonnen Wasserstoff in Helium verwandelt, so steigt unablässig der Heliumanteil in den zentrumsnahen Gebieten, während die Wasserstoffvorräte entsprechend abnehmen. Man könnte zunächst vermuten, dass sich die Lebensdauer der Sonne auf diese Weise einfach berechnen ließe: Wenn nämlich der gesamte Wasserstoffvorrat der Sonne aufgebraucht wäre, müsste der Prozess der Energiefreisetzung zum Stillstand kommen. Doch Modellrechnungen zeigen eine andere Entwicklung der Sonne. Durch die Umwandlung von Wasserstoff in Helium sinkt zwar erwartungsgemäß die Wasserstoffkonzentration im Kerngebiet, während der Heliumanteil jedoch steigt. Damit ändert sich aber die chemische Zusammensetzung des Kerngebiets, wodurch sich die Zentraltemperatur so verändert, dass die Energiefreisetzung je Zeiteinheit gleich bleibt.

Die Sonne wird zum Roten Riesen

Die Zentraltemperatur unserer Sonne beträgt gegenwärtig etwa 15,6 Millionen Grad gegenüber 13,4 Millionen Grad kurz nach dem Erreichen des thermischen Gleichgewichts. Wenn der gesamte Wasserstoff im Zentrum der Sonne (wohlgemerkt: nur im Zentrum!) zu Helium „verbrannt" sein wird (in etwa 4 bis 5 Milliarden Jahren), kommt dort der pp-Prozess zum Erliegen. Der Kern zieht sich wegen der fehlenden Energiequelle zusammen, was zu einer Temperaturerhöhung führt. Dabei entstehen in den Schichten über dem ausgebrannten Zentrum jene Temperaturen, die dort den pp-Prozess wieder in Gang bringen. Jetzt findet die Wasserstoff-Helium-Fusion in einer Kugelschale außerhalb des Kernbereichs statt, das so genannte Schalenbrennen hat begonnen. Die „brennende" Kugelschale wandert allmählich immer weiter vom Zentrum des Sterns fort in Richtung Oberfläche. Die Konsequenzen für den Stern sind bedeutsam: Durch den ständig zunehmenden Heliumanteil und der damit immer größer werdenden Schwerkraft wird der Radius des Zentralgebiets immer kleiner. Die Drücke und mit ihnen die Temperaturen steigen immer weiter an. Die Schalenquelle wird dadurch heißer und heißer und setzt mehr Energie frei, als von der Sternoberfläche nach außen abgestrahlt werden kann. Der Stern reagiert daher mit Ausdehnung, d. h. sein Durchmesser steigt an. Die Hülle des Sterns expandiert also und beantwortet damit die zunehmende Energiefreisetzung gleichsam auf ihre Weise.

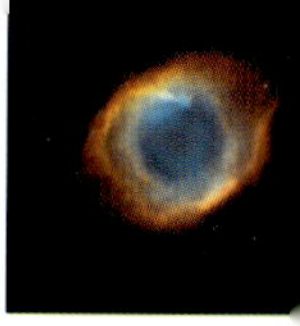

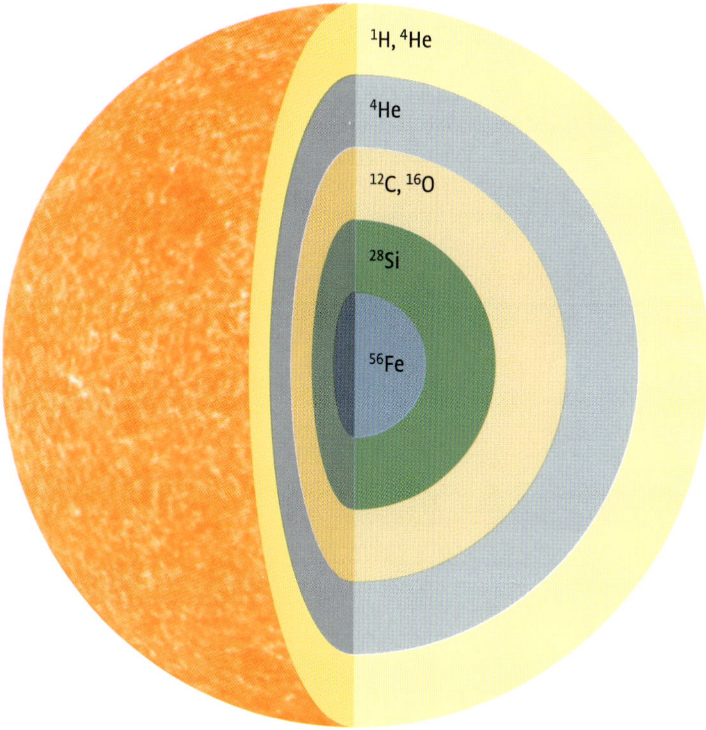

AUFBAU EINES STERNS VON 30 SONNENMASSEN IN EINEM SPÄTEN ENTWICKLUNGSSTADIUM. WÄHREND SICH DAS WASSERSTOFFBRENNEN NUR NOCH IN EINER ÄUSSEREN SCHALE VOLLZIEHT, HAT SICH IM ZENTRUM BEREITS EISEN HERAUSGEBILDET.

Für unsere Sonne heißt das: Ihr Durchmesser entspricht schließlich dem Merkurbahnradius. Die Oberflächentemperatur nimmt gleichzeitig ab, so dass sich nun auch die Farbe der Sonne verändert und der Stern rötlich strahlt. Aus dem Lebensstern der Menschheit ist ein Roter Riese geworden.

Rote Überriesen und Veränderliche

Sterne, deren Massen sich wesentlich von der unserer Sonne unterscheiden, haben eine andere Biografie. Grundsätzlich gilt: Je massereicher ein Stern ist, umso kürzer dauert die Phase seines thermischen Gleichgewichts. Sterne großer Massen weisen so enorme Leuchtkräfte auf, dass ihr ungleich größerer Vorrat an Wasserstoff schneller aufgebraucht ist. Sie gehen mit ihren Vorräten nicht so genügsam um wie Sterne geringerer Massen. Da die Phase des thermischen Gleichgewichts aber im Vergleich zu allem, was vorher geschah und was anschließend geschieht, am längsten währt, ist die Lebensdauer eines Sterns letztlich von seiner Masse abhängig.

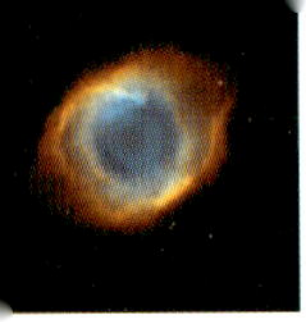

Jeder Stern ist unablässig in Veränderung, obwohl alles in allem gesehen für lange Zeit nicht viel passiert: Leuchtkraft und Durchmesser bleiben konstant. Doch schließlich ist diese lang dauernde stabile Phase vorbei – bei massereichen Sternen eher als bei masseärmeren Sternen – und dann beginnen unruhige Zeiten. In vergleichsweise kurzen Zeiträumen spielen sich nun vielerlei Veränderungen ab. Die Temperaturkonstanz existiert nicht mehr, auch die Durchmesser verändern sich, bei Sternen bestimmter Massen kommt es sogar zu Instabilitäten des mechanischen Gleichgewichts, zu einem regelmäßigen Aufblähen und Zusammenziehen von Teilen des Sternkörpers.

Betrachten wir einen Stern mit der siebenfachen Masse der Sonne. Während die Entwicklung zunächst ähnlich wie bei unserer Sonne abläuft – nur rascher – führt das Ende der Umwandlung von Wasserstoff zu Helium im Kern das Objekt in das Stadium eines Roten Überriesen. Dies geschieht bereits nach einigen zehn Millionen Jahren, gerechnet vom Beginn des Wasserstoffbrennens. Im Zentrum beginnt das Heliumbrennen, d. h. die Fusion von Helium zu Kohlenstoff, so dass die Energie des Sterns nun gleichzeitig aus der zentralen Heliumquelle stammt und aus einer Schalenquelle, in der weiterhin Helium aus Wasserstoff aufgebaut wird. Schon nach etwa 6 Millionen Jahren hat sich im Zentrum ein Kohlenstoffkern gebildet. Nunmehr gibt es zwei Schalenquellen (eine Helium- und eine Wasserstoffbrennschale), während im Zentrum durch Temperaturerhöhung die Umwandlung von Kohlenstoff in schwerere Elemente beginnt.

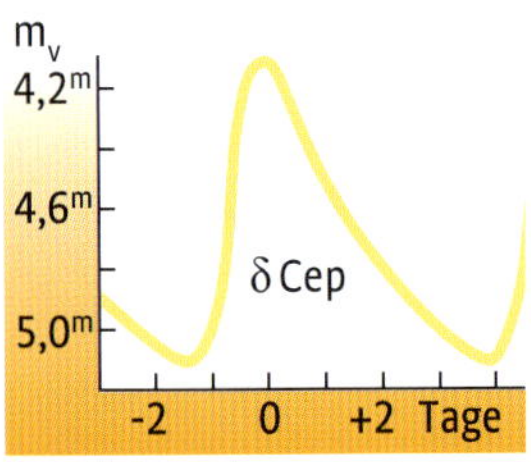

LICHTKURVE DES STERNS DELTA CEPHEI

Wenn das Heliumbrennen im Zentrum des Sterns schon längst eingesetzt hat, der Stern sich also schon im Entwicklungsstadium des Roten Überriesen befindet, geschieht nun etwas Besonderes, das wir von Sternen mit Massen im Bereich unserer Sonne nicht kennen: Das riesige gasförmige Gebilde beginnt zu schwingen, sich in regelmäßigen Abständen aufzublähen und wieder zusammenzuziehen. Dieser Vorgang währt eine bestimmte Zeit, kommt dann wieder zum Stillstand, setzt aber im Laufe der weiteren Entwicklung des Sterns noch mehrfach ein. Der Durchgang durch dieses Stadium mechanischer Instabilität kann bis zu einige hunderttausend Jahre dauern. Nach außen tritt ein solcher Stern als ein Objekt mit regelmäßig schwankender Helligkeit in Erscheinung.

Der Prototyp eines veränderlichen Sterns dieses Typs ist der Stern δ Cephei, dessen Helligkeitsschwankungen im Rhythmus von rund fünf Tagen bereits seit dem Jahr 1784 bekannt sind. Allerdings wusste man damals nicht das Geringste über die Ursachen dieses merkwürdigen Verhaltens. Heute kann man sich das Zustandekommen des Schwingungsvorganges aus den Eigenschaften des Sterns, seinem inneren Aufbau und der im Inneren ablaufenden Prozesse so gut erklären, dass sogar die theoretisch abgeleiteten Schwin-

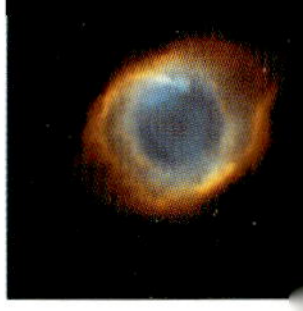

gungsperioden mit den beobachteten Werten gut übereinstimmen. Da es sich beim δ-Cephei-Stadium um eine vorübergehende (wenn auch mehrmals auftretende) Episode im Leben massereicher Sterne handelt, prägte der amerikanische Astronom Martin Schwarzschild eine anschauliche Metapher: „Das δ-Cephei-Stadium ist für einen Stern etwas Ähnliches wie für einen Menschen die Masern – man sieht dem Stern an, wenn er die „Krankheit“ hat, man kann aber später nicht mehr feststellen, ob er sie schon einmal gehabt hat.“

Natürlich unterscheiden sich die Massen der Sterne wesentlich stärker als die unserer betrachteten Beispiele mit einer und sieben Sonnenmassen. Dennoch haben wir aus der Betrachtung unserer beiden Prototypen viel gelernt: Alle Sterne geringer Massen, vergleichbar der Masse unserer Sonne, haben auch eine ähnliche Lebensgeschichte wie unsere Sonne. Ebenso unterscheiden sich alle massereicheren Sterne in ihrer Biografie nicht grundsätzlich von dem betrachteten Sieben-Sonnenmassen-Stern.

Zwei Paradebeispiele: η Carinae und Beteigeuze

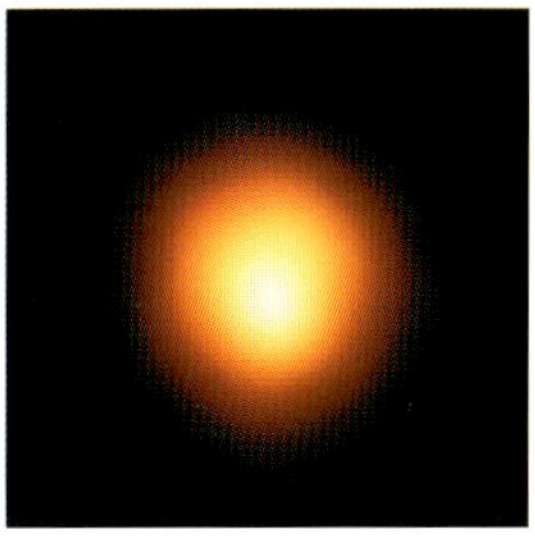

DER STERN BETEIGEUZE IM STERNBILD ORION – EIN ROTER ÜBERRIESE

Dem Hubble-Weltraumteleskop ist es zu verdanken, dass wir neuerdings einige spektakuläre Objekte, die sich bereits im Nach-Hauptreihenstadium befinden, detailliert untersuchen konnten. Hierzu zählt der rote Überriesenstern Beteigeuze (α Orionis) im Sternbild Orion, aber auch der in vielerlei Hinsicht besonders bemerkenswerte Stern η Carinae am südlichen Sternhimmel.

Beteigeuze ist seit langem als Roter Überriese bekannt. Doch erst dem HST gelang es, das Sternenscheibchen aufzulösen und somit erstmals eine direkte Aufnahme der Oberfläche des Giganten zu erstellen. Dabei zeigten sich mehrere heiße Flecken, deren Temperatur die ihrer Umgebung um 2000 Grad überstieg. Man nimmt an, dass es sich hier um gewaltige Strömungszellen handelt, in denen heiße Gase aus tieferen Schichten an die Oberfläche des Sterns gelangen. Dabei dringen auch kühle Materiemassen an die Oberfläche, die von Radioastronomen nachgewiesen wurden. Möglicherweise erklärt sich so der starke Sternwind der Riesensterne.

Bei η Carinae, einem höchst massereichen und leuchtkräftigen Überriesenstern, konnte das HST Einzelheiten von der Größe unseres Sonnensystems ausmachen: zwei polare Wolken und eine dünne Scheibe im Äquatorbereich, aus denen Materie mit rund 650 km/s in den Weltraum entweicht. Die polaren Wolken enthalten hauptsächlich Staub und erscheinen deshalb rötlich. In der Äquatorebene ist der Staubanteil geringer und die Strahlung dominiert im Bereich des kurzwelligeren Ultraviolett. Der Stern steuert auf eine Supernova-Explosion zu, die vermutlich in einigen hunderttausend Jahren eintreten wird (vgl. auch S. 63).

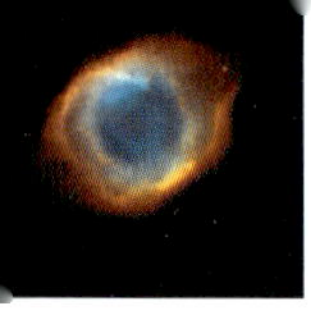

ZARTES VERBLASSEN ODER GROSSER KNALL

Die „unruhigen Zeiten" im Leben eines Sterns sind der Anfang vom Ende. Wie der Tod eines Sterns verläuft, in welches Endstadium seine Entwicklung einmündet, hängt wiederum entscheidend von seiner Ausgangsmasse ab. So ist letztlich das Schicksal eines Sterns schon bei seiner Geburt unausweichlich vorbestimmt.

Planetarische Nebel und Weiße Zwerge

Während das Heliumbrennen bei Sternen großer Masse im Zustand normaler Materie erfolgt, spielt es sich im Zentrum von Sternen mit sonnenähnlicher Masse mit so genannter entarteter Materie ab. Hier beobachten wir ein unübliches Materieverhalten: Der Druck hängt entgegen aller Erwartung nicht mehr von der Temperatur ab. Steigender Druck in Folge steigender Kompression führt sogar dazu, dass der Stern kälter wird. Deshalb setzt auch die Heliumfusion im Zentrum solcher Sterne zunächst nicht ein. Dies geschieht erst, wenn der Heliumkern eine charakteristische „Zündmasse" von rund 0,45 Sonnenmassen erreicht hat. Die dann plötzlich frei werdende Energie führt nun aber nicht zu steigendem Druck, der den Stern expandieren ließe, sondern das Zünden der Heliumfusion gerät so zu einer Art Explosion – dem Helium-Flash.

Betrachten wir wieder unseren Prototyp Sonne. Nachdem sie in einem Alter von etwa 10 Milliarden Jahren das Stadium des Roten Riesen erreicht hat (Durchmesser etwa 60 Millionen km, Leuchtkraft: 300-mal so hoch wie gegenwärtig), kommt es in ihrem Inneren zum Helium-Flash. Nach einer „kurzen" (etwa 100 Millionen Jahre währenden) Zeitspanne der Stabilität beginnt der Heliumkern zu expandieren, die Dichte nimmt ab und die Wasserstoff-Schalenquelle dehnt sich ebenfalls aus und kühlt rasch ab. Dann wird die Sonne zum Roten Überriesen. Ihr Durchmesser reicht über die heutige Erdbahn hinaus.

Auf ihrem weiteren Lebensweg kann es zu Vorgängen kommen, durch die ein erheblicher Teil der äußeren Sonnenhülle in einem farbenfrohen Schauspiel in den Raum hinaus geblasen wird. Auf diese Weise entsteht ein so genannter Planetarischer Nebel. Der übrig bleibende Sternkern wird schließlich zu einem kleinen kompakten Objekt, einem „Weißen Zwerg". Weiße Zwerge haben typische Durchmesser von einigen zigtausend Kilometern (etwa Erdgröße) und Massen im Bereich einer Sonnenmasse. Daraus ergeben sich Dichtewerte von 10^5 bis 10^6 g/cm^3, das bedeutet, etwa eine Tonne pro Kubikzentimeter. Die Materie im Innern dieser

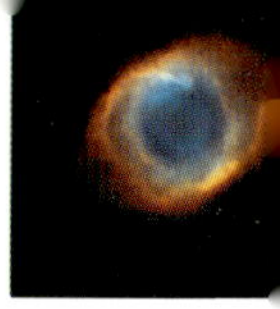

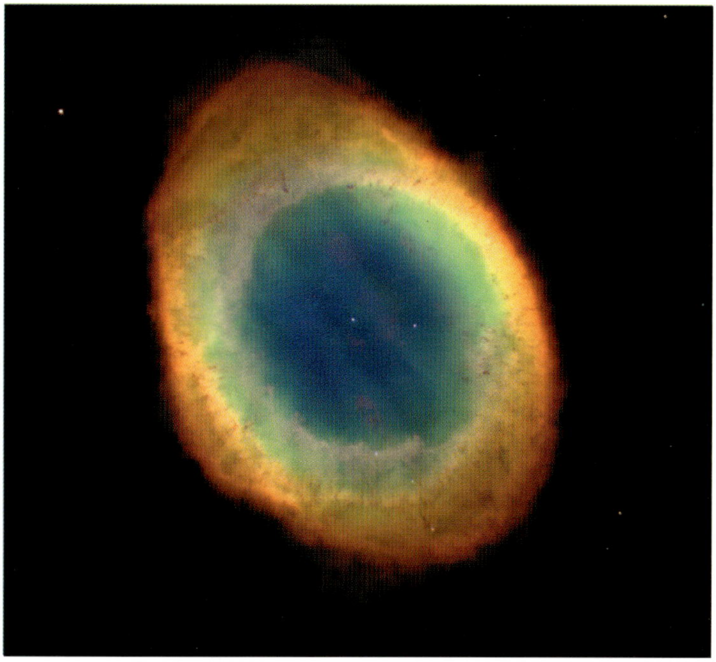

DER RING-NEBEL IM STERNBILD LEIER – EIN PLANETARISCHER NEBEL

Sterne ist entartet. Weiße Zwerge kühlen im Laufe von Jahrmilliarden nur noch aus und werden nacheinander zu gelben, roten und schließlich zu schwarzen Zwergen.

Der erstentdeckte weiße Zwergstern ist der Begleiter des Sterns Sirius: Sirius B. Heute kennt man knapp 1000 weiße Zwergsterne. Die Grenzmasse (Chandrasekhar-Grenze) für Sterne, denen dieses Schicksal bevorsteht, liegt bei 1,4 Sonnenmassen.

Supernova-Explosionen

Sterne, deren Masse bei fortgeschrittener Entwicklung über 1,4 Sonnenmassen liegt, werden zu noch kompakteren Objekten, den Neutronensternen (Pulsaren). Die Entwicklung eines massearmen Sterns zu einem Weißen Zwerg mit der Erzeugung eines Planetarischen Nebels lässt sich durchaus als ein „zartes Verblassen“ bezeichnen im Vergleich zum Übergang eines massereichen Sterns zu einem Neutronenstern, der sich ungleich dramatischer vollzieht. Im letzten Stadium seiner Existenz kommt es nämlich zu einer gewaltigen Explosion, die wir als Supernova-Ausbruch bezeichnen. Wenn dies geschieht, kann der betroffene Stern so viel Energie abstrahlen, wie alle Sterne einer Galaxie zusammen genommen.

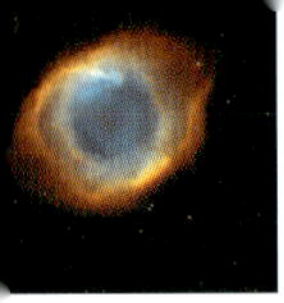

DER KRABBEN-NEBEL – EIN SUPERNOVA-ÜBERREST IM STERNBILD STIER

Im Inneren des Objektes hat sich ein Eisenkern gebildet, ein extrem dichter kugelförmiger Bereich, der nun zum Neutronenstern wird. Hier erreicht die Materiedichte Werte, wie sie sonst nur in den Kernen von Atomen vorkommen. Der Rest der Masse des Objektes wird hingegen mit ungeheurer Energie in das Universum hinausgeschleudert. Dabei gelangt auch Materie aus dem Übergangsbereich zwischen dem superdichten Kern und der weniger dichten Hülle nach außen. Dieses Material enthält einen hohen Anteil an Neutronen, dem elektrisch neutralen Bestandteil von Atomkernen. Diese werden z. T. durch die Eisenkerne eingefangen und bewirken so die Entstehung von chemischen Elementen schwerer als Eisen.

Neutronensterne sind recht exotische Objekte. Der ehemalige Sternkern stürzt so weit in sich zusammen, dass die Elektronen in die Atomkerne hineingedrückt werden und sich dort mit den Protonen zu Neutronen vereinigen. Das kompakte Neutronengas vermag dem ungeheuren Schweredruck standzuhalten und die winzige, dichte Kugel zu stabilisieren. So entsteht ein Gebilde, das – obschon es die zweifache Sonnenmasse enthält – nur zwanzig bis vierzig Kilometer Durchmesser aufweist. Die Dichte ist so hoch (10^{14} bis 10^{15} g/cm^3), dass ein Stecknadelkopf dieser Neutronen-

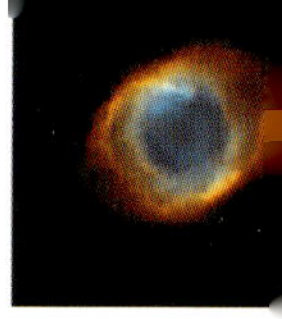

stern-Materie im Schwerefeld der Erde etwa eine Million Tonnen wiegen würde.

Da der Drehimpuls beim Kollaps erhalten bleibt, rotieren Neutronensterne sehr rasch, mit bis zu 1000 Umdrehungen je Sekunde. Auch die ursprünglichen Magnetfelder sind durch die Kontraktion zu enorm hohen Feldstärken konzentriert. Einige der elektrisch geladenen Teilchen verlassen den Stern an den magnetischen Polen und senden Strahlung entlang der Magnetfeldachse aus. Da diese Magnetfeldachse oft nicht genau mit der Rotationsachse des Sterns übereinstimmt, kommt es zu zwei engen Strahlungskegeln, die der Rotation folgen – zumeist im Radiowellenbereich, aber auch in anderen Frequenzen. Wir „sehen" die Sterne wie kosmische Leuchtfeuer blinken. Daher stammt auch der Name „Pulsare" für diese dichten Endstadien der Entwicklung massereicherer Sterne.

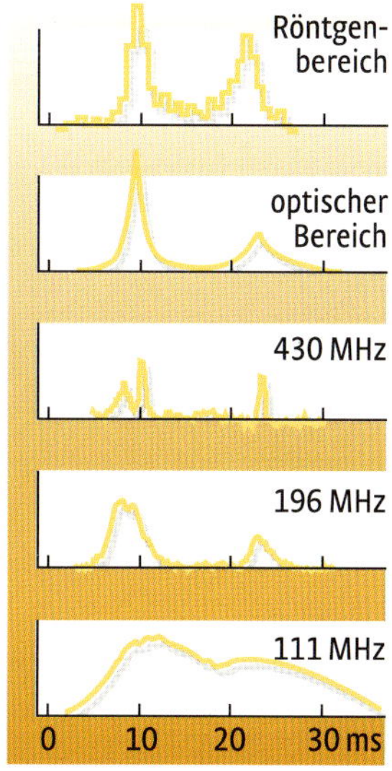

DIE PULSFORMEN DES KRABBEN-NEBEL-PULSARS IN VERSCHIEDENEN WELLENLÄNGEN DES ELEKTROMAGNETISCHEN SPEKTRUMS

Die beim Supernova-Ausbruch in den Raum geschleuderten äußeren Bestandteile des Sterns treten als bizarre Nebel in Erscheinung, die sich mit hohen Geschwindigkeiten vom Zentrum der Explosion entfernen. Zwei bekannte Beispiele solcher Überbleibsel von Supernova-Explosionen sind der Krabben-Nebel im Sternbild Stier (s. Abb. links) und der Zirrus-Nebel im Sternbild Schwan (s. Abb. S. 153). Während der Krabben-Nebel auf eine in historischen Quellen nachweisbare Supernova-Explosion im Jahre 1054 zurückgeht, liegt die erzeugende Sternkatastrophe beim Zirrus-Nebel im Schwan wahrscheinlich schon einige hunderttausend Jahre zurück, weshalb dieses zerfaserte Nebelgebiet auch schon eine wesentlich größere räumliche Ausdehnung besitzt.

Schwarze Löcher

Was aber geschieht, wenn die Masse des Sterns nach dem Ende der Energiefreisetzung in seinem Innern noch größer ist? Oberhalb einer Masse von 2,4 Sonnenmassen vermag auch ein Neutronengas der nun noch stärkeren Schwerkraft nicht mehr genügend Widerstand entgegenzusetzen. Das Objekt kollabiert immer weiter und die Schwerebeschleunigung, die ein Körper an der Oberfläche erfährt, wächst ins Unermessliche. Schließlich erreicht die Entweichgeschwindigkeit den Wert der Lichtgeschwindigkeit, so dass auch kein Lichtstrahl seinem Gravitationsfeld mehr entkommen kann. Bereits im Jahr 1916 hatte Karl Schwarzschild errechnet, bei welchem Radius eines Objektes vorgegebener Masse dieser Zustand erreicht wird. Der heute so genannte „Schwarzschild-Radius" beträgt z. B. für unsere Sonne rund 3 Kilometer. Erreicht ein Stern seinen „Schwarzschild-Radius", wird er zu einem Schwarzen Loch. In dieser Endphase seines Lebens ist der Stern somit unsichtbar. Nur indirekte Methoden gestatten es, die Existenz Schwarzer Löcher nachzuweisen. Ist der kompakte, superdichte Stern beispielsweise Teil eines Doppelsternsystems, so saugt er Materie seines Begleiters in sich hinein. Dabei kommt es zur Aussendung extrem kurzwelliger elektromagnetischer Strahlung im Röntgenbereich.

DIE SONDERWEGE ENGER DOPPELSTERNE

Alles, was wir heute über Sternentwicklung wissen, trifft natürlich auch auf Doppelsterne zu. Dennoch können manche von ihnen ein völlig anderes Schicksal erfahren als ein Einzelstern. Das liegt in ihrer Partnerschaft begründet. Betrachten wir die Zustandsgrößen von Sternpaaren, so finden wir bei einigen von ihnen absonderliche Kombinationen.

Zwei Prototypen: Sirius und Algol

Als Paradebeispiel kann Sirius (α CMa) dienen, der hellste Fixstern des Himmels. Er bildet gemeinsam mit seinem Begleiter Sirius B ein Doppelsternsystem. Der Hauptstern Sirius A hat 2,3-mal so viel Masse wie die Sonne, der Begleiter hingegen nur knapp eine Sonnenmasse. Da beide Sterne gemeinsam entstanden sind, sollte man erwarten, dass die massereichere Hauptkomponente sich in einem fortgeschritteneren Entwicklungsstadium befindet als der masseärmere Begleiter. Doch es ist genau umgekehrt: Der Siriusbegleiter ist ein Weißer Zwerg und hat damit das Endstadium massearmer Sterne erreicht. Sein Alter dürfte nach den Modellrechnungen um die 10 Milliarden Jahre betragen. Doch nach einer so langen Zeit müsste der Hauptstern mit seiner deutlich größeren Masse erst recht in seinem Endstadium angekommen sein. Stattdessen strahlt er wie in seiner stabilsten Lebensphase und sein Bildpunkt liegt auf der Hauptreihe des Hertzsprung-Russell-Diagramms. Auch bei dem bekannten Bedeckungsveränderlichen Algol (β Per) finden wir den massereicheren Stern auf der Hauptreihe, während der masseärmere bereits in das Gebiet der Roten Riesen abgewandert ist.

Es scheint, als würde die bewährte Sternentwicklungstheorie für manche Doppelsternsysteme nicht gelten. Doch wenn man das komplizierte Wechselspiel der Kräfte in einem Doppelsternsystem in die Überlegungen mit einbezieht, erkennt man rasch, dass die Theorie sich auch hier bewährt. Während nämlich bei einem Einzelstern die Gravitation lediglich zum Zentrum des einen Sterns wirkt, kommt bei einem Doppelsternsystem die Anziehungskraft des zweiten Sterns mit ins Spiel, die in Richtung auf dessen Zentrum wirkt. Auf der Verbindungslinie der beiden Sterne können sich nun die entgegengesetzt wirkenden Kräfte gegenseitig aufheben. An welcher Stelle dies der Fall ist, hängt vom Abstand und von den Massen der beiden Sterne ab. Unmittelbar an der Oberfläche jedes Sterns spielt praktisch nur die eigene Anziehungskraft eine Rolle. Je weiter wir uns aber von der Oberfläche des einen Sterns in Richtung auf den zweiten entfernen, umso stärker zieht dessen Kraft in die Gegenrichtung und in der Nähe des zweiten Sterns ist sie dominierend.

Die Bedeutung des Roche-Volumens

Um jeden der beiden Sterne existiert aber ein Volumen, innerhalb dessen nur die eigene Anziehungskraft des jeweiligen Objektes von Bedeutung ist. Würden wir in dieses Volumen Gas hineinbringen, so müsste es vollständig in Richtung auf die Oberfläche des jeweiligen Sterns abfließen.

Mit diesem Problem hat sich bereits im 19. Jahrhundert der französische Mathematiker Edouard Roche beschäftigt, weshalb wir heute vom „Roche-Volumen“ sprechen. Bei vielen Doppelsternsystemen befinden sich die beiden Komponenten vollständig innerhalb ihres Roche-Volumens – das sind die getrennten Systeme. Doch bei anderen, so auch bei Algol und Sirius, steht nur einer der beiden Sterne innerhalb seines Roche-Volumens, der andere füllt sein Roche-Volumen vollständig aus. In diesem Fall sprechen wir von halb getrennten Systemen (s. auch Abb. S. 68).

Mitte der 60er-Jahre des 20. Jahrhunderts haben die Astronomen Rudolf Kippenhahn und Alfred Weigert einige Beispiele für die Entwicklung von Doppelsternsystemen durchgerechnet und dabei herausgefunden, dass sich die merkwürdigen Verhältnisse, die wir bei Algol, Sirius und anderen Sternen vorfinden, zwangsläufig als eine Folge des Entwicklungsgeschehens ergeben. In einem der Fälle betrachteten sie ein System von zwei Sternen, deren Massen eine bzw. zwei Sonnenmassen betragen und die sich anfangs in einem Abstand von 6,6 Sonnenradien umeinander bewegen. Was geschieht mit den beiden Sternen im Lauf ihrer Entwicklung?

Zunächst erreicht der massereichere Stern eine Phase mit immer größer werdendem Radius. Nach 570 Millionen Jahren geschieht etwas Bemerkenswertes: Der Stern füllt jetzt sein Roche-Volumen vollständig aus und die Anziehungskraft des Begleiters sorgt dafür, dass ein Teil der Masse dieses Sterns auf den anderen überfließt. Binnen 5 Millionen Jahren verliert der massereichere

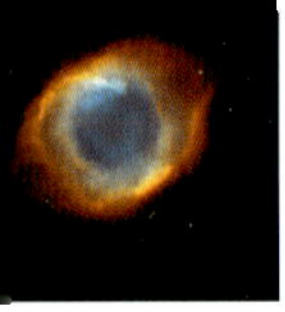

Stern rund eine Sonnenmasse. Der Vorgang setzt sich dann im Verlauf von 120 Millionen Jahren langsam fort. Schließlich verfügt der Stern nur noch über 0,26 Sonnenmassen – die gesamte wasserstoffreiche Hülle ist auf den ursprünglich masseärmeren Stern abgeflossen. Der nunmehr stark „abgemagerte" Stern enthält jetzt hauptsächlich Helium (99 %), umgeben von einer ausgedehnten Hülle sehr geringer Dichte aus Wasserstoff. Wir haben es mit einem Roten Riesen zu tun. Der Heliumanteil befindet sich innerhalb einer kleinen Kugel, die nur 1/20 des Durchmessers unserer Sonne aufweist. Der wenige Wasserstoff der ausgedehnten Hülle stürzt nun auf den Kern und übrig bleibt zum Schluss – ein Weißer Zwerg!

Der anfänglich masseärmere Begleiter hingegen ist während dieses Vorgangs gleichsam zu einem anderen Stern geworden, denn er verfügt nun über 2,74 Sonnenmassen und hat damit die Rolle der massereichen Komponente des Systems übernommen. Ungeachtet seines Alters ist er noch unentwickelt, denn der größte

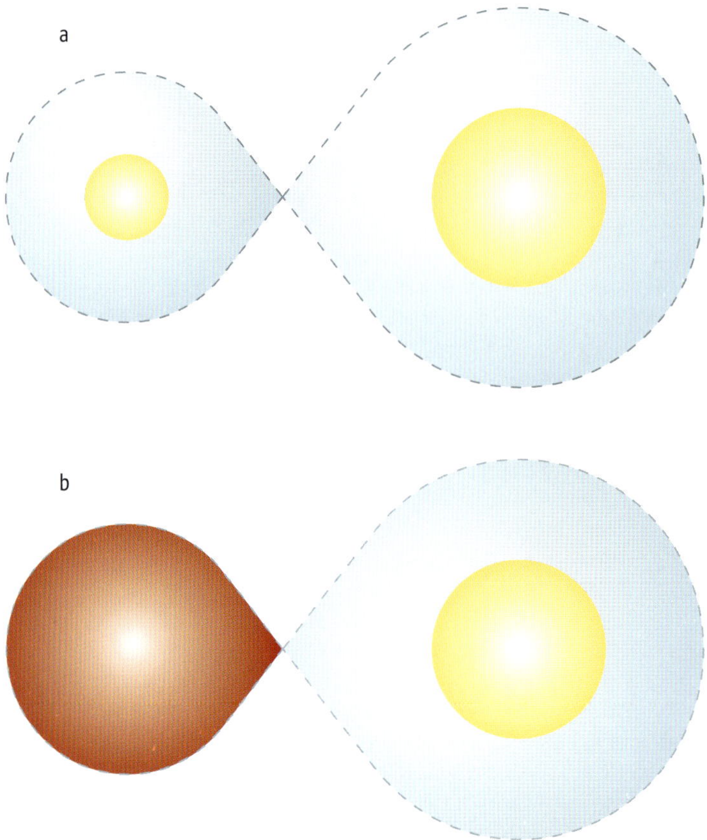

EIN GETRENNTES UND EIN HALBGETRENNTES DOPPELSTERNSYSTEM (A BZW. B). IN DEM GETRENNTEN SYSTEM SIND BEIDE STERNE DEUTLICH KLEINER ALS IHR ROCHE-VOLUMEN. IM HALBGETRENNTEN SYSTEM FÜLLT DER MASSEÄRMERE DER BEIDEN STERNE SEIN ROCHE-VOLUMEN GERADE AUS, WÄHREND DER MASSEREICHERE STERN ALS NORMALER HAUPTREIHENSTERN KLEINER ALS SEIN ROCHE-VOLUMEN IST. DIESE SCHEINBAR PARADOXE TATSACHE IST DAS ERGEBNIS EINES ZUVOR ERFOLGTEN MASSEAUSTAUSCHS VON DEM URSPRÜNGLICH MASSEREICHEREN STERN AUF DEN MASSEÄRMEREN STERN.

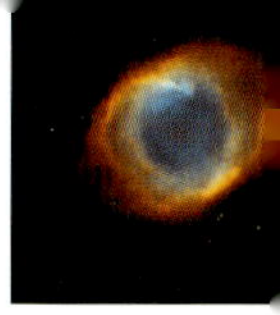

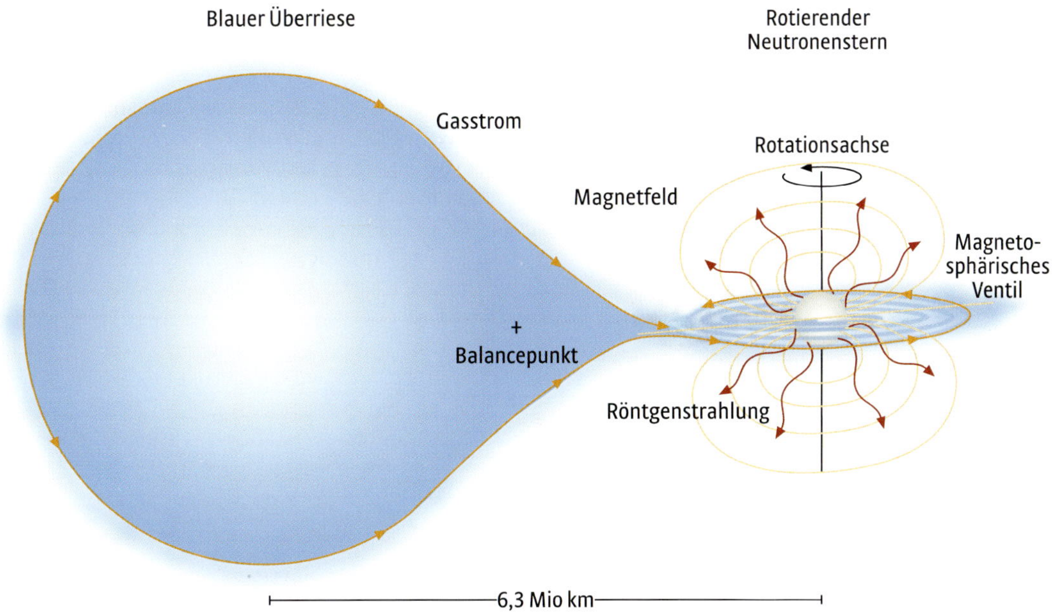

EIN TYPISCHES HALB GETRENNTES SYSTEM IST HZ HERCULIS, BESTEHEND AUS EINEM HEISSEN ÜBERRIESEN UND EINEM WINZIGEN NEUTRONENSTERN. ÜBER DEN BALANCEPUNKT GELANGT MATERIE DES ÜBERRIESEN IN DIE AKKRETIONSSCHEIBE UND SCHLIESSLICH AUF DEN NEUTRONENSTERN. ENTLANG DER MAGNETISCHEN ACHSE WERDEN TEILCHEN ÜBER EIN SO GENANNTES MAGNETOSPHÄRISCHES VENTIL NACH AUSSEN GESCHLEUDERT.

Teil seiner Masse ist ja erst lange nach seiner Entstehung hinzugekommen. So haben wir es also jetzt mit einem Sternpaar zu tun, das aus einem unentwickelten massereichen Objekt und einem Weißen Zwerg besteht – wie bei Sirius. Was anfänglich widersinnig wirkte und unsere gängige Sternentwicklungstheorie zu widerlegen schien, erweist sich nun im Gegenteil geradezu als ihre Bestätigung. Alle Tatsachen passen fabelhaft zusammen!

Natürlich können wir nicht wissen, ob das Sirius-System tatsächlich anfänglich so beschaffen war, wie wir es bei unseren Modell-Rechnungen vorausgesetzt haben. Vielleicht hat die massereichere Komponente sich auf anderem Wege eines Teils ihrer Masse entledigt. Doch mit Sicherheit können wir davon ausgehen, dass der jetzt massereichere der beiden Sterne dereinst der masseärmere gewesen ist.

Auch Novae und Supernovae haben Begleiter

Bei unserem Streifzug durch die Lebensgeschichten der Sterne haben wir gesehen, dass die Explosion eines vergleichsweise massereichen Sterns am Ende seines Daseins zu einer Supernova führt, wobei schließlich ein Neutronenstern entsteht. Man nennt dieses Phänomen eine Supernova vom Typ II. Neben dem Supernova-Phänomen kennen wir aber auch noch eine weniger spektakulä-

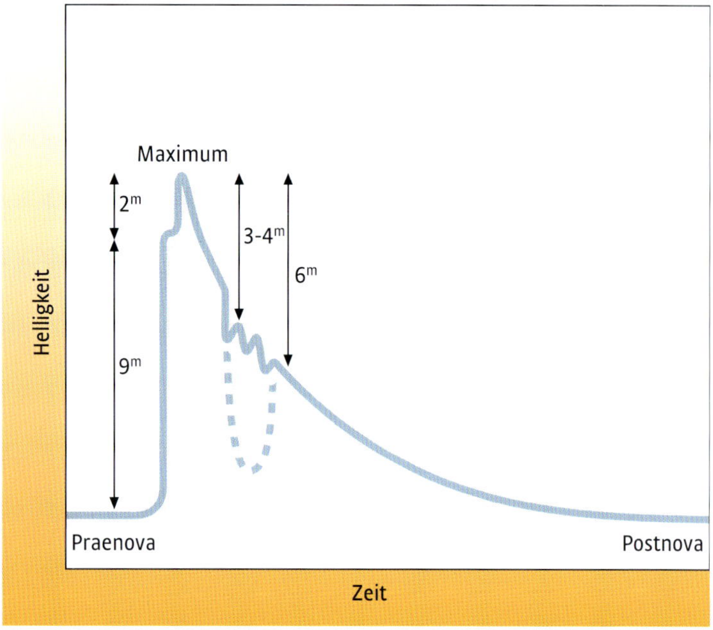

TYPISCHE LICHTKURVE EINER NOVA. AUF DEM ABSTEIGENDEN AST TRETEN WELLENFÖRMIGE SCHWANKUNGEN ODER SEKUNDÄRE EINSENKUNGEN (GESTRICHELT) AUF.

re Form starker Lichtausbrüche bei Sternen, die wir als Novae bezeichnen. Die Helligkeit einer Nova steigt binnen weniger Stunden um bis zu 16 Größenklassen an und fällt dann mehr oder weniger rasch wieder ab. Der Mechanismus eines solchen Ausbruchs unterscheidet sich wesentlich von dem einer Supernova, wie erstmals 1954 festgestellt wurde. Damals hatte M. F. Walker vom Lick-Observatorium nämlich entdeckt, dass es sich bei der Nova 1934 im Sternbild Herkules um ein Doppelsternsystem handelt. Die beiden Komponenten sind ein Weißer Zwerg von Sonnenmasse und ein gewöhnlicher Hauptreihenstern geringerer Masse. Von der Oberfläche des Hauptreihensterns fließt Masse auf seinen Kompagnon ab. Doch der ist diesmal ein Weißer Zwerg, ein rasch rotierender dichter kleiner Stern. Die einströmenden Gasmassen des Hauptreihensterns bilden infolge der Rotation des Zwergsterns zunächst eine Scheibe und fließen erst danach allmählich auf den Stern selbst ab. Doch wie konnte es nun zu dem Nova-Ausbruch kommen?

Der Weiße Zwerg besteht – wie wir wissen – hauptsächlich aus Helium, möglicherweise auch z. T. schon aus Kohlenstoff. Von außen stürzen jedoch im Wesentlichen Gasmassen aus Wasserstoff auf das kompakte Objekt. Dieses erhitzt sich durch die hohe gravitative Beschleunigung beim Sturz auf die Oberfläche des weißen Zwergsterns. Sobald die Temperatur des Wasserstoffs 10 Millionen Grad erreicht hat, kommt es zum kurzfristigen Zünden des Wasserstoffbrennens und damit zu einer Explosion, die den gesamten Vorrat an herübergeströmtem Wasserstoff ins All hinausschleudert. Sobald uns die Lichtstrahlen von diesem Ereignis erreichen, können wir eine Nova beobachten, deren Helligkeit schon nach kurzer Zeit wieder zurückgeht. Der Rest des Sterns, die so genannte Postnova, ist oft noch von einer Hülle der abgestoßenen Gasmassen umgeben. In manchen Doppelsternsystemen der beschriebenen Art können sich die Nova-Ausbrüche sogar in unregelmäßigen Abständen wiederholen, man spricht dann von einer rekurrierenden Nova.

Neben den oben beschriebenen Supernovae vom Typ II existieren auch Supernovae vom Typ I, die beim Gravitationskollaps eines Weißen Zwerges aufleuchten. Durch Massenabfluss eines Begleitsterns auf den Weißen Zwerg überschreitet dieser schließlich seine obere Massengrenze und wird in einer spektakulären Explosion vollständig zerrissen. Ein kompakter Rest wie beim Supernova-Typ II bleibt dabei nicht übrig. Supernovae vom Typ I sind noch heller als Typ II-Explosionen.

Auch die so genannten Röntgensterne sind Paare von unterschiedlich entwickelten Doppelsternen. Meist befindet sich eine der Komponenten im kompakten Endstadium ihrer Entwicklung (Neutronenstern oder Schwarzes Loch), während es sich bei der anderen um einen normalen Stern handelt. Die Gasmassen, die von dem normalen Stern auf seinen dichten Begleiter überströmen, werden so ungeheuer stark beschleunigt, dass sie sich beim Sturz auf das kompakte Objekt auf Temperaturen von mehreren Millionen Grad erhitzen. Dabei kommt es zur Aussendung von Röntgenstrahlung.

STERNENTWICKLUNG IM HR-DIAGRAMM

Im Kapitel „Das Hertzsprung-Russell-Diagramm" auf S. 33 wurde bereits beschrieben, dass in diesem Diagramm jedem Stern ein Bildpunkt mit den Koordinaten Leuchtkraft und Temperatur zugeordnet wird. Da gerade diese beiden Zustandsgrößen sich während der Entwicklung eines Sterns ändern, ist das Diagramm ideal dazu geeignet, den Lebensweg der Sterne grafisch zu veranschaulichen. Je nach Lebensphase findet sich der Bildpunkt eines Sterns an einer anderen Stelle im Diagramm. Und im Zuge der Entwicklung des Sterns bewegt sich der Bildpunkt durch verschiedene Gebiete. Nachdem wir die Biografien der Sterne unterschiedlicher Massen und die Energie freisetzenden Prozesse in den verschiedenen Lebensabschnitten geschildert haben, wollen wir nun die „Lebenswege" der Sterne im Hertzsprung-Russell-Diagramm verfolgen. Gleichzeitig fassen wir damit die wesentlichen Erkenntnisse über die Sternentwicklung zusammen.

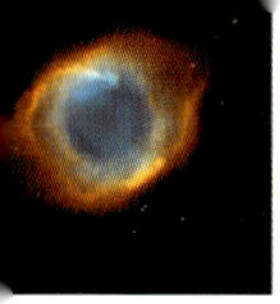

Schleifen im HRD

Protosterne sind zunächst riesige große kühle Objekte. Sie tauchen folglich im Hertzsprung-Russell-Diagramm irgendwo oben rechts auf. Die Helligkeit ist noch nicht konstant, sie verändert sich in unregelmäßigen Abständen durch einströmende Materie aus der gasförmigen Ursubstanz. Nach dem Prototyp solcher veränderlichen Sterne, dem Stern T im Sternbild Stier (Taurus), nennt man solche Objekte T-Tauri-Sterne. Bei ihnen handelt es sich um Gebilde kurz vor dem Erreichen der Hauptreihe. Die meisten dieser Sterne haben eine Masse, die etwa der Masse unserer Sonne oder weniger entspricht. Massereichere Sterne durchlaufen diese Phase ihrer Entwicklung so schnell, dass wir sie nur selten beobachten können.

Mit dem Beginn der Kernfusion in seinem Inneren hat ein Stern seine Position auf der Hauptreihe des HRD erreicht, wo er die längste Zeit seines Lebens verweilt. Je nach Ausgangsmasse nimmt er seinen Platz oben links (massereiche Sterne) oder unten rechts (massearme Sterne) ein. Weil die Lebensphase der Sterne auf der Hauptreihe des HRD am längsten dauert (für die massereichen Sterne allerdings deutlich weniger lange als für masseärmere Sterne), ist die Hauptreihe auch am dichtesten besetzt, d. h. hier befindet sich die überwiegende Mehrzahl aller Sterne.

Allen Hauptreihensternen ist gemeinsam, dass in ihrem Inneren die Fusion von Wasserstoff zu Helium abläuft. Bei den Spektraltypen O bis F stammt die Energie vorwiegend aus dem CNO-Zyklus, bei den masseärmeren Typen G bis M hauptsächlich aus der pp-Reaktion. Mit dem Aufblähen eines Sterns nach dem Verbrauch der zentralen Wasserstoffvorräte wandert er im HRD in das Gebiet der roten Riesensterne ab, wobei die massereichen Sterne mehrfach das Gebiet der Veränderlichen vom Typ δ Cephei oder RR Lyrae (ebenfalls Pulsationsveränderliche mit Perioden um 0,5 Tage) kreuzen.

Die Endstadien der Sternentwicklung „Weißer Zwerg“ und „Neutronenstern“ finden sich in den Feldern links unterhalb der Hauptreihe des HRD.

VERWEILZEITEN AUF DER HAUPTREIHE

Spektraltyp	*Verweilzeit in Jahren*
O5	$2 \cdot 10^6$
B0	$2 \cdot 10^7$
A0	$6 \cdot 10^8$
F0	$2 \cdot 10^9$
G0	$5 \cdot 10^9$
K0	$9 \cdot 10^9$
M0	$2 \cdot 10^{10}$

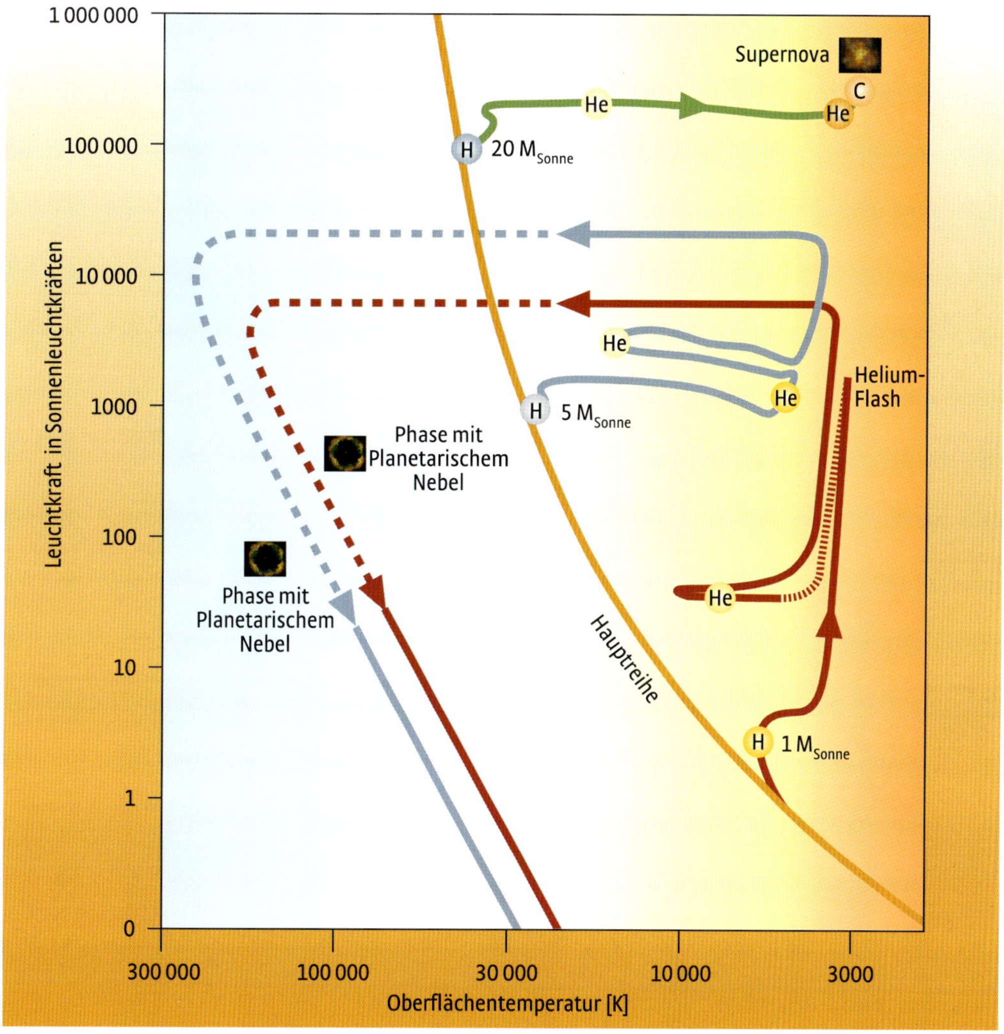

ENTWICKLUNG VON DREI STERNEN UNTERSCHIEDLICHER MASSE (20, 5 BZW. 1 SONNENMASSE) IM HERTZSPRUNG-RUSSELL-DIAGRAMM. AUF DER HAUPTREIHE FINDET WASSERSTOFFBRENNEN STATT, RECHTS DER HAUPTREIHE STATIONÄRES HELIUMBRENNEN. DER KREIS RECHTS OBEN KURZ VOR DEM SUPERNOVA-AUSBRUCH MARKIERT KOHLENSTOFFBRENNEN.

STERNHAUFEN, GAS UND STAUB

GROSSFAMILIEN IM KOSMOS

Bei der Betrachtung der Entstehung von Sternen aus dem gasförmigen Medium haben wir bereits gesehen, dass sich Sterne nicht als einzelne Sonnen, sondern stets in ganzen Gruppen, Assoziationen oder Haufen herausbilden. Dieser Tatsache verdanken wir einige der schönsten Objekte des nächtlichen Himmels: die offenen Sternhaufen und die Kugelsternhaufen. Doch nicht allein die Ästhetik dieser Gebilde erregt unsere Aufmerksamkeit – sie sind auch höchst bedeutungsvoll für die Forschung, für das Verständnis des Wesens kosmischer Vorgänge.

Schon mit dem bloßen Auge sind einige offene und bei dunklem Himmel auch ein paar Kugelsternhaufen zu erkennen. Diese Objekte waren daher schon in den frühesten Zeiten der Himmelsbeobachtung bekannt, wenn man auch damals weit entfernt davon war, die Natur der Erscheinungen zu verstehen. Ohne Teleskop war man nicht einmal in der Lage, die Sternhaufen als Anhäufungen von Sternen zu erkennen. Sie erschienen vielmehr – bis auf wenige Ausnahmen – als neblige Flecke am Firmament. Erst der Einsatz von Fernrohren brachte die Erkenntnis, dass z. B. die seit alters bekannte „Krippe" (Praesepe) im Sternbild Krebs keine „wirbelnde Wolke" darstellte, wie die Griechen gemeint hatten, sondern eine Anhäufung von einzelnen Sternen. Mit der weiteren Verbesserung der Beobachtungstechnik, der Verwendung fotografischer Verfahren und dem Einsatz astrophysikalischer Forschungsmethoden entwickelte sich schließlich die Erforschung der Sternhaufen zu einem wichtigen Arbeitsgebiet der modernen Astrophysik, dem wir wesentliche Erkenntnisse über kosmische Prozesse und Strukturen verdanken.

DER OFFENE STERNHAUFEN PRAESEPE IM STERNBILD KREBS

Offene Sternhaufen

Offene Sternhaufen sind lokale Ansammlungen von Sternen verschiedener Masse, die nahezu gleichzeitig aus chemisch gleichartig zusammengesetzter interstellarer – also zwischen den Sternen befindlicher – Materie entstanden sind. Die Dichte in diesen Sternhaufen liegt deutlich über der des allgemeinen umgebenden Sternfeldes. Die Mitglieder eines offenen Sternhaufens sind durch gravitative Kräfte relativ stark aneinander gebunden und weisen eine gleichartige Bewegung im Raum auf. Die Mitgliederzahlen können stark schwanken, sie liegen zwischen 10 und 1000 Einzelsternen. Im Unterschied zu den Kugelsternhaufen (s. S. 80) stellen die offenen Haufen relativ lockere Sternansammlungen mit einer geringen Konzentration zum Zentrum hin dar und die äußere Begrenzung

weist eine zerklüftete Form auf. Oft sind in den Ansammlungen von Sternen Wolken interstellarer Materie eingelagert, d. h. Gas- und/oder Staubwolken, aus denen die einzelnen Objekte entstanden sind. Die offenen Sternhaufen bieten uns also gleichsam einen Blick auf die Geburtsstätten ganzer Rudel von unterschiedlichen Sternindividuen.

Neben der Klassifikation nach Trümpler (s. Kasten rechts) ist eine weitere Einteilung von besonderem Interesse, die als Kriterium jeweils das Hertzsprung-Russell-Diagramm aller Mitglieder eines offenen Sternhaufens in Betracht zieht und aus der sich das Alter eines Haufens ableiten lässt (s. auch S. 81). Zu den zahlreichen Fragen, denen sich die Forschung im Zusammenhang mit den Sternhaufen zugewendet hat, zählt natürlich auch – wie bei allen astronomischen Objekten – ihre räumliche Verteilung. Darauf werden wir ausführlich im Hauptkapitel „Die Spiralarme der Milchstraße" auf S. 130 zurückkommen.

Da es sich bei offenen Sternhaufen um lockere Sternansammlungen aus vergleichsweise wenigen Sternen handelt, ist die Stabilität eines Haufens gering. Äußere und innere Störungen führend zu einer „raschen" Auflösung der Haufen. Die mittlere Lebensdauer dürfte etwa bei etwa 100 Millionen Jahren liegen, eine für kosmische Verhältnisse kurze Zeitspanne. Somit können wir davon ausgehen, dass die offenen Sternhaufen durchweg jüngere Objekte am Firmament darstellen. Deshalb finden wir oft auch noch die Überreste des Materials, aus dem die einzelnen Sterne der Haufen hervorgingen, in ihrer unmittelbaren räumlichen Nachbarschaft.

Wir kennen gegenwärtig über 1000 offene Sternhaufen, ihre tatsächliche Zahl im Milchstraßensystem wird auf etwa 15 000 geschätzt.

KLASSIFIKATION DER STERNHAUFEN

Um die vielfältigen Erscheinungsbilder der offenen Sternhaufen zu charakterisieren, hat der amerikanische Astronom Robert Julius Trümpler im Jahr 1930 eine Klassifikation vorgeschlagen, die sich an der Konzentration der Sterne eines Haufens, der Helligkeitsverteilung der einzelnen Mitglieder und dem Sternreichtum der einzelnen Ansammlungen orientiert. Die Konzentration der Sterne macht sich vor allem im Kontrast des Sternhaufens gegenüber dem Himmelshintergrund bemerkbar. Die Einordnung der offenen Sternhaufen in dieses Klassifikationsschema liefert uns Fakten, deren Erklärung im Rahmen naturgesetzlicher Entwicklungsprozesse gegeben werden muss, und stellt insofern eine wichtige Grundlage für die Sternhaufenforschung dar.

Offene Sternhaufen in der Milchstraße

Die bekanntesten und optisch eindrucksvollsten offenen Sternhaufen sind die Plejaden (das Siebengestirn) und die Hyaden im Sternbild Stier, der Doppelhaufen h und χ im Perseus sowie die Krippe (Praesepe) im Krebs.

Die Plejaden lassen mit dem bloßen Auge sechs hellere Sterne erkennen. Die moderne Astronomie kennt etwa 400 Mitglieder dieses Haufens, der vor rund 80 Millionen Jahren entstanden ist. Die meisten Sterne des Haufens sind über einen Durchmesser von etwa 2° am Himmel verteilt. Da sich die Sternansammlung in etwa 400 Lichtjahren Entfernung befindet, erstrecken sich seine Mitglieder in Wirklichkeit über ein Raumgebiet von etwa 30 Lichtjahren Durchmesser. Wegen ihrer Auffälligkeit wurden die Plejaden früher sogar oft als eigenes Sternbild betrachtet. Für die Beobachtung des

Siebengestirns empfiehlt sich ein Feldstecher, in dessen Gesichtsfeld die Sternansammlung einen prachtvollen Anblick bietet.

Die beiden Sternhaufen h und χ im Sternbild Perseus (s. Abb. S. 137), die sich beide in etwa 8000 Lichtjahren Entfernung befinden, enthalten rund 200 bzw. 150 Einzelsterne. Die scheinbaren Durchmesser der Haufen betragen jeweils 30 Bogenminuten. Ihr Alter ist mit nur knapp 5 Millionen Jahren ungewöhnlich gering.

Der Sternhaufen Praesepe (s. Abb. S. 76) befindet sich im Sternbild Krebs und erscheint mit dem bloßen Auge eher wie ein verwaschenes Nebelfleckchen. Die Zahl seiner Mitglieder liegt bei etwa 75 Objekten, die Entfernung beträgt rund 500 Lichtjahre.

DER OFFENE STERNHAUFEN DER PLEJADEN IM STERNBILD STIER

Zu den für die Forschung besonders interessanten offenen Haufen zählen die „nahe gelegenen" Hyaden im Sternbild Stier unweit des Hauptsterns Aldebaran. Die Hyaden bestehen aus etwa 350 Sternen in einer Entfernung von rund 150 Lichtjahren. Alle Sterne des Haufens weisen gegenüber den anderen Sternen eine nach Richtung und Geschwindigkeit einheitliche Bewegung auf. Sie stellen einen so genannten Bewegungshaufen dar, ein Charakeristikum, das man auch bei anderen Sternhaufen gefunden hat. Wegen des geringen Abstandes der Hyaden eignet sich dieser offene Sternhaufen besonders gut als Basis der gesamten kosmischen Entfernungsskala. Da die einzelnen Mitgliedssterne unterschiedliche Eigenschaften (Massen, Leuchtkräfte) aufweisen, können hier die absoluten Helligkeiten sehr verschiedenartiger Sterntypen bestimmt werden, die dann ihrerseits zur fotometrischen Entfernungsbestimmung über den Entfernungsmodul (vgl. S. 21) anderer Sterne mit gleichen Eigenschaften geeignet sind.

Assoziationen

Wenn von offenen Sternhaufen die Rede ist, sind auch andere Sterngruppierungen zu erwähnen, die den offenen Haufen in mancher Hinsicht ähneln und eine gewisse genetische Verwandtschaft zu ihnen vermuten lassen: die Assoziationen. Sie sind die lockersten Ansammlungen von Sternen im Milchstraßensystem, enthalten allerdings nicht das ganze Spektrum möglicher Sterntypen, sondern nur ganz spezielle, die eher selten im Universum sind: O-, B- und T-Tauri-Sterne. Die räumliche Dichte der Assoziationen ist oft sogar geringer als die sonstige Sterndichte ihrer Umgebung. Sie wurden entdeckt, als man speziell die räumliche Verteilung von O-, B- und T-Tauri-Sternen untersuchte. Dabei fiel auf, dass es lokale Ansammlungen solcher jungen Objekte gibt. Der sowjetische Astronom Viktor Amasaspowitsch Ambartsumian prägte den heute dafür üblichen Terminus. Die Sternassoziationen bestehen somit aus sehr jungen Sternen, die sich vom Ort ihrer Entstehung noch nicht weit entfernt haben. Da die gravitative Bindung sehr gering ist, werden sie dies aber rasch tun. Das Alter der Sternassoziationen kann daher maximal nur einige Millionen Jahre erreichen.

Die so genannten OB-Assoziationen bestehen fast ausschließlich aus den massereichen und sehr leuchtkräftigen O- und B-Sternen, die T-Assoziationen hingegen aus T-Tauri-Sternen. Diese sind junge, massearme Sterne veränderlicher Helligkeit (Spektraltypen von F8 bis M2), die noch nicht auf der Hauptreihe des Hertzsprung-Russell-Diagramms angelangt sind. Die Mitglieder der Assoziationen sind etwa gleichzeitig auf engem Raum entstanden und verteilen sich über Gebiete von etwa 100 bis 650 Lichtjahren

DAS STERNBILD ORION BEHERBERGT VIELE JUNGE O-STERNE.

EINE O-ASSOZIATION

Zu den Mitgliedern einer O-Assoziation zählen beispielsweise die Gürtelsterne des Orion und die heißen, bläulich weißen Sterne, die im Orion-Nebel unterhalb des Gürtels eingebettet sind.

Durchmesser. Hieraus ist ersichtlich, dass die Sterndichte hier deutlich geringer ist als die der offenen Sternhaufen. T-Assoziationen weisen aber oft eine enge Beziehung zu offenen Sternhaufen auf, sie sind teilweise sogar Bestandteile junger offener Haufen, in denen der Sternbildungsprozess noch nicht abgeschlossen ist.

Eine erst 1966 eingeführte Gruppe sind die R-Assoziationen. Sie bestehen aus hellen Sternen der Spektralklassen B bis A in Reflexionsnebeln, zu denen vereinzelt auch Überriesen späterer Spektraltypen gehören, die sich bereits in einem fortgeschritten Entwicklungsstadium befinden.

Kugelsternhaufen

Kugelsternhaufen sind dichte Ansammlungen einer großen Anzahl von Sternen in einem nahezu kugelförmigen Raumgebiet mit starker Konzentration zum Zentrum hin. Dort stehen die Objekte etwa 500-mal so dicht wie die Sterne in der Umgebung unserer Sonne. Die gegenseitigen Abstände von Stern zu Stern betragen also nicht mehr einige Lichtjahre, sondern nur noch einige hundertstel Lichtjahre. Kugelsternhaufen bestehen aus zehntausend bis zehn Millionen Sternen. Die Durchmesser liegen bei etwa 150 Lichtjahren oder weniger, im Allgemeinen liegen sie jedoch deutlich über denen der offenen Sternhaufen.

Kugelsternhaufen sind dank ihrer großen Masse sehr stabile Gebilde, die Schwerkraft hält sie wirkungsvoll zusammen. Wegen der großen Sterndichte kommt es in den Haufen jedoch viel öfter zu engen Begegnungen der Sterne als sonst üblich. Dadurch können einzelne Sterne so hohe Geschwindigkeiten erhalten, dass sie aus dem Haufen hinauskatapultiert werden und der Haufen auf diese Weise nach und nach immer sternärmer wird. Doch dieser Prozess läuft außerordentlich langsam ab und beeinträchtigt die hohe Lebensdauer der Kugelsternhaufen kaum. Sie liegt in der Größenordnung von Jahrmilliarden. Deshalb sind auch alle Kugelhaufen, die sich in der Frühgeschichte unseres Milchstraßensystems gebildet haben, noch heute vorhanden.

Wir kennen gegenwärtig etwa 150 Kugelsternhaufen, von denen aber nur wenige mit dem bloßen Auge zu beobachten sind. Am nördlichen Sternhimmel ist unter günstigen Bedingungen der Kugelsternhaufen im Sternbild Herkules (M 13) ohne Fernrohr als schwaches Lichtfleckchen sichtbar. Am südlichen Himmel können wir ω Centauri und 47 Tucanae erkennen. Auch kleine Fernrohre vermögen keine wesentlichen Details zu offenbaren. Erst in großen Teleskopen enthüllt sich der Sternreichtum der Kugelsternhaufen (s. Abb. oben). Doch in den Zentren stehen die Sterne so dicht, dass sie höchstens mit modernsten Hilfsmitteln der Beobachtungstech-

DER KUGELSTERNHAUFEN M 13 IM STERNBILD HERKULES

nik in Einzelobjekte aufgelöst werden können. Der Kugelsternhaufen im Herkules weist einen scheinbaren Durchmesser von knapp 17 Bogenminuten auf und befindet sich rund 23 000 Lichtjahre von uns entfernt. Der tatsächliche Sternreichtum des Haufens ist praktisch nicht zu ermitteln, da Zählungen nur in den Außenbezirken möglich sind und auch dort nur die hellsten Sterne erfasst werden können. Auch die Angaben über die Sterndichte sind deshalb stets Minimalwerte. Der Haufen ω Centauri befindet sich in rund 17 000 Lichtjahren Entfernung und misst 36 Bogenminuten scheinbaren Durchmesser. Der Tucana-Haufen steht in 15 000 Lichtjahren Entfernung. Der scheinbare Durchmesser beträgt 31 Bogenminuten.

DIE BEDEUTUNG DER STERNHAUFENFORSCHUNG

Sowohl die offenen Sternhaufen als auch die sternreichen kugelförmigen Haufen erfreuen uns nicht nur als reizvolle Objekte im Fernrohr oder auf fotografischen Aufnahmen, sie besitzen auch eine außerordentliche Bedeutung für die astronomische Forschung. Dies wird rasch deutlich, wenn wir die Spektralklassen (Farben) und Leuchtkräfte (absoluten Helligkeiten) der Mitglieder von Sternhaufen in ein Hertzsprung-Russell-Diagramm eintragen. In der

Praxis werden für die Sternhaufenforschung fast ausschließlich Farben-Helligkeits-Diagramme (FHD) verwendet, da sich hier die Größen direkt messen und eintragen lassen.

Bestimmung des Alters

Da die Mitglieder eines Sternhaufens praktisch gleichzeitig entstanden sind und bei anfänglich gleicher chemischer Zusammensetzung aber unterschiedliche Massen aufweisen, lässt sich aus der Theorie der Sternentwicklung eine „Hauptreihe des Alters Null“ (**Z**ero **A**ge **M**ain **S**equence, ZAMS) berechnen, die für die Sterne der verschiedenen Massen im FHD den Beginn des Wasserstoffbrennens charakterisiert. Da wir nun für die unterschiedlichen Massen der Sterne auch ihre verschiedenen Entwicklungsabläufe kennen, können wir daraus Orte gleichen Alters berechnen. Verbinden wir sie miteinander, so erhalten wir Linien gleichen Alters, so genannte Isochronen.

Mit zunehmendem Alter eines jungen Sternhaufens nähern sich diese Isochronen zunächst der Alter-Null-Hauptreihe. Diese wird zuerst von den massereichsten Sternen erreicht, da bei ihnen das Vor-Hauptreihenstadium viel rascher durchlaufen wird als bei den masseärmeren Objekten. Wenn die massereichen Sterne die Hauptreihe erreicht haben, halten sich die masseärmsten Objekte noch rechts oberhalb der Hauptreihe auf. Schon hier wird erkennbar, welche Bedeutung dem FHD der Sternhaufen zukommt: Die Kenngrößen der Sterne, die wir aus Beobachtungen ableiten können (Farben und Helligkeiten), gestatten es, dank der Entwicklungstheorie der Sterne auf ihr Alter, ihre Masse und ihr Entwicklungsstadium zu schließen.

Es gibt noch einen anderen Zugang zur Altersbestimmung der Sternhaufen. Das mittlere Alter kann nämlich aus der Besetzung des FHD abgeleitet werden. Dies kann man sich folgendermaßen klarmachen: Ein noch sehr junger Sternhaufen wird wegen des raschen Ablaufs der Entwicklung massereicher Sterne vom Vor-Hauptreihenstadium zum Wasserstoffbrennen eine gut besetzte obere Hauptreihe aufweisen. Je älter der Sternhaufen wird, umso weiter schreitet die Besetzung der Hauptreihe nach unten rechts fort. Die massereichen Sterne hingegen beginnen entsprechend den für sie typischen Verweilzeiten die Hauptreihe wieder zu verlassen und in das Gebiet der roten und gelben Riesensterne abzuwandern. Bei sehr alten Sternhaufen liegt der „Abknickpunkt“ von der Alter-Null-Hauptreihe schon weiter rechts unten und möglicherweise sind bereits einige Sterne im Bereich der Weißen Zwerge anzutreffen. Mit anderen Worten: Je nach dem mittleren Alter eines

DAS ALTER EINES STERNHAUFENS

Für das Alter τ eines Sternhaufens in Jahren gilt nach Alan Sandage die Beziehung:

$$\tau = 6{,}3 \cdot 10^7\, M^2/L \cdot R$$

Hier bedeuten M die Masse, L die Leuchtkraft und R den Sternradius im Abknickpunkt des FHD (HRD) in den entsprechenden Einheiten der Sonne.

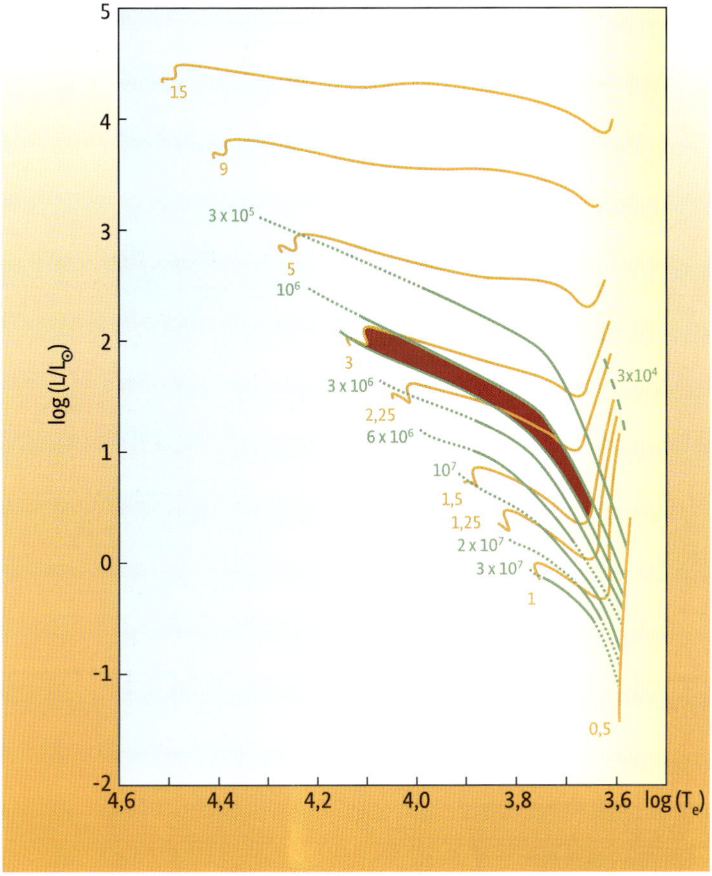

THEORETISCHES FARBEN-HELLIGKEITS-DIAGRAMM FÜR STERNE UNTERSCHIEDLICHEN ALTERS UND UNTERSCHIEDLICHER MASSE. ENTWICKLUNGSLINIEN (ORANGE) UND LINIEN GLEICHEN ALTERS (GRÜN GESTRICHELT) FÜR STERNE IM VOR-HAUTREIHEN-STADIUM DES MASSEBEREICHS 0,5 BIS 15 SONNENMASSEN UND DES ALTERSBEREICHS 3×10^4 BIS 3×10^7 JAHRE. DIE ROT EINGEZEICHNETE FLÄCHE BERUHT AUF BEOBACHTUNGSDATEN FÜR STERNE DES MASSEBEREICHS ZWISCHEN 1,5 UND 3 SONNENMASSEN UND DES ALTERSBEREICHS ZWISCHEN 10^6 UND $1,75 \times 10^6$ JAHREN (NACH I. IBEN JR.).

offenen Sternhaufens sehen die Farben-Helligkeits-Diagramme sehr unterschiedlich aus.

FH-Diagramme (FHDs) von Sternhaufen

Betrachten wir nun die Farben-Helligkeitsdiagramme einiger Sternhaufen genauer, um die bisher mehr theoretischen Bemerkungen an praktischen Beispielen zu belegen:

Im Sternhaufen χ Persei sind die Objekte der absoluten Helligkeit $M_V = -5^M$ noch auf der Alter-Null-Hauptreihe anzutreffen. Dabei handelt es sich um Objekte von etwa 23 Sonnenmassen. Die massereicheren Sterne sind hingegen schon abgewandert, und die massereichsten Objekte des Haufens sind bereits im Bereich der

roten Überriesen angelangt. Das mittlere Alter des Haufens beträgt nur rund 3,2 Millionen Jahre. In der Literatur wird statt des Alters in Jahren oft der Logarithmus des Alters angegeben. In diesem Falle würde die Altersangabe lauten: *log* $\tau = 6{,}5$.

SCHEMATISCHE DARSTELLUNG DER FH-DIAGRAMME VERSCHIEDENER OFFENER STERNHAUFEN UND DES KUGELSTERNHAUFENS M 3. ENTLANG DER HAUPTREIHE IST DAS JEWEILIGE HAUFENALTER ANGEGEBEN (NÄHERES S. TEXT).

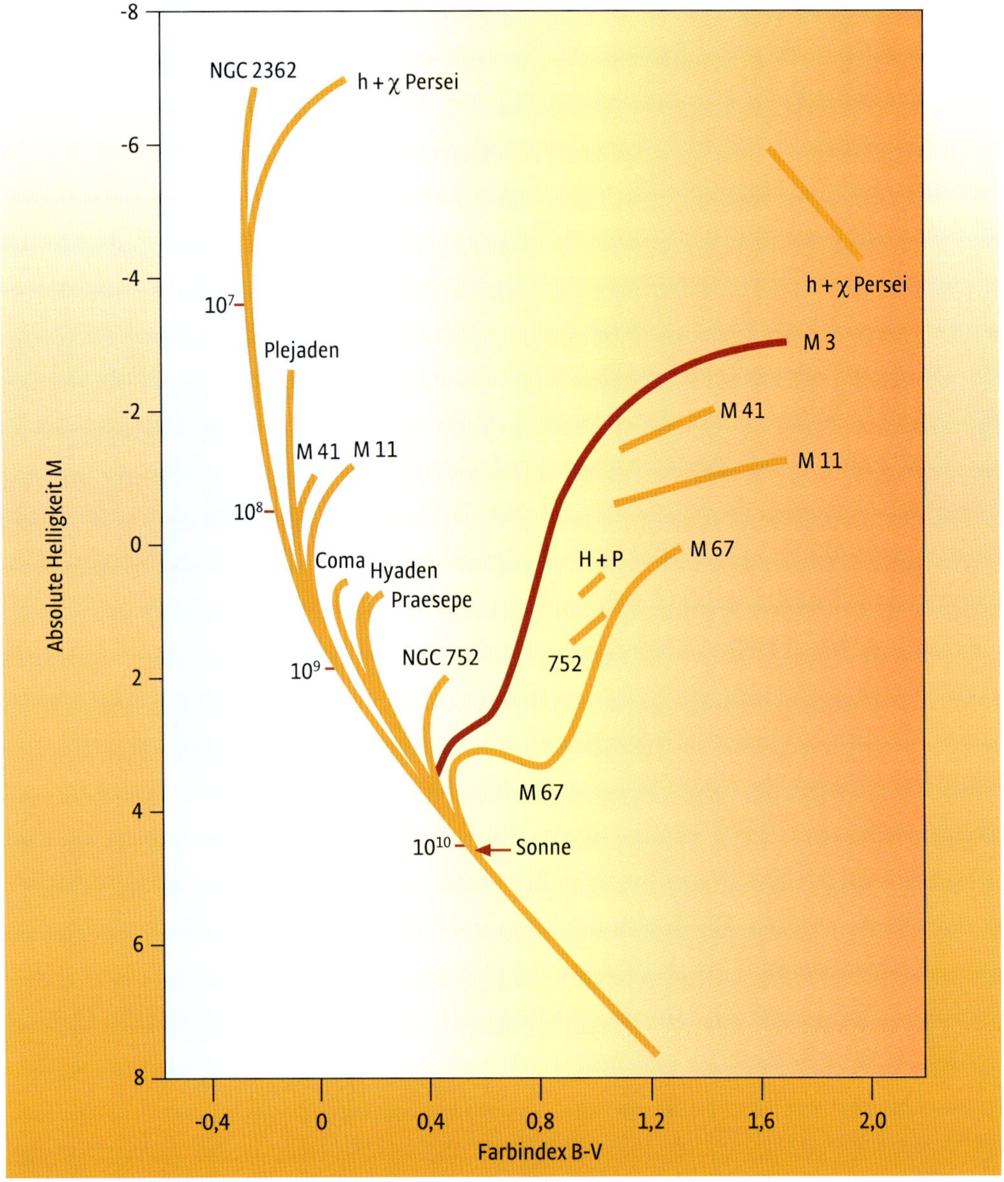

In den Plejaden sind ungewöhnlich viele Flare-Sterne, recht massearme Objekte versammelt, die sich noch im Vor-Hauptreihenstadium befinden. Gleichzeitig sind sehr massereiche Objekte bereits von der Hauptreihe abgewandert. Die Lage des Abknickpunktes führt auf ein mittleres Alter von 78 Millionen Jahren ($log\ \tau = 7{,}89$). Die Hyaden hingegen sind mit rund 660 Millionen Jahren ($log\ \tau = 8{,}82$) deutlich älter.

Betrachtet man nun dagegen die Farben-Helligkeits-Diagramme von Kugelsternhaufen, so zeigt sich ein bemerkenswerter Unterschied zu denen der offenen Haufen: Die Abknickpunkte von der Hauptreihe liegen deutlich weiter rechts unten! Hier sind also auch masseärmere Sterne schon von der Hauptreihe abgewandert, deren Verweildauer wesentlich größer ist als die der massereichen Objekte. Es muss daher seit der Entstehung des Haufens eine wesentlich größere Zeitspanne vergangen sein. Beim Kugelsternhaufen M 3 befinden sich selbst Sterne, deren Massen nur noch wenig über der unserer Sonne liegen, schon im Gebiet der Riesensterne. Dies ist typisch für Kugelsternhaufen. Die meisten leuchtkräftigen Sterne befinden sich bei ihnen nicht mehr auf der Hauptreihe des FHD. Daraus folgt, dass die Kugelsternhaufen durchweg ein besonders hohes Alter aufweisen, das zwischen 10 und 15 Milliarden Jahren liegen dürfte.

Doch die offenen Sternhaufen und die Kugelsternhaufen unterscheiden sich auch noch in anderer Hinsicht: Ihre Verteilung im Raum ist völlig verschiedenartig. Besonders dieser Umstand liefert uns wichtige Hinweise auf die Entwicklungsgeschichte unseres Milchstraßensystems (vgl. Kapitel „Vom Ursprung der Milchstraße“ ab S. 172). Ebenso bedeutsam ist in diesem Zusammenhang die Feststellung, dass die Kugelhaufen aus Sternen der Population II bestehen, also kaum schwerere Elemente als Helium aufweisen. Auch diese Tatsache verweist auf ein hohes Alter der Haufen. Im Unterschied dazu gehören die offenen Sternhaufen der extremen Population I an.

DIE MATERIE ZWISCHEN DEN STERNEN

Schon in den bisherigen Betrachtungen über Sterne und Sternhaufen haben wir gesehen, dass offensichtlich die gas- und staubförmige Materie im Universum eine bedeutsame Rolle spielt. Dabei wissen wir erst seit jüngerer Zeit von ihrer Existenz. Gewiss sprechen die Astronomen schon sehr lange von „Nebeln“, doch über deren Natur vermochten sie wenig auszusagen. „Echte“ Nebel und nebelförmig erscheinende Sternansammlungen konnten nicht voneinander unterschieden werden. Die nebelartige „Krippe“ im

Krebs, der seit alters bekannte Orion-Nebel und das dunstige Gebilde des Andromeda-Nebels – alle wurden mangels besseren Wissens in einen Topf geworfen. In Wirklichkeit handelt es sich jedoch nach heutiger Kenntnis um ganz verschiedenartige Objekte.

Der Vorreiter Wilhelm Herschel

Um die Wende zum 19. Jahrhundert beschäftigte sich vor allem der aus Deutschland stammende englische Astronom Friedrich Wilhelm Herschel mit den „Nebelflecken“. Während der Katalog von Charles Messier aus der zweiten Hälfte des 18. Jahrhunderts nur 103 solcher Objekte enthielt, konnte Herschel mit seinen für damalige Verhältnisse riesigen Teleskopen bis zum Jahr 1802 bereits 2508 Nebel feststellen. Dabei fiel ihm die erstaunliche Mannigfaltigkeit der Formen auf, die ihn dazu veranlasste, die Objekte nach morphologischen Gesichtspunkten zu klassifizieren. Sein Leitgedanke war, dass die Formenvielfalt nicht etwa eine statische, dem „Schöpfungsplan“ entsprechende „scala naturae“ widerspiegele, sondern eine Entwicklungsfolge. Das räumliche Nebeneinander verschiedener Formen sollte also nach Herschels Vorstellungen einem zeitlichen Nacheinander entsprechen. Damit trug Herschel das Grundprinzip der modernen Kosmogonie, der Lehre von der Entstehung kosmischer Objek-

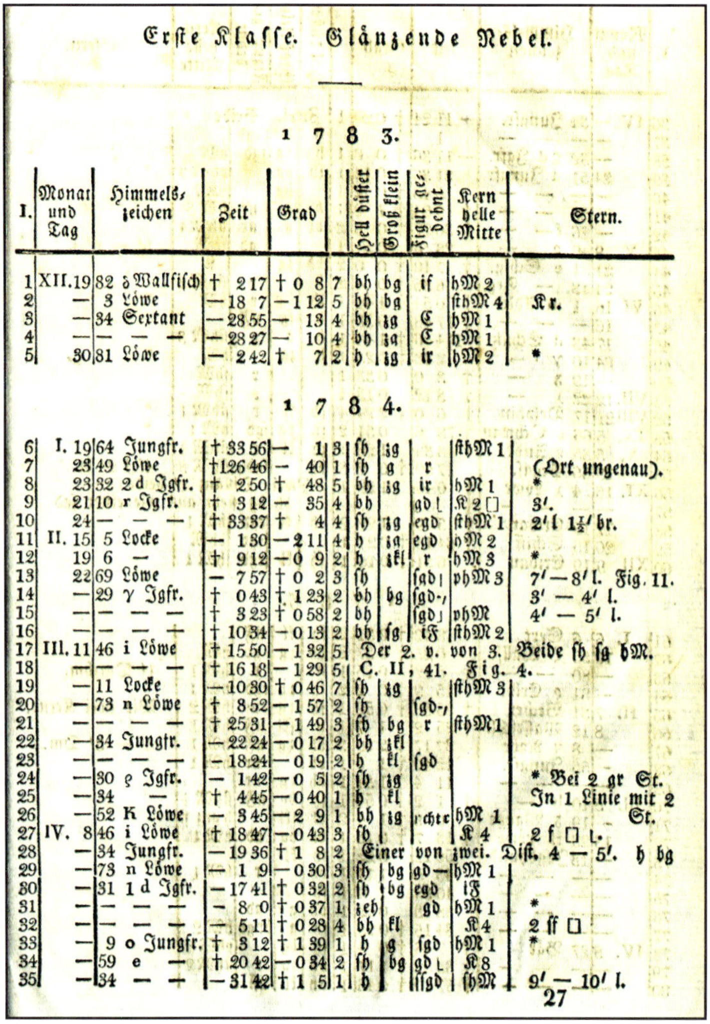

Erste Klasse. Glänzende Nebel.

1783.

I.	Monat und Tag	Himmelszeichen	Zeit	Grad		Hell düster	Groß klein	Figur gedehnt	Kern helle Mitte	Stern.
1	XII. 19	82 δ Wallfisch	† 2 17	† 0 8	7	bh	bg	if	hM 2	
2	—	3 Löwe	— 18 7	— 1 12	5	bh	bg		ſthM 4	Kr.
3	—	34 Sextant	— 28 55	— 13	4	bh	zg	E	hM 1	
4	—	— — —	— 28 27	— 10	4	bh	zg	E	hM 1	
5	30	81 Löwe	— 2 42	† 7	2	h	zg	ir	hM 2	*

1784.

I.	Monat und Tag	Himmelszeichen	Zeit	Grad		Hell düster	Groß klein	Figur gedehnt	Kern helle Mitte	Stern.
6	I. 19	64 Jungfr.	† 33 56	— 1	3	ſh	zg		ſthM 1	
7	23	49 Löwe	† 126 46	— 40	1	ſh	g	r		(Ort ungenau).
8	23	32 2 d Jgfr.	† 2 50	† 48	5	bh	zg	ir	hM 1	*
9	21	10 r Jgfr.	† 3 12	— 35	4	bh		gd l	K 2 []	3′.
10	24	— — —	† 33 37	† 4	4	ſh	zg	egd	ſthM 1	2′ l 1½′ br.
11	II. 15	5 Locke	— 1 30	— 2 11	4	h	zg	egd	hM 2	
12	19	6 —	† 9 12	— 0 9	2	h	zkl	r	hM 3	*
13	22	69 Löwe	— 7 57	† 0 2	3	ſh		ſgd ǀ	vhM 3	7′—8′ l. Fig. 11.
14	—	29 γ Jgfr.	† 0 43	† 1 23	2	bh	bg	ſgd-,		3′ — 4′ l.
15	—	— — —	† 3 23	† 0 58	2	bh		ſgd ⌋	vhM	4′ — 5′ l.
16	—	— — —	† 10 34	— 0 13	2	bh	ſg	iF	ſthM 2	
17	III. 11	46 i Löwe	† 15 50	— 1 32	5	Der 2. v. von 3. Beide ſh ſg bM.				
18	—	— — —	† 16 18	— 1 29	5	C. II, 41. Fig. 4.				
19	—	11 Locke	— 10 30	† 0 46	7	ſh	zg		ſthM 3	
20	—	73 n Löwe	† 8 52	— 1 57	2	ſh		ſgd-,		
21	—	— — —	† 25 31	— 1 49	3	ſh	bg	r	ſthM 1	
22	—	34 Jungfr.	— 22 24	— 0 17	2	bh	zkl			
23	—	— — —	— 18 24	— 0 19	2	h	kl	ſgd		
24	—	30 ϱ Jgfr.	— 1 42	— 0 5	2	ſh	zg			* Bei 2 gr St.
25	—	34 —	† 4 45	— 0 40	1	h	kl			In 1 Linie mit 2
26	—	52 K Löwe	— 3 45	— 2 9	1	bh	zg	rchtr	hM 1	St.
27	IV. 8	46 i Löwe	† 18 47	— 0 43	3	ſh			K 4	2 f □ l.
28	—	34 Jungfr.	— 19 36	† 1 8	2	Einer von zwei. Diſt. 4 — 5′. h bg				
29	—	73 n Löwe	— 1 9	— 0 30	3	ſh	bg	gd—	hM 1	
30	—	31 1 d Jgfr.	— 17 41	† 0 32	2	ſh	bg	egd	iF	
31	—	— — —	— 8 0	† 0 37	1	zeh		gd	hM 1	*
32	—	— — —	— 5 11	† 0 28	4	bh	kl		K 4	2 ſſ □
33	—	9 o Jungfr.	† 3 12	† 1 39	1	h	g	ſgd	hM 1	*
34	—	59 e —	† 20 42	— 0 34	2	ſh	bg	gd L	K 8	
35	—	34 — —	— 31 42	† 1 5	1	h		iſgd	ſhM	9′ — 10′ l.

27

EINE SEITE AUS HERSCHELS NEBELKLASSIFIKATION

te, in die Forschung hinein. In Anlehnung an das Vorgehen der zeitgenössischen Biologie formulierte er das Prinzip durch eine Analogiebetrachtung: Es sei doch einerlei, ob wir während unseres Lebens nacheinander das Aussprossen, Blühen, Belauben, Fruchttragen, Verdorren und Verwesen einer Pflanze mit ansehen oder gleichzeitig eine große Anzahl von Exemplaren vor Augen hätten, die den jeweiligen Stadien des Pflanzenlebens entsprächen.

In dem Klassifikationsschema, das Herschel im Jahr 1811 veröffentlichte, finden wir 32 Typen von Nebeln, die nach seiner Auffassung unterschiedliche Stadien der Nebelentwicklung darstellen. Herschel äußerte auch bereits den Gedanken, dass sich Sterne aus gasförmiger Materie bilden könnten. Allerdings hielt er damals die Gasmassen noch für selbst leuchtend. Je mehr Nebel dank verbesserter Beobachtungstechnik entdeckt wurden, umso deutlicher musste man allerdings erkennen, dass viele dieser Objekte in Wirklichkeit Sternansammlungen waren. Sollte dies letztlich für alle diffusen Objekte gelten oder gab es vielleicht doch auch „echte" Nebel?

FRIEDRICH WILHELM HERSCHEL

Die Entdeckung „ruhender Linien"

Erst die Einführung der Spektroskopie brachte in dieser Frage Klarheit: Als der britische Astrophysiker William Huggins 1864 sein Spektroskop auf ein nebliges Objekt richtete, erkannte er drei helle, voneinander isolierte Spektrallinien, wie man sie im Labor nur von leuchtenden Gasen her kannte. 1904 gelang eine weitere wichtige Entdeckung: Am Potsdamer Astrophysikalischen Observatorium auf dem Telegrafenberg fand Johannes Hartmann im Spektrum des Doppelsterns δ Orionis zwei Kalziumlinien. Doch während die anderen Linien durch die Bewegung der Sterne um ihren gemeinsamen Schwerpunkt eine periodische Doppler-Verschiebung aufwiesen, blieben die Kalziumlinien stets am gleichen Ort. Hartmann zog daraus den Schluss, dass diese mit dem von ihm beobachteten Doppelsternsystem nichts zu tun haben konnten, sondern sich zwischen dem Stern und dem Beobachter eine aus Kalziumdampf bestehende Wolke befinden musste, der die beobachteten „ruhenden" Linien zugehören müssten. Die meisten Astrophysiker fanden diese Schlussfolgerung zu gewagt. Wenige Jahre später gelang es jedoch dem amerikanischen Astronomen Vesto Melvin Slipher, weitere „ruhende Kalziumlinien" in den Spektren anderer Doppelsterne zu finden, die er ebenfalls interstellaren Kalziumwolken zuschrieb. Erst als 1919 auch „ruhende Natriumlinien" nachgewiesen wurden, kam die Diskussion um diese Befunde wieder in Gang. Alle Beobachtungen schienen nun darauf hinzudeuten, dass Kalzium und Natrium gleichmäßig verteilt im Raum zwischen den Sternen vorkommen.

Die Lichtschwächung durch Staub

DIE INTERSTELLARE EXTINKTION

Ohne Berücksichtigung der interstellaren Lichtschwächung (Extinktion) gilt zwischen der absoluten Helligkeit *M*, der Entfernung *r* und der scheinbaren Helligkeit *m* eines Sterns bekanntlich die Beziehung:

$$m - M = 5 \log r - 5.$$

Wird nun aber durch interstellare Staubteilchen zwischen dem Stern und dem Beobachter das Licht um einen entfernungsabhängigen Betrag $A = \gamma \cdot r$ geschwächt, so ergibt sich als Zusammenhang zwischen der tatsächlich gemessenen scheinbaren Helligkeit, der absoluten Helligkeit und der Entfernung:

$$m - M = 5 \log r - 5 + \gamma \cdot r.$$

Ein anderes Indiz für das Vorhandensein von Materie zwischen den Sternen war die ungleichmäßige Verteilung der Sterne selbst, die „Löcher im Himmel“, wie Herschel sie nannte. Könnte nicht, so dachten die Astrophysiker um die Mitte des 19. Jahrhunderts, eine in Wolkenform vorkommende nicht leuchtende Materie zwischen den Sternen diese „Löcher“ nur vortäuschen? Sollte es solche Wolken tatsächlich geben, würden sie das Licht der dahinter stehenden Sterne verschlucken und die Form der „Löcher“ im Sternfeld entspräche dann eigentlich der Form einer Wolke aus dunkler, Licht absorbierender Materie.

Viele neue Fragen drängten sich nun auf: Handelte es sich bei der Materie zwischen den Sternen um Gas oder eher um Staub? Für die letztere Annahme sprach die Entdeckung einer Rotverfärbung des Lichts von Hintergrundsternen, die man als Streueffekt an Staubteilchen interpretierte. Endlich fand der Schweizer Astronom Trumper im Jahr 1930 durch eine interessante Methode den endgültigen Beweis für ein Lichtverschlucken durch Materie zwischen den Sternen: Er bestimmte einerseits die Entfernungen offener Sternhaufen mit gleichartiger Struktur aus ihrem Winkeldurchmesser, zum anderen aus der Abnahme der Helligkeiten mit der Entfernung. Dabei ergab sich etwas sehr Merkwürdiges: Mit zunehmender Entfernung wurden die Durchmesser der Haufen immer größer! Doch wie sollte man diesen Befund erklären? Entweder wurden die Sternhaufen tatsächlich umso größer, je weiter sie entfernt standen, oder es existierte eine weit verbreitete dunkle Materie, die das Licht umso stärker schwächte, je größer der Abstand zwischen dem Beobachter und dem Sternhaufen war. Dann weist man nämlich einem Sternhaufen aufgrund seiner scheinbaren Helligkeit eine zu große Entfernung zu, so dass der gemessene scheinbare Durchmesser auf einen zu großen linearen Durchmesser führt.

Die ersten Ermittlungen der mittleren interstellaren Extinktion (s. Kasten links) führte Trumper im Zusammenhang mit seinen Untersuchungen von 1930 durch. Diese Befunde erwiesen sich später als höchst bedeutungsvoll für die Erkenntnis der Dimension und Struktur unseres Sternsystems, ja sogar für dessen Evolution.

Heute ist die interstellare Materie Gegenstand eines gut entwickelten Spezialgebietes innerhalb der Astronomie, dessen Ergebnisse eng mit dem astronomischen Bild unseres Milchstraßensystems verbunden sind. Die interstellare Materie wird unterteilt in mehrere Komponenten: galaktische Nebel, Dunkelwolken sowie das allgemein verbreitete Gas und den allgemein verbreiteten Staub.

DER „KOHLENSACK“, EINE DUNKELWOLKE IM STERNBILD KREUZ DES SÜDENS.

GALAKTISCHE NEBEL UND DUNKELWOLKEN

Da man anfangs über die Natur und die kosmische Anordnung der verschiedenen nebelartigen Objekte nichts wusste, wollte man die Nebel unseres eigenen Sternsystems von den zunächst nur vermuteten, dann aber erwiesenermaßen extragalaktischen Nebeln (vgl. Kapitel „Unsere kosmischen Nachbarn“, S. 182) unterscheiden und prägte deshalb für alle Gas- und Staubnebel des eigenen Sternsystems den Begriff „galaktisch“, sofern sie nur leuchteten. Die Ursache des Leuchtens ist jedoch bei den Gasnebeln eine andere als bei den Staubansammlungen. Gemeinsam ist ihnen aber die Nachbarschaft zu Sternen, die mit ihrer Strahlung fast immer dafür sorgen, dass wir die Nebel überhaupt sehen können.

Emissions- und Reflexionsnebel

Die Zahl der galaktischen Nebel ist beträchtlich. Wir kennen etwa 1000 verschiedene Objekte, die sich mit einer außerordentlichen Mannigfaltigkeit an Formen präsentieren. Während manche dieser Nebel gleichsam nur Sternhüllen darstellen, erstrecken sich andere über große Raumgebiete. Zu diesen Objekten zählt u. a. der so genannte Nordamerika-Nebel im Sternbild Schwan (s. S. 90), dessen scheinbare Ausdehnung dem 6fachen Vollmonddurchmesser entspricht. Viele der galaktischen Nebel emittieren selbst Licht und werden daher auch Emissionsnebel genannt. Bei ihnen handelt es sich um heiße Gaswolken, die aus ionisiertem Wasserstoff bestehen – die so genannten HII-Gebiete. Andere sind kühl und bestehen aus neutralem Wasserstoff (HI-Gebiete), d. h. aus H-Atomen mit einem Proton im Kern und einem Elektron in der Hülle.

Warum leuchten nun diese dichten Ansammlungen von ionisiertem Wasserstoff? Wären die Wolken nicht ionisiert, würden sie auch keine sichtbare Strahlung emittieren. Die Ionisierung wiederum ist eine Folge der energiereichen Strahlung benachbarter heißer Sterne. Das anschauliche Atommodell von Nils Bohr erklärt die Lichtemission durch das „Springen“ von Elektronen innerhalb der Atome von energetisch höheren Bahnen auf niedrigere. Dabei wird die Energiedifferenz in Form von monochromatischem Licht abgestrahlt. Der ionisierte Wasserstoff in den Emissionsnebeln fängt sich nun freie Elektronen ein, die dann von einer äußeren Hüllenbahn auf eine weiter innen liegende „herabfallen“ und dabei die typischen Wasserstofflinien der so genannten Balmer-Serie aussenden. Man nennt diesen Vorgang Rekombination. Deshalb senden die Emissionsnebel stets eine kräftige Strahlung im Licht der H_α-Linie des Wasserstoffs aus.

DER NORDAMERIKA-NEBEL IM STERNBILD SCHWAN

Daneben gibt es auch noch andere Mechanismen der Energieabstrahlung. So stellen wir beispielsweise fest, dass Emissionsnebel auch im Radiowellenbereich strahlen. Die Radiostrahlung entsteht ebenfalls durch Rekombinationsprozesse, allerdings im Bereich sehr viel weiter vom Atomkern entfernt liegender Bahnen. Unter irdischen Laborbedingungen sind solche Bahnen überhaupt nicht besetzt, da sie sich bereits in makroskopisch großen Distanzen vom Atomkern befinden. Im Raum zwischen den Sternen ist jedoch die Materiedichte so gering, dass die einzelnen Atome extrem große Abstände voneinander aufweisen. Nur aus diesem Grund finden sich dort Elektronen auf hochenergetischen Bahnen, die beim Übergang auf andere, ebenfalls vom Kern weit entfernte Bahnen

langwellige elektromagnetische Strahlung im Radiowellenbereich aussenden. Darüber hinaus wird auch noch eine kontinuierliche Radiostrahlung emittiert, die der Temperatur des Nebels entspricht und dem Planckschen Strahlungsgesetz folgt.

Bei manchen Nebeln beobachtet man eine weitere Art von Radiostrahlung. Sie wird durch Elektronen ausgelöst, die sich im Magnetfeld bewegen. Man bezeichnet diese Art elektromagnetischer Wellen im radiofrequenten Bereich als Synchrotronstrahlung (vgl. auch Kapitel „Magnetfelder im Raum“ auf S. 98).

Auch die Planetarischen Nebel – so benannt nach ihrem äußeren, dem Anblick von Planeten ähnelnden Erscheinungsbild – sind Emissionsnebel. Nur stammt die heiße Materie, aus der sie bestehen, von dem Stern selbst, der ihr Leuchten verursacht. In einem späten Entwicklungsstadium wird Materie, wahrscheinlich in Form eines Torus, abgestoßen und umgibt nun den Zentralstern (vgl. Kapitel „Planetarische Nebel und Weiße Zwerge“, S. 62). Schauen wir von oben auf das Gebilde, erscheint es ringförmig. Das bekannteste Beispiel ist der Ring-Nebel im Sternbild Leier (s. Abb. S. 63). Beobachten wir solche Nebel statt „von oben“ unter anderen Blickwinkeln, ergeben sich sehr unterschiedlich aussehende Gebilde, die zu entsprechend poetischen Namen geführt haben, wie z. B. Hantel-Nebel (s. Abb. S. 92) oder Eulen-Nebel. Zum Leuchten angeregt werden die Nebel durch die UV-Strahlung der 10 000 bis 30 000 Grad heißen Zentralsterne. Planetarische Nebel haben „nur“ eine Lebenserwartung von einigen

EMISSION UND REFLEXION

Oftmals treten diese beiden Arten des Leuchtens in einem Nebel gemeinsam auf. So enthält z. B. der große Orion-Nebel sowohl ein Emissions- als auch Reflexionsgebiete.

zehntausend Jahren, weil sich die Materie mit relativ großen Geschwindigkeiten von etwa 20 km/s ausdehnt, somit rasch verdünnt und sich schließlich im interstellaren Raum verflüchtigt. Man rechnet mit etwa 5000 Objekten dieser Art in unserem Sternsystem, von denen uns rund ein Fünftel bekannt ist.

Was geschieht nun, wenn Nebel einen weniger heißen Stern umgeben, so dass die physikalischen Bedingungen für eine Anregung zum Leuchten nicht mehr gegeben sind? Dann reflektiert der Nebel das Licht, wobei es sowohl eine Verfärbung als auch eine Polarisation erfährt. Die reflektierenden Teilchen sind winzige Staubpartikel mit einer Größe von etwa einem zehntausendstel Millimeter.

Dunkelwolken

Natürlich befinden sich auch ausgedehnte klumpig strukturierte Ansammlungen von Materie in Regionen des Raumes, in denen keine Sterne vorhanden sind. Zu einem Leuchten der Nebel kann es unter diesen Umständen nicht kommen. Dennoch machen sich auch solche nicht leuchtenden Materieansammlungen bemerkbar: durch die Absorption des Lichtes dahinter stehender Sterne. Der Einsatz der Fotografie führte den deutschen Astronomen Max Wolf und den Amerikaner Edward Emerson Barnard zu der Vermutung, dass solche dunklen Wolken im Raum zwischen den Sternen

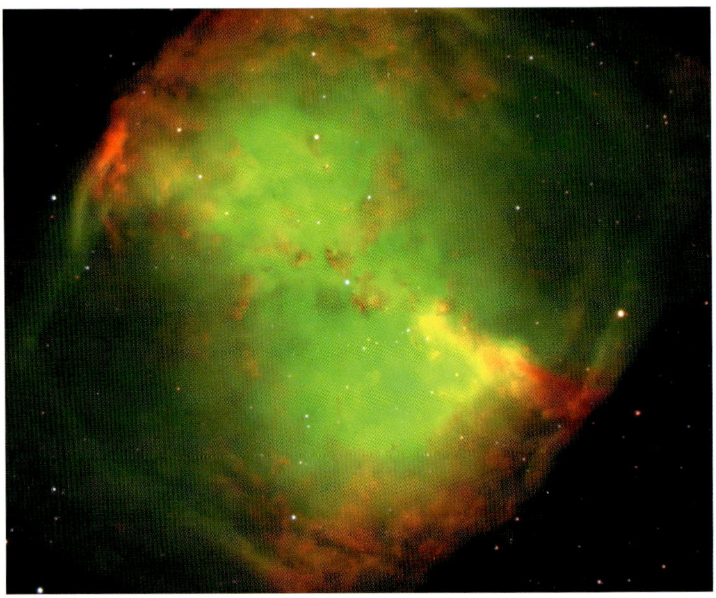

DER HANTEL-NEBEL IM STERNBILD FÜCHSCHEN ZÄHLT ZU DEN PLANETARISCHEN NEBELN.

existieren könnten. Besonders die stark zerklüfteten Strukturen im Bereich bestimmter Gebiete der Milchstraße, z. B. die auffällige Gabelung im Sternbild Schwan, erregten Verdacht. Zunächst glaubte man an eine extrem ungleichförmige Sternverteilung mit dichten Sternansammlungen neben Gebieten fast völliger Sternleere. Doch dann kam Wolf auf eine originelle Idee: Wenn die Sterne weitgehend gleichmäßig verteilt sind, dann muss die Zahl der Sterne mit abnehmender scheinbarer Helligkeit in einem bestimmten, kalkulierbaren Maß zunehmen. Die Sterne geringerer scheinbarer Helligkeit stehen nämlich im Durchschnitt weiter entfernt als die scheinbar helleren und drängen sich daher je Flächeneinheit am Firmament immer mehr zusammen.

Befindet sich nun jedoch irgendwo im Raum eine Wolke aus nicht leuchtender Materie, so wird das Licht der dahinter stehenden Sterne geschwächt. Die Schwächung beginnt dort, wo auch die Wolke beginnt und endet in jener Tiefe des Raumes, in der die Wolke aufhört. Zählt man also die Sterne eines bestimmten Helligkeitsintervalls, so stellt man für den Wolkenbereich ein geringeres Anwachsen der Sternzahlen fest als ohne das Vorhandensein der Wolke zu erwarten wäre. Erst hinter der Wolke wächst die Sternzahl wieder normal weiter und die entsprechende Kurve verläuft parallel zu der ursprünglichen ungestörten Kurve (s. u.). So gelang es Wolf und anderen, aus Sternzählungen die Entfernungen, Dimensionen und die absorbierende Wirkung von Dunkelwolken abzuleiten.

Eine besondere Erscheinungsform von Dunkelwolken stellen die so genannten Globulen dar, kleine kreisrunde (kugelförmige) Wolken vor dem Hintergrund von Emissionsnebeln (s. Abb. S. 99). Die Massen der Globulen reichen bis in den Bereich von einigen tausend Sonnenmassen und man geht davon aus, dass es sich dabei um Protosterne handelt.

Bezüglich der Zusammensetzung der Wolken gab es in der jüngeren Vergangenheit große Überraschungen. Während man anfangs nur zweiatomige Moleküle in den Dunkelwolken kannte (z. B. Kohlenwasserstoff CH, Kohlenmonoxid CO oder Hydroxyl OH), wurden Anfang der 60er-Jahre des 20. Jahrhunderts mit Hilfe der Radioastronomie zunehmend auch viel komplexere Moleküle entdeckt. Fast alle dieser Verbindungen enthalten Kohlenstoff und stellen somit organische Moleküle dar. So fand man z. B. Formamid (NH_2COH) und Methylamin (CH_3NH_2), Moleküle mit einer Aminobindung (NH_2). Diese Entdeckung verblüffte die Astrophysiker außerordentlich, denn man war bis dahin fest davon überzeugt gewesen, dass solche komplexen Moleküle durch die UV-Strahlung der Sterne schon in ihrer Aufbauphase wieder zerstört werden müssten. Doch offensichtlich bildet der Staubanteil der Dunkelwolken eine sehr wirksame Abschirmung gegen die UV-Strahlung nahe gelegener Sterne und außerdem ist die Dichte im Innern dieser Wolken weitaus größer als im interstellaren Raum, so dass dort

BEKANNTE DUNKELWOLKEN

Heute kennen wir etwa 2000 Dunkelwolken unterschiedlichster Ausdehnung – von 3 Parsec bis 300 Parsec. Die Massen dieser Wolken liegen im Bereich von einigen wenigen bis zu einigen 10 000 Sonnenmassen.

ABSORPTION VON STERNLICHT DURCH EINE DUNKELWOLKE (SCHEMATISCH). DIE ENTFERNUNGEN DER STERNE, DIE AUS IHRER ANZAHL JE FLÄCHENEINHEIT ABGESCHÄTZT WERDEN, WEICHEN WEGEN DER ABSORPTION DES LICHTES SYSTEMATISCH VON DENEN IM UNGESTÖRTEN FELD (GESTRICHELTE LINIE) AB.

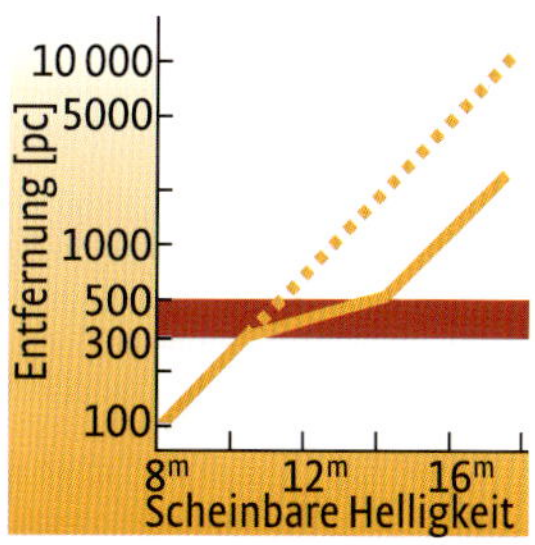

RECHTE SEITE: ENTSTEHUNGSMECHANISMUS DER 21-CM-STRAHLUNG. IM GRUNDZUSTAND HABEN ELEKTRON UND PROTON ANTIPARALLELEN SPIN. DURCH STOSS GELANGT DAS WASSERSTOFFATOM IN DEN ANGEREGTEN ZUSTAND. BEIM UMKLAPPEN IN DEN GRUNDZUSTAND WIRD DIE 21-CM-LINIE AUSGESENDET.

außerordentliche förderliche Bedingungen für die Molekülbildung herrschen.

Gegenwärtig kennen wir fast 100 verschiedene Molekülsorten, von denen die überwiegende Mehrheit den organischen Molekülen zuzuordnen ist. Es scheint also in den extrem kühlen Dunkelwolken (die Temperaturen liegen bei etwa –265 °C) eine Präferenz zu geben, die zur Herausbildung von Grundbausteinen des Lebens führt.

DIE ALLGEMEIN VERBREITETE MATERIE

Während bisher nur von den in klumpigen Strukturen zusammengeballten Gas- und Staubwolken gesprochen wurde, wollen wir uns nun mit der großräumigen allgemeinen Verteilung der Materie zwischen den Sternen befassen.

Das Gas

Außerhalb der wolkigen Gas- und Staubansammlungen finden wir eine fast gleichmäßig dichte Verteilung von Wasserstoff und Helium, allerdings in bedeutend geringerer Konzentration als in den Gaswolken. Die typische Dichte des interstellaren Gases liegt zwischen einem Atom je 10 cm^3 und einem Atom je 100 cm^3. Es kommen aber auch örtliche Abweichungen von dieser Dichte vor. Um sich diese extrem geringen Werte vorzustellen, betrachten wir ein Volumen von der Größe unserer Erde: Hier wären nur rund 10 kg an interstellarem Gas anzutreffen! Der Heliumanteil des Gasgemisches beträgt 10 % bis 20 %. Der Hauptanteil besteht aus Wasserstoff. Schwerere Elemente sind in sehr viel geringerer Häufigkeit beigemischt. Dass sie vorhanden sind, beweisen die Absorptionslinien dieser Elemente. Insgesamt entspricht die Häufigkeitsverteilung der Elemente der mittleren Elementhäufigkeit, die wir allgemein im Universum vorfinden. Wasserstoff kommt sowohl in neutralem als auch in ionisiertem Zustand vor, also in Form der schon erwähnten HI- und HII-Gebiete.

Die HI-Gebiete können im optischen Bereich nicht beobachtet werden. Jedoch absorbieren die neutralen Wasserstoffatome Strahlung aus dem Licht räumlich dahinter liegender Sterne, so dass die Beobachtung entsprechender Absorptionslinien Aufschluss über den Wasserstoff geben. Auf diese Weise hatte ja schon Johannes Hartmann durch die Entdeckung der ruhenden Kalziumlinie auf das Vorkommen von Kalzium im Raum zwischen den Sternen

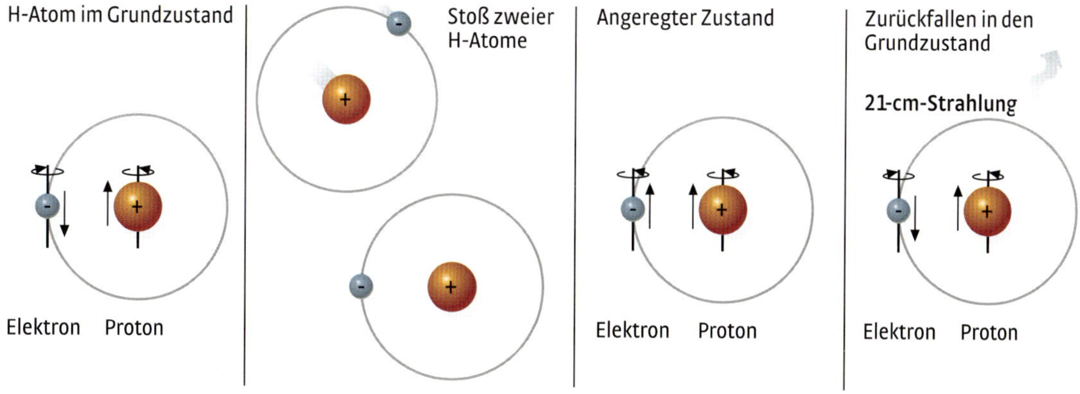

geschlossen. Die intensivste Absorptionslinie des neutralen Wasserstoffs liegt im ultravioletten Bereich der Strahlung – es ist die so genannte Lyman-α-Linie. Zum ersten Mal konnte diese Linie 1967 unter Einsatz von Raketen beobachtet werden, mit denen die Messinstrumente in große Höhen der Atmosphäre getragen wurden. Dann brachte der OAO 2-Satellit (OAO – Orbiting Astronomical Observatory) eine größere Menge von Daten.

Von wesentlich größerer Bedeutung für die Erfassung des neutralen Wasserstoffs ist jedoch die nur radioastronomisch zu beobachtende so genannte 21-cm-Linie (s. Kasten rechts und Abb.).

Da die Atome im Universum gelegentlich zusammenstoßen, befinden sich die meisten im oben abgebildeten „gering" angeregten Zustand. Das „Umklappen" der Rotationsachse geschieht sehr selten. Nur durchschnittlich alle 11 Millionen Jahre vollführt ein Wasserstoffatom diesen Übergang. Nun sind aber in den HI-Gebieten außerordentlich viele Wasserstoffatome vorhanden. Daher strahlen die Atome wegen ihrer großen Anzahl trotz der Seltenheit des Überganges im Einzelfall im „Licht" der 21-cm-Linie. Die Existenz dieser Linie hatte übrigens ein niederländischer Student, Hendrik van de Hulst, schon Jahre vor ihrem Nachweis vorhergesagt. Der sowjetische Astrophysiker Iosif Samuilowitsch Schklowski konnte dann theoretisch die Beobachtbarkeit der Linie nachweisen. 1951 endlich wurde sie in den Niederlanden, den USA und Australien tatsächlich entdeckt.

Die besondere Bedeutung der 21-cm-Strahlung des neutralen Wasserstoffs besteht in ihrer weitgehend ungehinderten Ausbreitung über große Räume. Während der interstellare Staub die Wellenlängen des sichtbaren Lichts verschluckt und das Universum dafür folglich undurchsichtig macht, stellt er für die Radiolinie des Wasserstoffs kein Hindernis dar. Wir werden später noch sehen, dass diese wichtige Eigenschaft der Strahlung des neutralen Wasserstoffs einen entscheidenden Schlüssel zur Erkenntnis der Struk-

DIE 21-CM-LINIE

Die 21-cm-Linie ist folgendermaßen zu erklären: Befindet sich ein Wasserstoffatom in dem tiefstmöglichen energetischen Zustand, dem Grundzustand, dann sind die Rotationsachsen des Atomkerns und des ihn umkreisenden Elektrons antiparallel zueinander ausgerichtet. Stehen sie parallel zueinander, hat das Atom bereits den Grundzustand verlassen und befindet sich in einem energetisch höheren Zustand. Wenn nun die Rotationsachse wieder umklappt und der Grundzustand somit wieder hergestellt wird, muss die Energiedifferenz in Form von elektromagnetischer Strahlung abgestrahlt werden. Diese Strahlung entspricht einer Frequenz von 1420,4 MHz und weist eine Wellenlänge von 21,049 cm auf, sie liegt also im Radiobereich.

DAS 100-METER-RADIOTELESKOP IN EFFELSBERG

tur unseres Milchstraßensystems darstellt (vgl. Kapitel „Die großräumige Struktur", S. 132).

Die HII-Gebiete bestehen aus vollständig ionisiertem Wasserstoff. Die Atome sind also ihres Elektrons durch die intensive UV-Strahlung benachbarter Sterne beraubt worden. Über welche Distanzen ein Stern die ihn umgebende gasförmige Materie zu ionisieren vermag, hängt zum einen von seiner Temperatur und damit der Intensität seiner UV-Strahlung ab. Zum anderen spielt natürlich auch die Dichte des Wasserstoffgases eine Rolle: Je größer die Zahl der je Volumeneinheit vorkommenden Wasserstoffatome, umso rascher ist die Energie der ionisierenden Strahlung erschöpft. Der kugelförmige Raum, innerhalb dessen der Wasserstoff ionisiert werden kann, wird als Strömgren-Sphäre bezeichnet – so benannt nach dem schwedischen Astrophysiker Bengt Strömgren, der diese Fragestellung untersucht hat. Bei der Sonne endet die Strömgren-Sphäre bereits in der Distanz der Plutobahn, also einige Lichtstunden vom Urheber der ionisierenden Strahlung entfernt. Sehr heiße Sterne hingegen besitzen Strömgren-Sphären mit einem Radius bis zu 100 pc.

Es gibt allerdings auch HII-Gebiete extrem geringer Dichte, in denen die Atome zwar einmal ionisiert wurden, aber wegen ihrer großen gegenseitigen Abstände keine Chance haben, sich wieder ein Elektron einzufangen, also zu rekombinieren.

Der Staub

Staub – das sind kleine feste Teilchen. Ihr Vorkommen im Weltall ist seit langem bekannt und dennoch blieb der kosmische Staub geheimnisumwittert. Woher kommt er, woraus besteht er und welche Rolle spielt er im kosmischen Geschehen?

Wir haben bereits aus dem Studium der klumpigen Staubansammlungen, der so genannten Dunkelwolken erfahren, dass sich der Staub vor allem durch die Schwächung und Verfärbung des Sternlichts, aber auch durch dessen Polarisation bemerkbar macht. Diese Beobachtungsbefunde stellen praktisch die einzige Quelle dar, die uns den Weg zu Aussagen über die Beschaffenheit der Staubteilchen ebnen kann. Allerdings ist auch dieser Weg mit Schwierigkeiten behaftet, denn nicht nur die chemi-

DEUTLICH ERKENNBAR SIND DIE DUNKLEN STAUBREGIONEN IN DER EBENE UNSERER MILCHSTRASSE.

sche Zusammensetzung der Staubteilchen ist zunächst unbekannt, auch über die Größenverteilung fehlen alle Informationen. Das optische Verhalten von kleinen Partikeln ist zudem ein recht diffiziles theoretisches Problem. So ist unser Wissen über den kosmischen Staub noch vergleichsweise lückenhaft. Oft lassen sich die Beobachtungsergebnisse durch verschiedene Modelle gleich gut erklären, so dass man keine eindeutigen Resultate gewinnt.

Die Größe der Teilchen des kosmischen Staubes liegt im Bereich von 0,1 bis 1 µm, wie aus der Streuung des Sternlichts zu entnehmen ist. Die stärkste Streuung stammt wahrscheinlich von Teilchen mit 0,3 µm Durchmesser. Die mittlere Dichte der Staubteilchen im Raum liegt bei 10^{-26}g/cm^3 – ein unvorstellbar niedriger Wert. In einem Würfel von 100 m Kantenlänge befindet sich durchschnittlich nur ein einziges Teilchen! Dass wir die Wirkung des Staubes dennoch feststellen können, liegt an den enormen Raumgebieten, die das Licht der Sterne durchläuft, ehe es in unsere Teleskope gelangt.

Der Staub streut jedoch die Strahlung der Sterne nicht nur, sondern er absorbiert sie auch. Die verschluckte Energie wird als Wärmestrahlung wieder abgestrahlt. Die Temperatur der Staubteilchen liegt zwischen 10 und 20 Kelvin. Im Gebiet heißer Sterne kann die Temperatur auch 100 bis 600 Kelvin erreichen. Die Strahlung liegt folglich im infraroten Bereich des elektromagnetischen Spektrums.

Eine wichtige Rolle bei der Aufklärung der Natur der Staubteilchen spielt das Verfärbungsgesetz. Die Schwächung des Lichtes durch den Staub ist nämlich nicht für alle Wellenlängen gleich. So wird z. B. langwelliges Licht, also rote Strahlung, weniger stark geschwächt als die kurzwellige blaue Strahlung. Wegen dieser selektiven Extinktion beobachten wir eine Verfärbung des Sternlichts. Diese Verfärbung bedeutet eine Vergrößerung des Farbindex gegenüber dem extinktionsfreien Wert und wird als Farbexzess bezeichnet.

Stellt man die Werte der Extinktion bezogen auf den Farbexzess über dem reziproken Wert der Wellenlänge dar (Extinktionskurve), so zeigt sich ein auffälliger „Buckel" im ultravioletten Bereich bei einer Wellenlänge um 220 nm. Sowohl theoretische Überlegungen als auch experimentelle Untersuchungen über das Absorptions- und Streuverhalten kleinster Partikel führen zu dem Ergebnis, dass winzige Graphitteilchen für diesen „Buckel" verantwortlich sind. Neuerdings sind große Mengen von Diamantstaub und Saphirstaub – winzigste Teilchen kosmischer Edelsteine – in Dunkelnebeln nachgewiesen worden. So fand man z. B. in der Region um den Stern HD 97048 im Sternbild Chamäleon rund 10^{18} Tonnen Diamantstaub!

Im Bereich des sichtbaren Lichts und des Infraroten sind derzeit viele Absorptionsbänder bekannt, aus denen man auf die che-

DIE EXTINKTION IM OPTISCHEN

Im optischen Bereich des Spektrums gilt in guter Näherung:
Die Extinktion A_λ verhält sich proportional zu $1/\lambda$ (λ – Wellenlänge).

RECHTE SEITE:
BARNARD 68, EINE DUNKLE GLOBULE VOR DEM HINTERGRUND EINES REICHEN, HELLEN STERNFELDES IM STERNBILD SCHLANGENTRÄGER. DIE KLEINE MOLEKÜLWOLKE HAT EINEN DURCHMESSER VON 7 LICHTMONATEN UND IST RUND 500 LICHTJAHRE ENTFERNT.

mische Beschaffenheit der Teilchen zu schließen versucht. So gelten Silikate, Aluminiumoxid und Wassereis als gesichert, andere, wie Magnesium-Aluminiumoxid und Titanoxid als wahrscheinlich. Die Messungen verdanken wir besonders den Infrarotsatelliten IRAS (Infrared Astronomical Satellite) und ISO (Infrared Space Observatory).

Woher stammen nun eigentlich diese Staubteilchen? Auch auf diese Frage gibt es noch keine endgültige umfassende Antwort. Doch es darf als sicher gelten, dass alte kühle Sterne der Spektralklassen K und M als Staub-Produzenten in Frage kommen. In den vergleichsweise „kalten" Atmosphären dieser Riesen und Überriesen kann das Gas zu Teilchen kondensieren wie Wasserdampf zu Schnee in der Atmosphäre unserer Erde. In den alten Riesensternen finden sich Kohlenstoff und Sauerstoff als Ergebnis der Nukleosynthese. Überwiegt der Kohlenstoff, so kondensieren hauptsächlich Graphitteilchen aus, ist jedoch der Anteil an Sauerstoff größer, so bilden sich Silikate. Der Druck der Sternstrahlung sorgt dann dafür, dass die gebildeten Staubteilchen in den interstellaren Raum geblasen werden. Dort können sie je nach den vorherrschenden Bedingungen weitere Veränderungen erfahren. So können sich beispielsweise Atome des interstellaren Gases anlagern und auf diese Art Staubpartikel komplexerer Zusammensetzung bilden.

Insgesamt ist der Anteil staubförmiger Materie in unserem Milchstraßensystem sehr gering. Er liegt nur bei etwa 1 % der Gesamtmasse des Systems. Dennoch spielt er für das Entwicklungsgeschehen unseres Sternsystems eine außerordentlich große Rolle (vgl. Kapitel „Geburt aus Gas und Staub", S. 48). Außerdem ist die Kenntnis der Eigenschaften und der Verteilung des interstellaren Staubes von entscheidender Bedeutung für die Aufklärung der räumlichen Struktur des Gesamtsystems, weil alle Distanzmessungen kosmischer Objekte davon mehr oder weniger stark beeinflusst werden.

MAGNETFELDER IM RAUM

Im Raum zwischen den Sternen finden wir noch eine andere Erscheinungsform der physikalischen Realität, die für zahlreiche Vorgänge in unserem Sternsystem von erheblicher Bedeutung ist: Magnetfelder. Da man sie weder optisch noch in anderen Wellenlängenbereichen des Spektrums direkt wahrnehmen kann, blieben sie der Forschung lange verborgen. Ihre Entdeckung geht bis zum Beginn der Radioastronomie zurück. Schon Karl Guthe Jansky, der Pionier der Radioastronomie, stellte zu Beginn der 30er-Jahre des 20. Jahrhunderts fest, dass wir aus dem zentralen Bereich unseres

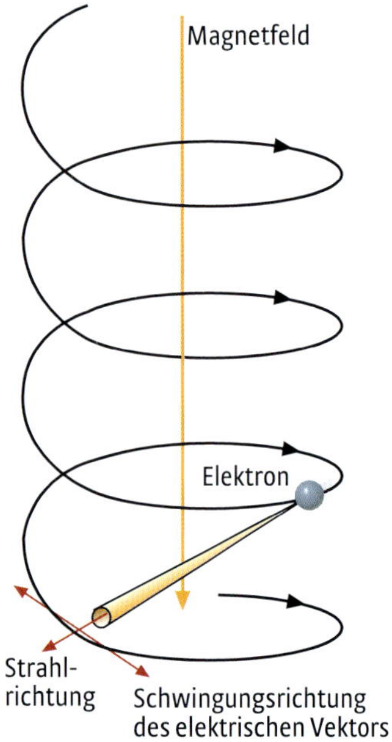

ENTSTEHUNGSMECHANISMUS DER SYNCHROTONSTRAHLUNG. WIRD EIN ELEKTRON IN EINEM MAGNETFELD STARK BESCHLEUNIGT, SO GIBT ES EINE ELEKTROMAGNETISCHE STRAHLUNG AB, DEREN FREQUENZ VOR ALLEM IM RADIOBEREICH LIEGT.

Sternsystems eine radiofrequente Strahlung empfangen, deren Ursache jedoch zunächst nicht aufgeklärt werden konnte. Die Astronomen beachteten diese Ergebnisse kaum, denn eine Radioastronomie gab es noch nicht. Doch dann beschäftigte man sich mit dem Spektrum der kosmischen Radiostrahlung, d. h. mit der Frage, wie deren Intensität über die einzelnen Wellenlängen verteilt ist. Aus dem Planckschen Strahlungsgesetz wissen wir, dass ein Schwarzer Strahler auch Radiostrahlung aussendet. Die Energieverteilung hängt dabei vor allem von der Temperatur des Strahlers ab und wird deshalb auch als thermische Strahlung bezeichnet. Das Spektrum der von Jansky entdeckten und dann von anderen näher untersuchten kosmischen Radiostrahlung zeigte jedoch ein ganz anderes Spektrum, als man es bei thermischer Radiostrahlung erwarten würde.

Die Bedeutung der Magnetfelder

Es dauerte noch bis zum Jahr 1950, ehe man den Mechanismus dieser Radiostrahlung aus den Tiefen des Raumes aufklären konnte: Elektronen der hochenergetischen kosmischen Strahlung senden diese Radiowellen aus, weil sie sich in Magnetfeldern bewegen, die dort draußen offensichtlich vorhanden sind. So führte die Spur von der nichtthermischen Radiostrahlung zur Entdeckung der kosmischen Magnetfelder.

Aus der Experimentalphysik wusste man seit langem, dass Elektronen im Magnetfeld Radiowellen emittieren, die man als Synchrotonstrahlung bezeichnet. Wenn auch der überwiegende Teil der Energie dieser Strahlung im radiofrequenten Bereich des Spektrums liegt, so enthält sie doch auch Anteile aus anderen Bereichen des Spektrums. Wir können die Synchrotronstrahlung deshalb auch im infraroten Bereich, ja sogar im Bereich des sichtbaren Lichts nachweisen. Es handelt sich also um eine kontinuierliche Strahlung und nicht – wie z. B. die 21-cm-Linie des neutralen Wasserstoffs – um eine Linienemission, die auf eine einzige Wellenlänge beschränkt ist und ganz andere Entstehungsursachen hat (vgl. Kapitel „Das Gas“, S. 94).

Analysiert man die Intensität der galaktischen Kontinuumsstrahlung im Radiowellenbereich, so kommt man zu einem erstaunlichen Resultat: Die Gesamtenergie der auslösenden Elektronen und der Magnetfelder liegt in derselben Größenordnung wie die thermische Energie des interstellaren Gases! Man wird also die hochenergetischen Elektronen und die Magnetfelder im Raum zwischen den Sternen nicht vernachlässigen dürfen, wenn man die dort ablaufenden Vorgänge verstehen will. Insbesondere die Sternentstehung wird davon beeinflusst – sowohl ihre Geschwindigkeit als auch die Verteilung der Massen der sich bildenden Sterne. Immerhin beobachten wir in der interstellaren Materie Magnetfelder, die etwa 10 % der Stärke des irdischen Feldes aufweisen. Die Felder der Sterne selbst sind weitaus weniger stark. Ihre Feldstärke liegt nur im Promille-Bereich der Erdmagnetfeldstärke!

Über die viel stärkeren Magnetfelder der interstellaren Materie können Drehimpulse rotierender Massen abgeführt werden. Bei der Entstehung von Sternen kann auf diese Weise ein kollabierender Protostern, dessen Rotationsgeschwindigkeit auf Grund des Drehimpulserhaltungssatzes immer mehr zunimmt, eine „Magnetbremsung" erfahren. Diese wirkt zwar direkt nur auf elektrisch geladene Teilchen, die aber ihrerseits wieder mit neutralen Partikeln zusammenstoßen und so die Bremsung weiterleiten. Betrachten wir die Magnetfelder einmal als Gummifäden, so wickeln sich diese mit dem Kollaps einer Gaswolke und ihrer immer schnelleren Rotation förmlich auf und bremsen mit ihrer „Zugspannung" die Rotation so weit ab, dass die sich bildenden Sterne unter der Wirkung der raschen Rotation nicht wieder zerrissen werden.

Auch für das Verständnis der Spiralstruktur unseres Sternsystems (vgl. Kapitel „Die großräumige Struktur", S. 132) sind die Magnetfelder von großem Interesse. In großen Maßstäben verlaufen sie parallel zu den Spiralarmen. Lokale Abweichungen dürften vor allem durch Supernova-Explosionen verursacht werden. Sie schieben die Magnetfelder und mit ihnen die interstellare Materie aus der galaktischen Ebene hinaus, so dass es zur Entstehung so genannter Sporne kommt. So beeinflussen Magnetfelder direkt die Verteilung der interstellaren Materie und ihre Bewegung. Allerdings ist die Rolle der interstellaren Magnetfelder bis heute noch keineswegs vollständig verstanden.

VON DER MILCHSTRASSE ZUM FEUERRAD

DAS LICHTBAND DER MILCHSTRASSE

Wie eine matt schimmernde weißliche Dunstfahne schwebt die Milchstraße in dunklen Nächten hoch über unseren Köpfen und schlängelt sich unregelmäßig geformt um das ganze Firmament. Wer ihren beeindruckenden Anblick genießen will, muss allerdings die Stätten der Zivilisation verlassen, denn allzu schwach leuchtet das Himmelsband an der Sphäre und mühelos bringt das Streulicht künstlicher Beleuchtungsquellen das zarte Gebilde zum Verblassen. Betrachten wir die Milchstraße jedoch in der Abgeschiedenheit eines Hochgebirges, beginnen wir zu ahnen, welch eine Faszination diese Erscheinung auf unsere Vorfahren vor Jahrtausenden ausgeübt haben mag.

Frühe Spekulationen

Doch was verbirgt sich hinter dieser Lichterscheinung des Himmels? Das vermochte lange Zeit niemand zu sagen. Deshalb verlieren sich die ersten Erklärungsversuche auch im Dunstkreis mythologischer Vorstellungen. Nicht die naturwissenschaftliche Erklärung im heutigen Sinn, sondern die Einbildung und Fantasie des Menschen lieferten den vermeintlichen Schlüssel zum Wesen dieses Phänomens.

So wie sich alle alten Kulturvölker ihren eigenen Sternbilder-Himmel erschufen, hatten sie auch ihre eigenen Vorstellungen von der Milchstraße. Bei den Aborigines, den Ureinwohnern des australischen Kontinents, wird die Milchstraße als ein Fluss angesehen, in dem viele Fische schwimmen und prachtvolle Wasserlilien gedeihen, die als Sterne funkeln. In einer Geschichte aus Queensland wird berichtet, dass die Sterne dereinst wie Funken eines Feuers ohne Ordnung als ein wüstes Durcheinander von Licht und Chaos am Himmel umhergeflogen seien. Doch eines Tages wird der Anführer einer Gruppe von Jägern durch Fledermäuse zum Himmel emporgetragen und seitdem hätten die Sterne ihre feste Ordnung im Band der Milchstraße. Die Quechua-Indios aus Peru betrachteten die Milchstraße ebenfalls als einen „himmlischen Fluss", an dessen Ufern zahlreiche Tiere weiden – die Sternbilder der indianischen Andenstämme.

Bei den Griechen galt der geheimnisvolle Lichtschleier als ein Strom von Milch. Der Göttervater Zeus wünschte nämlich, dass Herakles, einer seiner unehelichen Söhne, Göttermilch trinken solle. Deshalb befahl er dem Götterboten Hermes, ihn heimlich des Nachts an die Brust der Hera zu legen, der Gemahlin des Zeus und Beherrscherin des Himmels. Doch Hera erwachte und stieß den

DIE ENTSTEHUNG DER MILCHSTRASSE NACH TINTORETTO (NATIONAL GALLERY LONDON)

Säugling voll Zorn und Abscheu von sich und ein Strahl göttlicher Muttermilch ergoss sich über den ganzen Himmel: So entstand die Milchstraße.

Die erste detaillierte Beschreibung des unregelmäßigen Verlaufs der Milchstraße veröffentlichte Klaudios Ptolemaios, der Altmeister der griechischen Astronomie, im zweiten Jahrhundert n. Chr. In seinem astronomischen Hauptwerk, dem „Almagest" (Handbuch der Astronomie), schildert er ausführlichst den geschlängelten Weg der Milchstraße rund um das Firmament. Dabei fällt auf, dass sich der Astronom sorgfältig jeder Aussage über das Wesen des Phänomens enthält, anders als viele seiner Vorläufer und Zeitgenossen. Demokrit, der große Universalgelehrte der griechischen Antike, soll später zum ersten Mal die Auffassung vertreten haben, der Anblick der Milchstraße komme durch das Eigenlicht unzähliger Sterne zustande. Damit wurde auch die Milchstraße zur Wohnstätte abgeschiedener Seelen, denn nach griechischer Lehrmeinung galten die Sterne als der Seelenort der Toten.

Erste Erkenntnisse

Es dauerte mehr als 2000 Jahre, ehe das Spekulieren über die Milchstraße durch erste Erkenntnisse abgelöst wurde. Den Wendepunkt brachte die Erfindung des Linsenfernrohrs zu Beginn des

GALILEO GALILEI

17. Jahrhunderts. Als der bedeutende italienische Naturforscher Galileo Galilei das neue Sehwerkzeug zu Beginn des Jahres 1610 als einer der Ersten zum Himmel richtete, machte er innerhalb weniger Wochen eine Reihe bahnbrechender Entdeckungen, die der Himmelskunde außerordentliche Denkanstöße vermittelten. Die Durchmusterung des diffusen Nebelbandes der Milchstraße mit dem Teleskop gab den Spekulationen des Demokrit Recht. In seinem „Siderius Nuncius" (Sternenbote) von 1610 notierte Galilei: „Auf welchen ihrer Abschnitte man das Fernrohr auch richten mag, sogleich zeigt sich dem Blick eine ungeheure Menge von Sternen, von denen mehrere ziemlich groß und sehr auffallend sind; die Anzahl der kleinen jedoch ist schlechthin unerforschlich."

Doch was bedeutete dies? Warum konzentrierten sich so viele „kleine", d. h. lichtschwache Sterne im Band der Milchstraße? Dieser Frage wendeten sich weitblickende Forscher erst über einhundert Jahre später zu, allen voran der Engländer Thomas Wright. Er führte den Eindruck einer höchst ungleichförmigen Verteilung der Sterne des Himmels auf zwei Ursachen zurück: die tatsächliche Verteilung der Sterne im Raum einerseits und die Stellung von Erde und Sonne und somit des Menschen als Beobachter der kosmischen Szenerie andererseits. Gemäß seiner 1750 veröffentlichten „Schleifstein-Theorie" ist die Milchstraße nichts anderes, als die an das Himmelsgewölbe projizierte scheibenförmige Anordnung der Sterne (s. Abb. rechts).

Diese Arbeit von Wright bildete die entscheidende Anregung für die Ausarbeitung der genialen Jugendschrift Immanuel Kants „Allgemeine Naturgeschichte und Theorie des Himmels" (1755, s. auch S. 46f). Hier erklärt Kant das Phänomen der Milchstraße in Anlehnung an Wright völlig zutreffend mit den Worten: „Die Gestalt des Himmels der Fixsterne hat also keine andere Ursache, als eben eine dergleichen systematische Verfassung im Großen, als der planetische Weltbau im Kleinen hat, indem alle Sonnen ein System ausmachen, dessen allgemeine Beziehungsfläche die Milchstraße ist." Mit anderen Worten: Die Sterne des Himmels sind in einer ausgedehnten Schicht angeordnet, die jedoch nur eine geringe Dicke aufweist. Erde und Sonne befinden sich innerhalb dieser Schicht, so dass die Sterne für den irdischen Beobachter entlang eines Großkreises in einer riesigen Anzahl wahrzunehmen sind, während in anderen Richtungen des Himmels wegen der geringen Dicke der Schicht nur vergleichsweise wenige Sterne gesehen werden. Die Sonne befindet sich zwar außerhalb des Mittelpunktes, aber doch in der Ebene der Scheibe. Indem Kant den oben zitierten Vergleich mit dem Planetensystem fortsetzt, denkt er sich auch in diesem riesigen Milchstraßensystem einen Zentralkörper, um den sich alle Sterne bewegen. Es sei aber zukünftiger Forschung vorbehalten, darüber Genaueres in Erfahrung zu bringen: „Vielleicht aber ist es den künftigen Zeiten aufgehoben, wenigstens noch dereinst

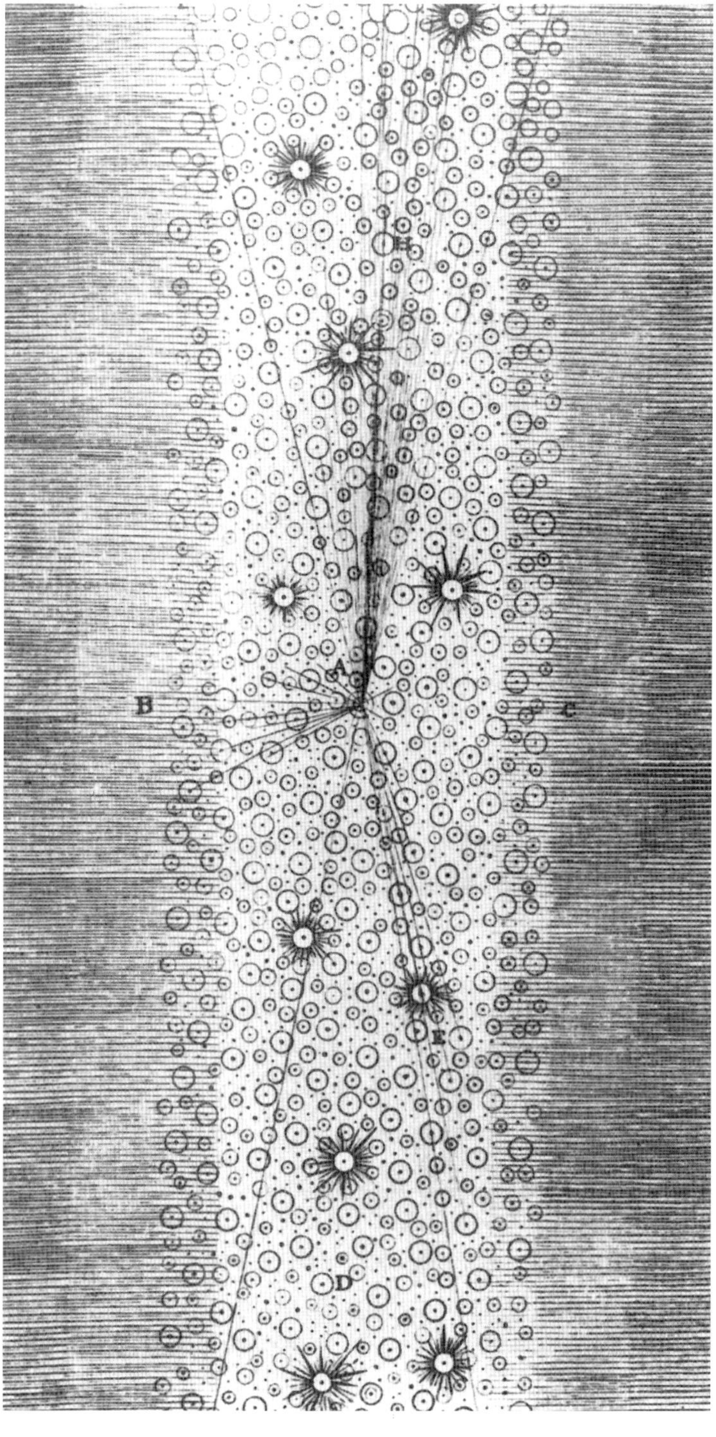

die Gegend zu entdecken, wo der Mittelpunkt des Fixsternsystems, darein unsere Sonne gehört, befindlich ist oder vielleicht wohl gar zu bestimmen, wohin man den Zentralkörper des Universi [...] setzen müsse." Dass der hellste Stern des Himmels, Sirius, diese Zentralsonne sei, hält er allerdings für möglich. Den Umlauf unserer Sonne um das Zentrum des Systems schätzt Kant zu 1,5 Millionen Jahren.

SO ERKLÄRTE THOMAS WRIGHT 1750 DAS PHÄNOMEN DER MILCHSTRASSE: DIE STERNE SIND IN EINER FLACHEN SCHEIBE, GLEICHSAM WIE IN EINEM SCHLEIFSTEIN ANGEORDNET. DADURCH ERBLICKEN WIR LÄNGS EINES UM DEN GANZEN HIMMEL REICHENDEN BANDES BESONDERS VIELE STERNE – SIE LIEGEN IN DER EBENE DES „SCHLEIFSTEINES". BEI DAZU SCHRÄGER ODER GAR SENKRECHTER BLICKRICHTUNG SIND VIEL WENIGER OBJEKTE ZU SEHEN – DIE ÜBRIGEN STERNE DES HIMMELS.

UNTERSUCHUNGEN DER STERNVERTEILUNG

DIE GALAKTISCHEN KOORDINATEN

Die Ebene der Milchstraße charakterisiert den galaktischen Äquator (Breite Null), die Breite +90° den galaktischen Nordpol, die Breite −90° den galaktischen Südpol. Der galaktische Nordpol hat die in der Astronomie sonst üblicherweise verwendeten äquatorialen Koordinaten (2000.0)

$$\alpha = 12^h\,51^m,\ \delta = +27°08'$$

und befindet sich im Sternbild „Haar der Berenike". Die galaktische Länge zählt man vom Nullpunkt des Koordinatensystems aus, der durch die Richtung zum galaktischen Zentrum im Sternbild Schütze ($l = 0$, $b = 0$) festgelegt ist, entgegen dem Uhrzeigersinn. Die äquatorialen Koordinaten (2000.0) des Nullpunkts der galaktischen Koordinaten sind

$$\alpha = 17^h\,45{,}7^m,\ \delta = -29°00'$$

Die Neigung des galaktischen Äquators gegen den Himmelsäquator beträgt 62°52′.

Seit Galilei die Milchstraße als einen Sternengürtel identifizierte, stand unverrückbar fest: Die scheinbare Verteilung der Sterne am Firmament ist höchst ungleich. Einerseits beobachten wir an beiden Himmelshalbkugeln eine durchschnittlich recht gleichmäßige Verteilung von rund 6000 mit dem bloßen Auge sichtbaren Sternen. Zum anderen sind weitaus mehr Sterne längs des Bandes der Milchstraße anzutreffen, das sich nahezu entlang eines Großkreises erstreckt, in dessen Mittelpunkt wir folglich zu stehen scheinen. Diese unübersehbare Konzentration der Sterne auf eine Hauptebene tritt bereits hervor, wenn wir allein die helleren Sterne berücksichtigen. Und sie wird noch umso klarer, je lichtschwächer die betrachteten Sterne sind. In diesem scheinbaren Bild spiegelt sich auch weitgehend die tatsächliche Verteilung der Sterne im Raum wider. Deshalb bot es sich geradezu an, ein auf die Milchstraße ausgerichtetes sphärisches Koordinatensystem einzuführen, das so genannte galaktische System. Wie bei den anderen astronomischen Koordinatensystemen üblich, werden auch hier Längen (l) in der Ebene der Milchstraße und Breiten (b) senkrecht dazu definiert. Seit 1958 gilt das heute benutzte System galaktischer Koordinaten.

Die große Anhäufung von Sternen im Bereich des Milchstraßenbandes kann nun mit Hilfe des galaktischen Koordinatensystems (s. Abb. rechts und Kasten links) auch so beschrieben werden, dass die Sternzahlen mit abnehmender galaktischer Breite zunehmen und zwar umso stärker, je lichtschwächer die betrachteten Sterne sind. Die Untersuchung der scheinbaren Verteilung besonders der lichtschwächeren Sterne zeigt auch eine systematische Abhängigkeit von der galaktischen Länge. Das wichtigste Ergebnis besteht darin, dass die meisten Sterne in Richtung zum galaktischen Zentrum, d. h. bei der galaktischen Länge 0° zu finden sind, die wenigsten in der Gegenrichtung ($l = 180°$).

Schon diese Erkenntnisse über die scheinbare Verteilung der Sterne an der Sphäre besitzen eine hohe Aussagekraft und bestätigen die qualitativen Aussagen von Wright und Kant: Aus ihnen folgt nämlich offensichtlich, dass die Sterne im Raum in einem stark abgeplatteten System angeordnet sind (Breitenabhängigkeit) und dass unsere Sonne innerhalb dieses Systems eine stark exzentrische Stellung einnimmt (Längenabhängigkeit). Schließlich liefert die Betrachtung der scheinbaren Sternverteilung noch ein weiteres Resultat: Die Anzahl der Sterne südlicher galaktischer Breite ist deutlich größer als jene nördlich davon. Daraus lässt sich schließen, dass unsere Sonne nicht unmittelbar in der Ebene des Systems stehen kann, sondern etwas nördlich davon. Somit vermitteln uns bereits „einfache" Sternzählungen wichtige Einblicke in den Bauplan des Sternsystems und die Position unserer Sonne darin.

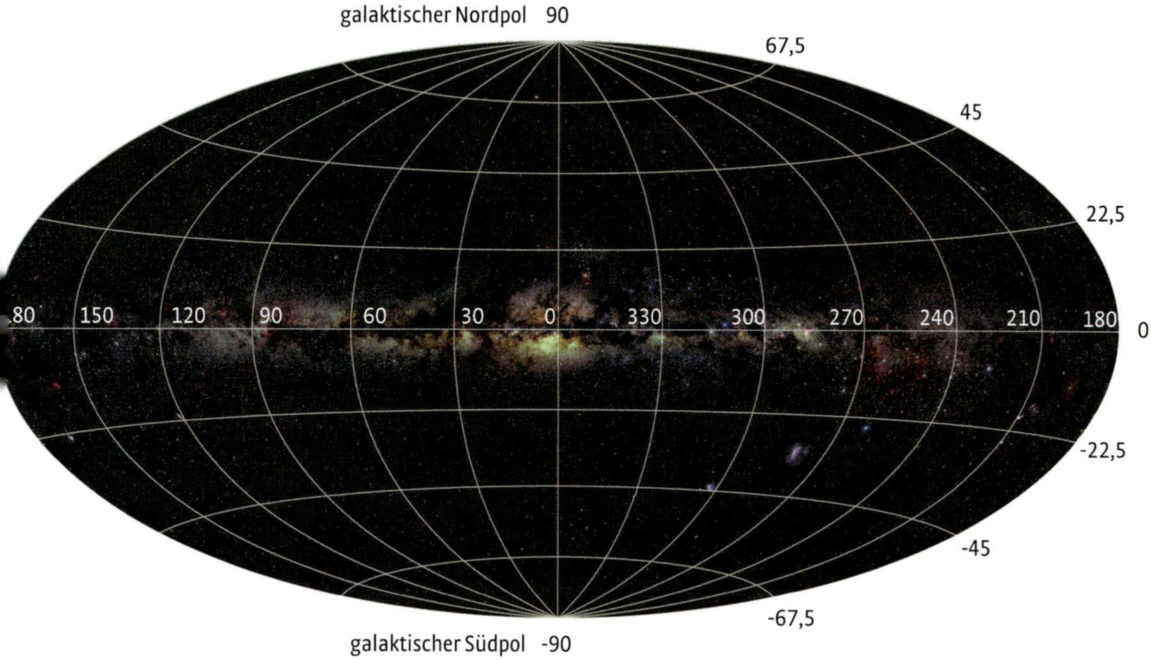

DAS GALAKTISCHE KOORDINATENSYSTEM

Herschel als Begründer der Stellarstatistik

Doch schon bis zu diesen noch einfachen Erkenntnissen war es ein weiter Weg. Die bahnbrechende Idee, aus der scheinbaren Verteilung der Sterne am Himmel den Aufbau des Sternsystems abzuleiten, stammt von F. W. Herschel (Abb. S. 87). Seine zahlreichen empirischen Studien zum „Bau des Himmels", die er ab 1784 veröffentlichte, zählen zum klassischen Schrifttum der modernen Astronomie. Da es zu Herschels Zeit kaum hinreichende Vorarbeiten über die Verteilung der Sterne gab, unterzog er sich selbst der mühevollen Aufgabe, den Himmel zu durchmustern. Dazu standen ihm zwei für die damalige Zeit riesige Spiegelteleskope zur Verfügung, eines mit rund 60 cm und später ein noch größeres mit 122 cm Spiegeldurchmesser (20 bzw. 40 Fuß).

Selbstverständlich wäre es ein unrealistisches Unterfangen gewesen, alle in diesen Fernrohren sichtbaren Sterne des gesamten Himmels lückenlos zu inventarisieren. Herschel entschloss sich deshalb, seine Sternzählungen auf 3400 ausgewählte Felder zu beschränken. Tausende und Abertausende Sterne wanderten durch das Gesichtsfeld seines feststehenden Teleskops. Doch die Mühe dieser „Sterneichungen" (star gauges) lohnte sich.

Grundsätzlich fand er die Ansichten von Wright und Kant bestätigt. Die Sonne erschien als eine von vielen, die in einer „Ster-

DAS RIESENTELESKOP VON FRIEDRICH WILHELM HERSCHEL

nenschicht“ angeordnet sind, so dass die irdischen Beobachter „sämtliche längs den Ebenen der Schicht geordneten Sterne in einem großen Kreise perspektivisch entworfen sehen, welcher nach Maßgabe der Anhäufung der Sterne mehr oder weniger hell sich zeigen wird; mittlerweile die übrigen Gegenden des Himmels an den Seiten nur mit Sternbildern bestreuet zu sein scheinen werden, die mehr oder weniger zusammengedrängt aussehen, [...] je nachdem die Anzahl der Sterne, die in der Dicke oder in den Seiten der Schicht enthalten sind, mehr oder weniger groß ist“.

Doch Herschel ging noch weiter, war doch zunächst noch nichts über die Dimensionen des Systems der Sterne gesagt. Er bezog in einer zweiten Untersuchung gezielt die Sternhelligkeiten mit ein, ausgehend von der Annahme, dass die scheinbar lichtschwächsten Objekte auch am weitesten entfernt stünden.

Nun wurden die Sterne in einem aufwändigen Verfahren mit zwei Spiegelteleskopen unterschiedlicher Öffnung untersucht. Da Sternentfernungen noch unbekannt waren, benutzte Herschel als Einheit die „Siriusweite“ als Bezugsgröße. Sein Resultat: Wir befinden uns in einem Sternsystem mit einem Durchmesser von 850 Siriusweiten und einer Dicke von 155 Siriusweiten. Die Position unserer Sonne liegt unweit der Mitte dieses Systems.

Allerdings war sich Herschel der Unsicherheit seines Ergebnisses durchaus bewusst, denn die von ihm gemachten Voraussetzungen mussten ja keineswegs erfüllt sein. So hatte er beispielsweise angenommen, dass zwischen den scheinbaren Sternhelligkeiten und den Intensitäten ein lineares Verhältnis besteht, was bekanntlich nicht den Tatsachen entspricht (vgl. S. 20). Auch konnte er nicht wissen, ob die tatsächlichen (absoluten) Helligkeiten für alle Sterne gleich sind. Außerdem hatte Herschel bei seinen Beobachtungen Hinweise gefunden, die auf das Vorhandensein einer Licht verschluckenden Materie im Raum zwischen den Sternen schließen ließen. Fotometrische Entfernungskriterien, wie Herschel sie verwendete, wurden dadurch natürlich in nicht kalkulierbarem Maße fragwürdig.

All diese dem damaligen Erkenntnisstand geschuldeten Mängel führten letztlich tatsächlich zu einem falschen Bild der räumlichen Verteilung der Sterne. Dennoch muss Herschel als Pionier einer neuen Methodik bei der Erforschung unseres Sternsystems gelten: der Stellarstatistik. Dieser Weg schien schon deswegen aussichtsreich, weil selbst nach den ersten gelungenen Entfernungsbestimmungen von Sternen um 1838 die nahe liegende Aufklärung der Sternverteilung durch Messung der Distanz jedes einzelnen Sterns wegen der großen Zahl der Objekte völlig aussichtslos erschien.

Zunächst griffen Herschels Sohn John und der russische Astronom Wilhelm Struve die Methode der Sterneichungen auf, wobei J. Herschel sich in Kapstadt dem südlichen Firmament zuwendete. Dann trat eine „große Pause" ein – bis zum Ende des 19. Jahrhunderts. Nun griff man die methodischen Vorarbeiten von Herschel mit neuen Ideen und Hoffnungen wieder auf. Die Stellarstatistik entwickelte sich zu einer Spezialdisziplin der Astronomie.

DIE VERTEILUNG DER STERNE

Setzt man mit Herschel voraus, dass in jeder Raumeinheit des Weltalls gleich viele Sterne enthalten sind, so nimmt deren Intensität mit der Entfernung r proportional zu $1/r^2$ ab. Da die Anzahl der Sterne mit der dritten Potenz des Radius anwächst, steigt ihre Anzahl $N(m)$ proportional r^3, d. h.

$$\log N(m) = 0{,}6\, m + const.$$

So schloss Herschel aus seinen Zählungen auf die räumliche Verteilung der Sterne.

Rechnerische Ansätze

Hugo von Seeliger und Karl Schwarzschild gingen von einer rotationssymmetrischen Verteilung der Sterne um die Sonne aus und hielten deshalb die Anwendung analytischer Verfahren zur Ableitung der so genannten Dichtefunktion für gerechtfertigt. Die Frage lautete nun: Wie groß ist die Anzahl der Sterne je Raumeinheit, die Sterndichte $D(r)$, und wie kann man sie aus der Zahl der Sterne unterschiedlicher scheinbarer Helligkeiten $N(m)$ ermitteln? Die Entfernung r bedeutet hier den Abstand der Sterne von der Sonne.

Schwarzschild leitete eine „Grundgleichung der Stellarstatistik" ab, eine so genannte Integralgleichung, die den Zusammenhang zwischen der gesuchten Funktion $D(r)$, der beobachtbaren

KARL SCHWARZSCHILD

Funktion $N(m)$ und der Verteilung der Sterne über die verschiedenen Leuchtkräfte, der so genannten Leuchtkraftfunktion $\phi(M)$ herstellt. In diesem Ansatz hätte man sogar die interstellare Absorption berücksichtigen können, was aber mangels empirischer Daten zunächst unterblieb.

Das Ergebnis war jedoch enttäuschend. Allzu leicht konnte man erkennen, dass die Wirklichkeit nur in einigen Grundzügen widergespiegelt wurde, die man ohnehin schon längst kannte. Die Anwendung dieses analytischen Verfahrens brachte nämlich das Bild eines Sternsystems, in dem hauptsächlich die stark schematisierenden Voraussetzungen wieder auftauchten, die man zuvor hineingesteckt hatte. Die Sterndichte in dem abgeplatteten Rotationsellipsoid (1:5) nimmt – von der Sonne ausgehend – nach allen Richtungen erwartungsgemäß ab. Die Grenze des Systems wird in Richtung Milchstraße bei etwa 5000 Parsec Entfernung, senkrecht dazu in etwa 1000 Parsec Distanz erreicht. Die Sonne beansprucht – wie schon bei Herschel – eine höchst fragwürdige Sonderposition in der Mitte des Systems und die auffälligen Sternwolken der Milchstraße kommen überhaupt nicht zum Ausdruck. Deshalb neigten viele Astronomen der Meinung zu, dass numerische Methoden möglicherweise viel besser als die analytischen Verfahren geeignet seien, den komplizierten Verlauf der tatsächlichen Sternverteilung zu erfassen. Sie gestatteten offenbar ein flexibleres Eingehen auf die beobachteten Besonderheiten der Sternverteilung.

Auf dem Gebiet solcher numerischer Verfahren erwarb sich insbesondere der niederländische Astronom Jacobus Cornelius Kapteyn hervorragende Verdienste. Der Grundgedanke seines Verfahrens war der folgende: Der Raum wird in konzentrisch zur Sonne gelegene Kugelschalen bekannten Volumens zerlegt, deren Dicke so gewählt wird, dass man in jeder von ihnen eine konstante Sterndichte voraussetzen kann. Die räumliche Verteilung der Sterne, d. h. $D(r)$ ist bekannt, wenn es gelingt, jeder der Kugelschalen die ihr zukommende Sternzahl zuzuweisen. Bei gleicher absoluter Helligkeit aller Sterne wäre diese Aufgabe sehr einfach zu lösen, denn dann wären die scheinbaren Helligkeiten ein Indiz für die Entfernungen – allerdings noch immer ohne Berücksichtigung der interstellaren Absorption. Doch in Wirklichkeit sind die absoluten Helligkeiten der Sterne sehr unterschiedlich. Deshalb erfasst man von den nahen Sternen geringer Leuchtkraft praktisch alle, von den entfernten Sternen jedoch nur die Riesensterne mit ihren großen Leuchtkräften. Um diesen Fehler zu vermeiden, müssen Sterne sehr verschiedener scheinbarer Helligkeiten derselben Kugelschale zugeordnet werden – die Richtschnur ist die Leuchtkraftfunktion $\phi(M)$. Sie gibt an, wie die Leuchtkräfte auf die Sterne verteilt sind.

Die Bestimmung der Sternverteilung über die verschiedenen Leuchtkräfte ist ein Problem für sich. Würde man die Parallaxen sehr vieler Sterne genau kennen, ließe sich die Verteilung der

Leuchtkräfte vergleichsweise einfach ermitteln. Man würde dann nämlich die Entfernungen sehr vieler Sterne kennen und aus deren scheinbaren Helligkeiten ihre Leuchtkräfte ableiten. Da diese Voraussetzung aber nicht gegeben ist, musste die Funktion $\phi(M)$ aus den Eigenbewegungen der Sterne abgeleitet werden, die allerdings lediglich ein statistisches Maß für die mittleren Parallaxen von Sternen einer bestimmten scheinbaren Helligkeit darstellen. Natürlich war auf diese Weise auch nur die Leuchtkraftfunktion für vergleichsweise sonnennahe Sterne zu ermitteln, da diese die größten Eigenbewegungen aufweisen. Doch ist eine derart bestimmte Funktion allgemeingültig? Darüber wusste man nichts Konkretes. Es verwundert kaum, dass die von Kapteyn und anderen ursprünglich abgeleitete Leuchtkraftfunktion später noch durchgreifende Veränderungen erfuhr, dank einer größeren Anzahl genauerer trigonometrischer und spektroskopischer Parallaxen. Dabei entdeckte man auch, dass die Leuchtkraftfunktion alles andere als eine universelle Größe ist. Sie zeigt vielmehr zahlreiche Variationen in den verschiedenen Gebieten des Milchstraßensystems, was die stellarstatistischen Untersuchungen erheblich beeinträchtigte.

Neue Messungen von Johann J. C. Kapteyn

Als Kapteyn sich gegen Ende des 19. Jahrhunderts der Struktur des Sternsystems zuwendete, war das zur Verfügung stehende Datenmaterial noch recht dürftig. Nur wenige trigonometrische

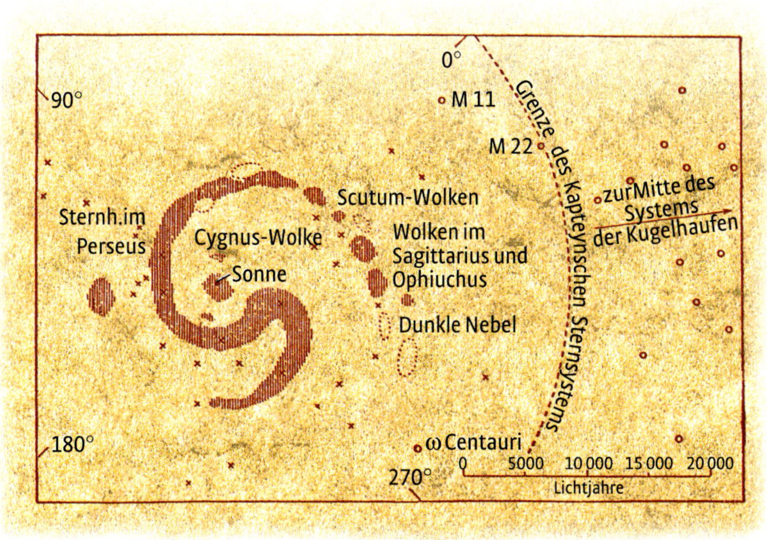

KAPTEYNS UNIVERSUM (1910). AUCH DIE NEUARTIGE VORGEHENSWEISE VON KAPTEYN VERMOCHTE NUR EIN „LOKALES STERNSYSTEM" AUSZULOTEN, DAS SICH AUF DIE NÄHERE UMGEBUNG DER SONNE BESCHRÄNKTE.

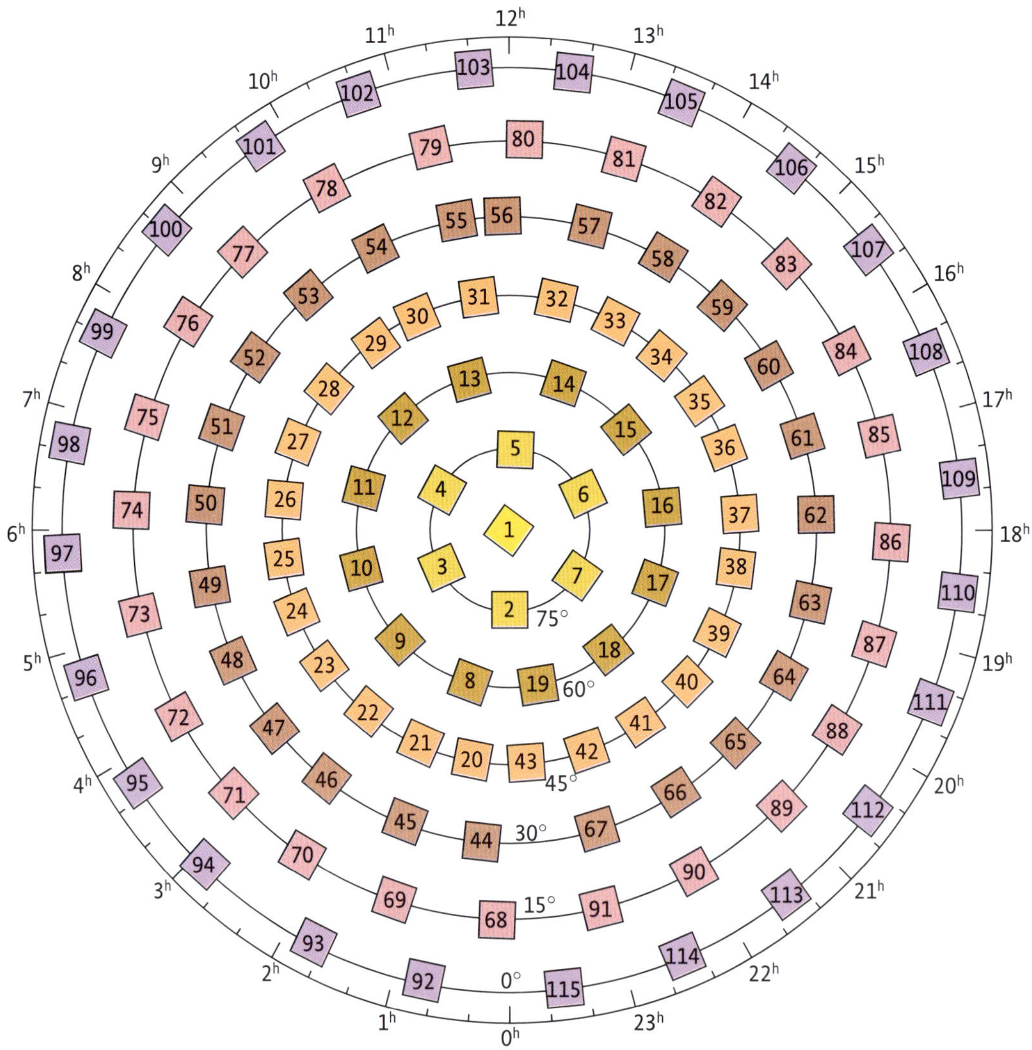

ANORDNUNG DER KAPTEYNSCHEN EICHFELDER (PLAN OF SELECTED AREAS) NR. 1 BIS 115

Parallaxen standen zur Verfügung, doch auch an der Kenntnis von Eigenbewegungen der Sterne mangelte es, besonders für lichtschwache Objekte. Was war zu tun? Man musste offensichtlich zunächst die Datenbasis erweitern. Doch Kapteyn erkannte sofort, dass die Leistungsfähigkeit eines einzelnen Observatoriums mit dieser Aufgabe bei weitem überfordert war. Deshalb entwickelte er ein Projekt, an dem sich möglichst viele Sternwarten der Welt beteiligen sollten: den Plan der ausgewählten Felder („Plan of Selected Areas"). Die Anlehnung an das methodische Vorgehen von Herschel mit seinen „Sterneichungen" ist unverkennbar, wenn auch die Zielstellung sowohl hinsichtlich des Umfangs als auch der Qualität jetzt ungleich größer war. Doch der Grundgedanke bestand auch bei Kapteyn darin, anstelle vollständiger Durchmusterungen repräsentativ ausgewählte Probegebiete zu untersuchen.

Nach Kapteyns Vorschlag sollten in 206 über den ganzen Himmel verteilten Feldern alle zugänglichen Daten von Hunderttausenden von Sternen systematisch erfasst werden: Positionen, Helligkeiten, Eigenbewegungen, Parallaxen, Spektraltypen und Radialgeschwindigkeiten. Auch die jeweilige Gesamthelligkeit des Himmels sollte gemessen werden, um daraus Hinweise auf jene Sterne und ihre Verteilung zu gewinnen, die wegen ihrer extrem geringen Helligkeit nicht mehr als Einzelobjekte wahrnehmbar sind. Erinnern wir uns an den bereits erwähnten „Henry Draper Catalogue" der Harvard-Sternwarte (s. S. 27): Er umfasste die Helligkeiten und Spektren von immerhin rund 220 000 Sternen bis zur 9. Größenklasse. Jetzt ging es um noch mehr Daten von noch lichtschwächeren Sternen.

Als Kapteyn sein Vorhaben 1906 auf dem „Congress of Arts and Sciences" in St. Louis (USA) vortrug, fand er schnell zahlreiche bereitwillige Mitstreiter. In Deutschland erklärten die Sternwarten Potsdam, Hamburg-Bergedorf, Babelsberg und Bonn ihre Bereitschaft zur Mitarbeit, in den USA die Observatorien Harvard, Lick, Mt. Wilson, Yale und Yerkes. Für die südlichen Felder wurde eine Harvard-Station in Peru auserkoren. Verständlicherweise zog sich das gesamte Unternehmen über Jahrzehnte hin. Die Auswertung der Spektren kam erst gegen Ende der 30er-Jahre zum Abschluss. Hatte sich der enorme Aufwand gelohnt? Und vor allem: Welches Resultat erbrachte die Untersuchung der Sternverteilung im Raum unter Benutzung dieser Daten nach Kapteyns Plänen?

Um es kurz zu machen: Ein grundsätzlich neues oder anderes Bild der Sternverteilung gegenüber den bis dahin gewonnenen Ergebnissen ergab sich nicht. Wieder wurde eine Abnahme der Sterndichte in einem weitgehend rotationssymmetrischen Gebilde festgestellt. Viele Fachleute waren nun überzeugt, dass man das Sternsystem im Großen und Ganzen richtig beschrieben hatte. Doch es gab auch Kritiker. Zu ihnen zählte auch einer der führenden Vertreter der Stellarstatistik in Deutschland, Eduard van der Pahlen. Er kam im Jahr 1937 zu dem Schluss: „Das eindrucksvolle, von den Altmeistern errichtete Gebäude liegt in Trümmern, und es ist bis jetzt noch nicht gelungen, die auf seinen stellenweise noch intakten Fundamenten errichteten provisorischen Notstandsbauten zu einem einheitlichen Neubau zusammenzufügen." Das Konzept der Stellarstatistik schien gescheitert. Nicht die Struktur des Sternsystems hatte man erfassen können, sondern stets nur die Sternverteilung in der weiteren Umgebung der Sonne – ein „lokales System" (s. Abb. S. 113). Der Hauptgrund dafür war inzwischen auch klar: Die zwischen den Sternen verbreitete, Licht verschluckende Materie war unberücksichtigt geblieben, obwohl gerade sie für das

ANDEUTUNGEN SPIRALIGER STRUKTUREN ZEIGTEN SICH ERSTMALS BEIM STUDIUM DER VERTEILUNG SPEZIELLER OBJEKTE. UNTEN SIND TEILE DES SAGITTARIUS-ARMS ZU ERKENNEN, OBEN EIN AUSSCHNITT DES PERSEUS-ARMS, IN DER MITTE DER LOKALE ARM IN SONNENNÄHE.

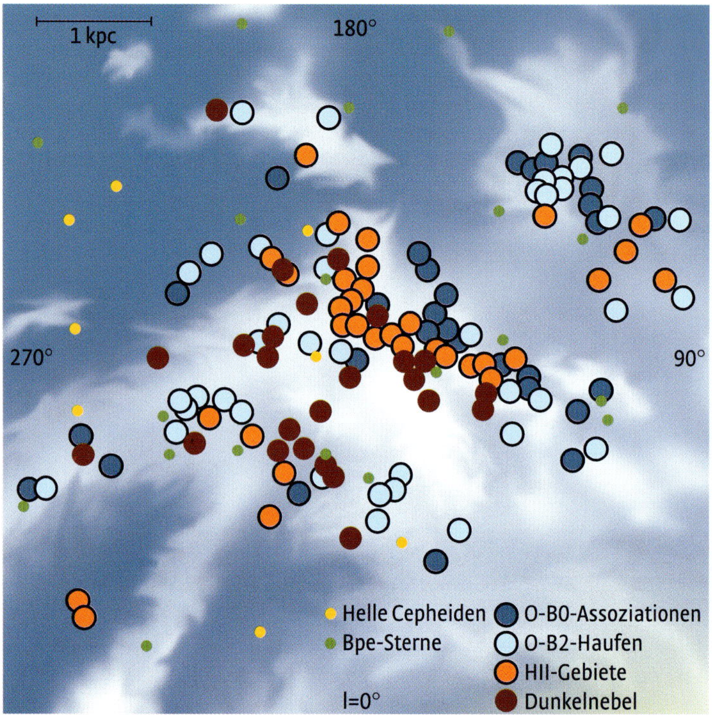

Vordringen bis an die Grenzen unseres Sternsystems ein ernst zu nehmendes Hindernis darstellte und jede noch so perfekte Sternzählung dramatisch verfälschen musste.

Dennoch gab es einen beachtlichen Erfolg der bis dahin unternommenen Forschungen – dank der Einbeziehung der Spektralklassen. Es zeigte sich nämlich, dass der Verlauf der Sterndichte für Sterne verschiedener Spektralklassen – auch in ein und derselben Richtung – sehr stark variiert. Das bedeutet ein unterschiedliches Mischungsverhältnis der Sterne an unterschiedlichen Orten des Raumes. Besonders die heißen B-Sterne spielen in diesem Zusammenhang eine wichtige Rolle. Beim Studium ihrer Verteilung zeigte sich nämlich, dass sie an verschiedenen Stellen des Raumes gehäuft auftreten. Da es sich bei diesen kurzlebigen Sternen um sehr leuchtkräftige Objekte handelt, gelang es sogar, sie weiter in den Raum hinaus zu verfolgen als lichtschwächere Sterne geringerer Oberflächentemperaturen. Dabei fand man regelrechte „Nester" solcher heißen jungen Sterne im Sternbild Orion, im Schwan sowie im Skorpion und im Sternbild Carina. Anfang der 50er-Jahre des 20. Jahrhunderts war man sich ziemlich sicher, dass die B-Sterne eine wesentliche Eigenschaft der Struktur des gesamten Systems widerspiegeln könnten. Schon in den 30er-Jahren hatte

Antonie Pannekoek – anders als frühere Autoren mit ihrem typischen, wenn auch nur lokalen Sternsystem – keinen regelmäßigen Dichteabfall in der näheren und weiteren Umgebung der Sonne gefunden. Stattdessen hatte sich gezeigt, dass die Sonne inmitten einer Gruppe von losen Sternanhäufungen liegt. Allerdings konnte diese Aussage in der weiteren Umgebung der Sonne (bis zu 1000 Parsec) nur für die B-Sterne gemacht werden, da die Sterne anderer Spektraltypen wegen ihrer geringeren absoluten Helligkeiten viel weniger weit in den Raum hinaus verfolgt werden können als die leuchtkräftigen und heißen B-Sterne. Schon damals schien es, als könnten die B-Sterne eine großräumige Spiralstruktur der Sternverteilung definieren. Alle Versuche, diese Vermutung über größere Distanzen hinweg zu sichern, scheiterten aber an der absorbierenden Wirkung des kosmischen Staubes. Die „optischen Indikatoren" einer Spiralstruktur führten letztlich nicht weiter als bis in eine Entfernung von etwa 3000 Parsec, also rund 10 000 Lichtjahren.

Die räumliche Verteilung der Kugelsternhaufen

Ein ganz neuer Ansatz zur Erforschung der Dimension unseres Sternsystems ergab sich überraschend ebenfalls aus einer Untersuchung über die räumliche Verteilung besonderer Objekte. Der Mann, der sie durchführte, war der amerikanische Astronom Harlow Shapley. Ursprünglich befasste sich Shapley mit veränderlichen Sternen vom Typ δ Cephei. Von Sternen dieses Typs hatte die amerikanische Astronomin Henrietta Swan Leavitt bekanntlich nachgewiesen, dass ein klarer Zusammenhang zwischen ihrer Lichtwechselperiode und ihrer absoluten Helligkeit besteht, die so genannte Perioden-Leuchtkraft-Beziehung (PLB). Miss Leavitt hatte 1908 einen Katalog mit 1777 veränderlichen Sternen der Kleinen Magellanschen Wolke veröffentlicht und von 16 dieser Objekte anhand des Plattenmaterials die Perioden des Lichtwechsels bestimmen können. Sie lagen zwischen 1,25 und 127 Tagen. Nach einer weiteren Vervollständigung des Beobachtungsmaterials konnte sie 1912 feststellen, dass die scheinbaren Helligkeiten dieser Sterne etwa mit dem Logarithmus ihrer Lichtwechselperioden anwachsen. Da die Entfernungen der Objekte alle etwa gleich groß waren (die tatsächlichen Distanzen waren allerdings unbekannt), musste dieser Zusammenhang auch für die absoluten Helligkeiten gelten. Im Jahr 1913 hatte Hertzsprung diese Beziehung benutzt, um die Entfernung der Kleinen Magellanschen Wolke (vgl. Kapitel „Die Magellanschen Wolken" auf S. 189) zu bestimmen. Dazu musste er die von Miss Leavitt gefundene Relation allerdings zunächst kalibrieren, d. h. den verschiedenen Perioden des Lichtwechsels konkrete absolute Helligkeiten zuschreiben. Da ihm jedoch keine trigo-

DIE PERIODEN-HELLIGKEITS-BEZIEHUNG FÜR CEPHEIDEN. WÄHREND DIE GRÜNE KURVE UND DIE ROTEN PUNKTE DIE BEOBACHTETEN WERTE DARSTELLEN, BERUHEN DIE ORANGEN PUNKTE AUF THEORETISCHEN WERTEN.

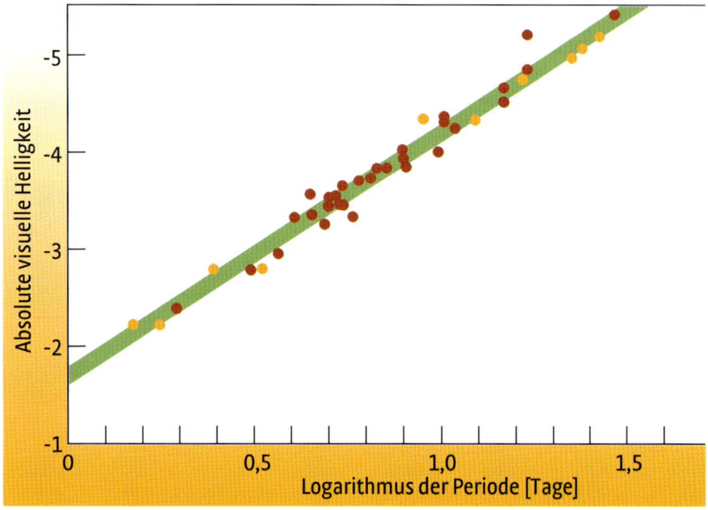

nometrischen Entfernungsbestimmungen von δ-Cephei-Sternen zur Verfügung standen, verwendete er ein statistisches Verfahren. Shapley war offenbar fasziniert von der Möglichkeit, Distanzen mit Hilfe von Cepheiden zu ermitteln, und versuchte deshalb, die Leuchtkräfte der von Hertzsprung untersuchten Objekte noch genauer zu bestimmen. Dann suchte er in Kugelsternhaufen nach δ-Cephei-Sternen, wobei sich herausstellte, dass deren Lichtwechselperioden sämtlich kürzer waren als jene aus der Sonnenumgebung. So ergab sich zunächst eine Erweiterung der PLB zu kürzeren Perioden hin.

Das Ziel Shapleys bestand natürlich darin, die räumliche Verteilung der Kugelsternhaufen mit Hilfe der Cepheiden zu bestimmen. Die Kugelsternhaufen waren bereits seit längerem Gegenstand erhöhter Aufmerksamkeit gewesen, weil ihre scheinbare Verteilung am Firmament höchst merkwürdig erschien: Ein Drittel aller Kugelhaufen befindet sich nämlich im Sternbild Schütze, die anderen nicht weit davon entfernt. Wie sollte man diesen seltsamen Befund erklären? Wird diese Verteilung auf Grund unserer Stellung im Milchstraßensystem möglicherweise nur vorgetäuscht? Allein die Ermittlung der Entfernungen der Kugelhaufen konnte Gewissheit bringen.

Das Ergebnis von Shapleys Untersuchungen stellte eine echte Überraschung dar: Während die ersten Distanzmessungen den Kugelhaufen einen Platz am Rande des von der Stellarstatistik entworfenen Milchstraßensystems zuwiesen, gab es bald auch ganz andere Resultate. So stellte Shapley für den schon mit bloßem Auge erkennbaren Haufen M 13 im Sternbild Herkules einen Abstand von 30 Kiloparsec, d. h. rund 100 000 Lichtjahre fest. Somit musste dieses Objekt weit außerhalb des Milchstraßensystems liegen, dessen Durchmesser damals mit 10 000 bis maximal 40 000 Lichtjahren angenommen wurde. Es war daher nahe liegend, die Kugelsternhaufen als Sternsysteme jenseits des Milchstraßensystems zu betrachten. In dieser Auffassung bestärkten ihn auch die weiteren Messungen, die bis in Distanzen von 200 000 Lichtjahren führten. Doch wenn die Kugelsternhaufen tatsächlich mit unserem Sternsystem nichts zu tun haben, dann sollten sie insgesamt zufällig verteilt sein. Um diese Frage zu klären, wendete sich Shapley im Jahr 1918 schließlich der räumlichen Verteilung von insgesamt 69 Kugelsternhaufen zu. Das Ergebnis war frappierend: Die Verteilung war extrem asymmetrisch. Die meisten Kugelhaufen waren in hohen galaktischen Breiten um die Pole der Galaxis festzustellen und lagen zumeist in Richtung des Sternbilds Schütze. Insgesamt verteilten sich die Kugelhaufen über ein gewaltiges, sphäroidförmiges Raumgebiet mit einem Durchmesser von rund 300 000 Lichtjah-

DAS MILCHSTRASSENSYSTEM – EINGEBETTET IN DEN HALO DER KUGELSTERNHAUFEN

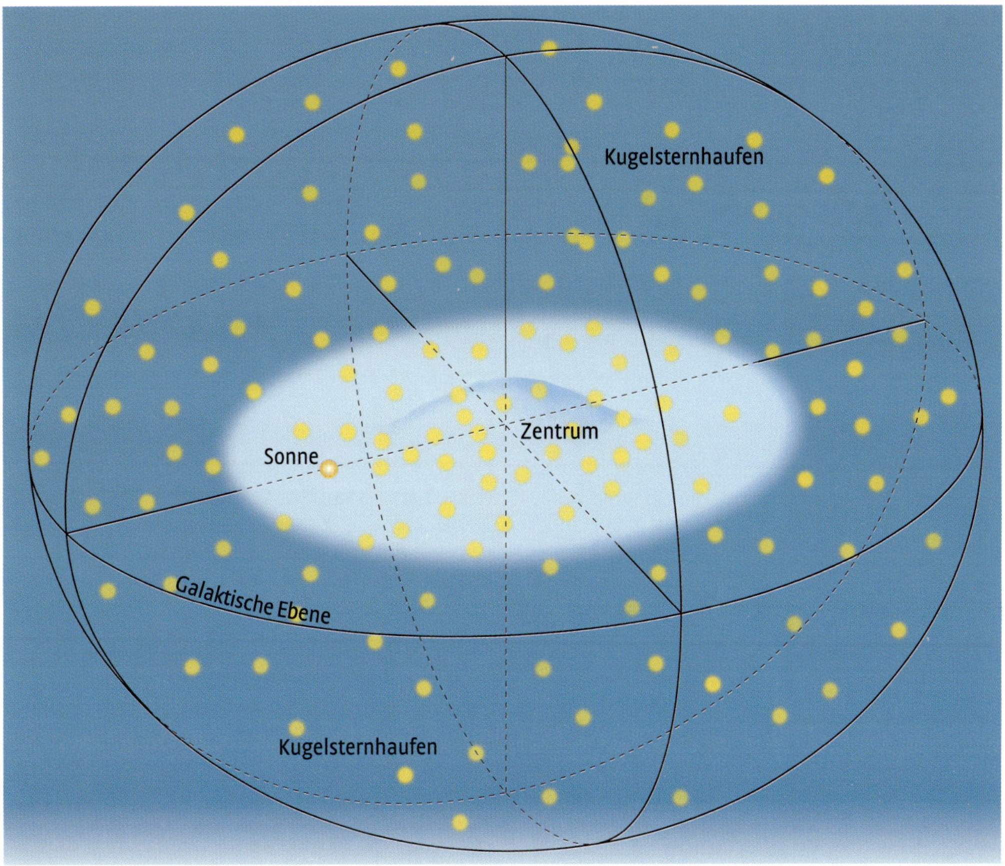

ren. In der galaktischen Ebene fand Shapley überhaupt keine Haufen. Von einer zufälligen Verteilung konnte also keine Rede sein.

Shapley verfiel nun auf die wegweisende Idee, die Kugelsternhaufen als Mitglieder des Milchstraßensystems zu betrachten. Dann konnten die Messergebnisse allerdings nur so gedeutet werden, dass unser Sternsystem in Wirklichkeit weitaus größer war als bisher angenommen und die Sonne sich weitab vom Zentrum befinden musste – etwa 50 000 Lichtjahre entfernt.

Heiße Debatten und neue Erkenntnisse

Als Shapley mit dieser Interpretation seiner Messungen an die Öffentlichkeit trat, brach ein Sturm der Entrüstung los. Die Vertreter der Stellarstatistik und des klassischen Bildes unseres Sternsystems hielten Shapleys Meinung für geradezu abwegig. In Washington kam es in der National Academy of Sciences 1920 zu einer stürmischen Auseinandersetzung zwischen Shapley und seinem Konkurrenten Heber Doust Curtis von der Lick-Sternwarte über „The Scale of the Universe". In dieser „Großen Debatte" prallten hauptsächlich zwei Meinungen aufeinander:

1. Das Sternsystem ist rund zehnmal größer als bis dahin allgemein angenommen und die Kugelsternhaufen sind ebenso Bestandteile dieses Systems wie die inzwischen entdeckten Spiralnebel.

2. Das Sternsystem hat die von den Stellarstatistikern ermittelten Abmessungen und die Spiralnebel sind – ebenso wie die Kugelsternhaufen – „Weltinseln" außerhalb davon.

Demnach wäre die „Big Galaxy" von Shapley gleichsam das Universum. Für die Entfernungen der Spiralnebel konnte Curtis freilich nur geschätzte Werte angeben; sie sollten zwischen 500 000 und 10 000 000 Lichtjahren liegen.

Beide Kontrahenten beriefen sich auf Beobachtungsbefunde. Shapley verwies auf die Entfernungen der Kugelsternhaufen und deren Verteilung. Für Curtis waren die Beobachtungen ausschlaggebend, die George Willis Ritchey 1917 am Mt. Wilson-Observatorium gemacht hatte. Dabei war es ihm nämlich gelungen, in Spiralnebeln einzelne Sterne nachzuweisen, unter denen sich auch etliche Novae befanden. Diese boten nun unter Anwendung der Kenntnis über früher beobachtete Novae innerhalb unseres eigenen Sternsystems einen Anhaltspunkt zur Abschätzung der Entfernungen. Die meisten der Novae wiesen eine Helligkeit von 15^m – 18^m auf. Unter der Voraussetzung, dass sie alle die gleichen absoluten Helligkeiten besaßen wie die Novae in unserer Milchstraße (etwa -5^M) ließen sich dann die Entfernungen der Spiralnebel abschätzen.

Auf diese Weise ergab sich z. B. für den Andromeda-Nebel eine Distanz von 500 000 Lichtjahren. Somit lag dieser „Nebel“ weit außerhalb des „klassischen“ Sternsystems und selbst noch außerhalb der „Big Galaxy“ von Shapley. Die interstellare Absorption war freilich in Ermangelung konkreter Kenntnisse auch diesmal weder von Curtis noch von Shapley angemessen berücksichtigt worden.

Heute wissen wir, dass Curtis im Recht war, als er die Spiralnebel für extragalaktische Objekte hielt. Gleichzeitig hatte Shapley mit seiner Ansicht Recht, das „klassische“ Sternsystem sei als viel zu klein angenommen worden und seine wahre Dimension würde durch die „Kugel der Kugelsternhaufen“ definiert. Die Zahlenangaben freilich, die er in diesem Zusammenhang veröffentlichte, sind heute nur noch als historisch zu betrachten. Das lag einerseits an der von ihm viel zu gering eingeschätzten interstellaren Absorption von $0{,}01^m$/kpc, andererseits aber auch an der von ihm verwendeten Perioden-Leuchtkraft-Beziehung. Doch diesen Umstand kann man

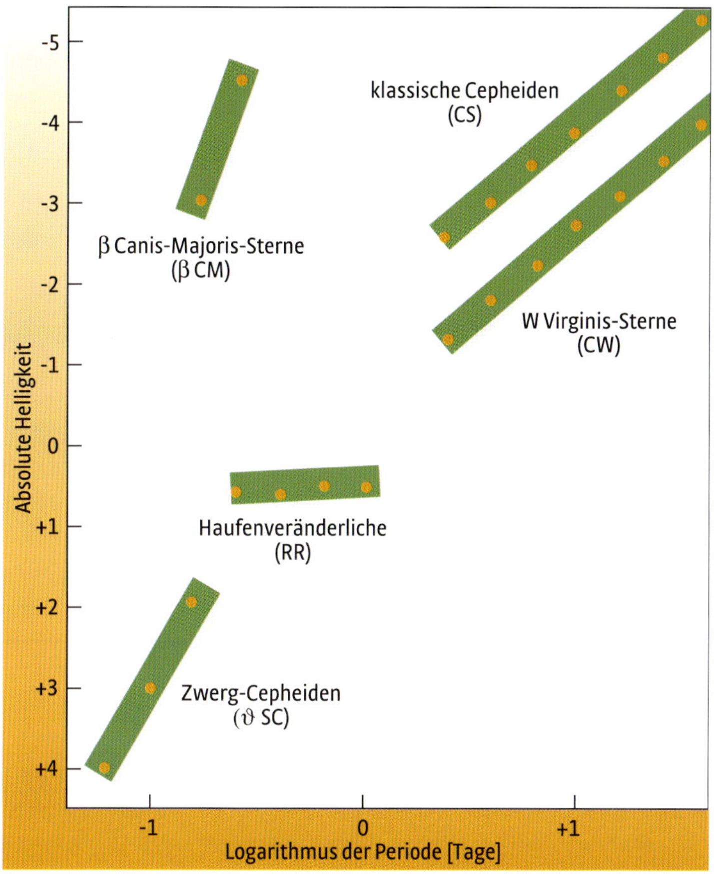

DIE PERIODEN-HELLIGKEITS-BEZIEHUNGEN DER VERSCHIEDENEN CEPHEIDEN-ARTEN

ihm nicht anlasten. Erst neue Entdeckungen der folgenden Jahre und Jahrzehnte konnten die alten Zahlenwerte korrigieren.

Tatsächlich erwies sich die Distanzbestimmung kosmischer Objekte mit Hilfe von veränderlichen Sternen als ein recht diffiziles Problem. So hatte z. B. der amerikanische Astronom Edwin Hubble (s. S. 194) im Jahr 1940 im Andromeda-Nebel einige verwaschene Objekte entdeckt, die er für Kugelsternhaufen hielt. Da er die Entfernung des Andromeda-Nebels zuvor aus der PLB von Cepheiden nach Shapley bestimmt hatte, konnte er nun für die Kugelhaufen eine mittlere absolute (fotografische) Helligkeit von $-5{,}8^{M}$ ableiten. Das war merkwürdig, betrug doch die mittlere absolute Helligkeit der Kugelhaufen im Milchstraßensystem $-7{,}3^{M}$. Worauf war dieser deutliche Unterschied von 1,5 Größenklassen zurückzuführen? Erst nach weiteren mühseligen Untersuchungen ergab sich eine Erklärung: Man hatte es in Wirklichkeit nicht mit *einer* Perioden-Leuchtkraft-Beziehung *einer* Sorte von Cepheiden zu tun, sondern mit zwei verschiedenen (s. Abb. S. 121). Die klassischen Cepheiden gehörten der Sternpopulation I an, die anderen nach dem Prototyp W-Virginis benannten Sterne hingegen der Population II. Man hätte also für die Entfernungsbestimmung der Kugelhaufen die Perioden-Leuchtkraft-Beziehung der δ-Cephei-Sterne der extremen Population I gar nicht verwenden dürfen, da es sich bei den Veränderlichen in den Kugelhaufen um Vertreter der Halo-Population II handelt, deren PLB sich von jener der klassischen Cepheiden unterscheidet. Shapleys Verdienst allerdings, durch die großräumige Verteilung der Kugelhaufen die wahre Dimension des Sternsystems entdeckt zu haben, bleibt davon letztlich unberührt.

STRUKTUR UND BEWEGUNG

Die neuen Erkenntnisse Shapleys über die Dimension des Sternsystems hatten jedoch keinen Beitrag zu dem alten Problem der Stellarstatistik erbracht. Man wusste zwar jetzt, dass die bisherigen Ergebnisse über die Verteilung der Sterne nur die weitere Umgebung der Sonne betrafen, doch wie es mit der Sternverteilung in größeren Entfernungen bis an die Grenzen des ganzen Systems bestellt war, das blieb weiterhin unbekannt. Schlimmer noch: Es war sogar klar geworden, dass van der Pahlen mit seiner drastischen Äußerung wohl Recht hatte und man auf dem bisher beschrittenen Weg nicht weiterkommen würde. Vor allem die interstellare Absorption verhinderte das optische Vordringen bis an die wirklichen Grenzen des Sternsystems, weil sie uns gleichsam die Sicht in die Ferne nimmt, ähnlich wie eine Nebelwand auf der Autobahn.

Der Triumphzug der Radioastronomie

Vieles sprach dafür, dass der große Raum zwischen den Kugelsternhaufen und dem „lokalen Sternsystem“ nicht leer war. Das hatte schon die Verteilung absolut sehr heller Sterne in größeren Entfernungen von der Sonne gezeigt. „Je weiter wir in den Raum vordringen“, schrieb Wilhelm Becker 1950 in seiner Monografie „Sterne und Sternsysteme“, „umso größer ist der Ausfall an absolut lichtschwächeren Sternen und umso mehr stützen sich die Ergebnisse nur auf die wenigen Objekte hoher Leuchtkraft, die wir als Indikatoren für die räumliche Sterndichte ansehen, ohne dass wir im Allgemeinen die Möglichkeit haben, diesen Schluss vom Besonderen auf das Allgemeine zu rechtfertigen. Unsere Untersuchungen liefern nur noch ein ‚weitmaschiges Gerüst‘, dessen Zwischenraum wir uns aufgrund der Erfahrungen in der Umgebung der Sonne ausgefüllt denken.“

Tatsächlich entdeckte der US-amerikanische Astronom William Wilson Morgan auf diese Weise einen ersten unzweifelhaften Anhaltspunkt für die spiralige Struktur unseres Sternsystems. Er wendete sich den besonders leuchtkräftigen O- und B-Sternen zu. Dabei interessierten ihn insbesondere die weiter entfernten Exemplare dieser Sterntypen. Ihm war aufgefallen, dass der Doppelsternhaufen h und χ im Perseus, einige helle Sterne in der Kassiopeia und etliche O- und B-Sterne im Kepheus alle etwa dieselben Entfernungen von uns aufweisen. Als er die räumliche Lage der betreffenden Sterne aufzeichnete, sah er, dass sie längs einer schmalen Bahn lagen. Dieser Bereich war räumlich deutlich getrennt von den übrigen, näher gelegenen O- und B-Sternen. Zwischen ihnen und den entfernteren gab es also ein ausgedehntes sternfreies Gebiet. Morgan war überzeugt, Ausschnitte aus zwei Spiralarmen des Milchstraßensystems vor sich zu haben. Der eine wird heute als „lokaler Arm“ bezeichnet, dem auch unsere Sonne angehört, der andere von ihm entdeckte ist der heute so genannte Perseus-Arm. Allerdings änderte dieser selbst von den Fachastronomen begeistert aufgenommene Erfolg im Jahre 1951 noch nichts an der eingeschränkten Aussagekraft solcher Ergebnisse.

Doch da öffnete sich noch im selben Jahr ein neues den Raum durchdringendes Strahlungsfenster – die Radiostrahlung des interstellaren Wasserstoffs! Wir erinnern uns an die 21-cm-Linie des neutralen Wasserstoffs (vgl. Kapitel „Die allgemein verbreitete Materie“ ab S. 94), mit deren Hilfe man bereits die allgemeine Verbreitung der so genannten HI-Gebiete untersucht hatte. Seit dem Jahr 1951, als diese Strahlung entdeckt wurde, versuchten Astronomen die großräumige Verteilung des neutralen Wasserstoffgases zu ermitteln, allen voran der niederländische Forscher Jan Hendrik Oort. Ihm ging es jedoch um mehr: Er wollte mit Hilfe der Wasserstoff-Radiostrahlung sogar die Bewegungsverhältnisse in unserem

Sternsystem untersuchen. Oort sagte sich: Wenn die Wasserstoffgebiete in Bewegung sind, müssten Doppler-Verschiebungen der 21-cm-Linie auftreten, aus denen sich Geschwindigkeitsprofile des Wasserstoffs ableiten lassen.

Doch welcher Geschwindigkeit müsste man welche Entfernung der jeweiligen Wasserstoffwolke zuordnen? Als diese Frage vor den Astronomen auftauchte, war vollkommen klar, dass man die Struktur des Sternsystems nicht losgelöst von dem Problem seiner Bewegung würde lösen können. Und wenn jemand diese beiden Fragen gleichzeitig energisch anpackte, dann war es Oort mit seinem Team. Allerdings konnte er auf wichtige Vorarbeiten zurückgreifen, denn die Bewegungsverhältnisse der Sterne hatten die Astronomen schon seit langem aufmerksam studiert.

Die Bewegungen der Sterne

Die Eigenbewegung eines Sterns ist seine scheinbare Ortsveränderung am Firmament. Insofern war die Entdeckung von Eigenbewegungen der Sterne eine echte Überraschung, galten doch die Sterne seit alters als „fix“, d. h. feststehend. Doch als Edmond Halley im Jahr 1718 aktuelle Sternpositionen mit den Ortsangaben der Sterne verglich, die der antike Altmeister Ptolemaios aufgezeichnet hatte, stellte er für die hellen Sterne Aldebaran, Sirius und Arktur auffällige Differenzen fest. Sollten die Fixsterne ihren Namen zu Unrecht tragen? Man begann nun mit umfangreichen Positionsmessungen der Sterne, um diese Frage näher zu untersuchen. Besonders genaue Sternörter leitete der Göttinger Astronom Tobias Mayer um 1860 ab. Die Vermutung Halleys wurde dadurch explizit bestätigt, und Mayer gilt seitdem definitiv als Entdecker der Eigenbewegungen der Fixsterne. Eine Frage zog die andere nach sich: Wenn alle Sterne mehr oder weniger große Bewegungen ausführen, welchen Regeln oder Gesetzen folgen diese? Mayer ging von der Annahme aus, dass die Eigenbewegungen nach Richtung und Größe regellos verteilt sind. Doch sollte unsere Sonne dann nicht auch eine Bewegung im Raum aufweisen wie die anderen Sterne? Wenn dies der Fall wäre, müsste sich die so genannte Pekuliarbewegung der Sonne aber in den Eigenbewegungen der Sterne widerspiegeln. Sie müssten gleichsam einen systematischen Anteil enthalten, der sich ihrer regellos verteilten Bewegung überlagert. Würde man durch genaue Beobachtungen einen solchen systematischen Anteil finden, sollte sich daraus die Bewegung unserer Sonne und der Zielpunkt ihrer Bewegung, der so genannte Apex, ableiten lassen.

Dieser Aufgabe wendete sich F. W. Herschel zu, obwohl ihm nur die Eigenbewegungen von 13 Sternen zur Verfügung standen.

DIE EIGENBEWEGUNG DER SONNE

Die Geschwindigkeit der Sonne v_{Sonne} gegenüber den Sternen der Sonnenumgebung bis etwa zur 12. Größe beträgt 20 km s^{-1} und die Koordinaten des Zielpunktes (Apex) lauten

$\alpha = 18^h$ und $\delta = +30°$.

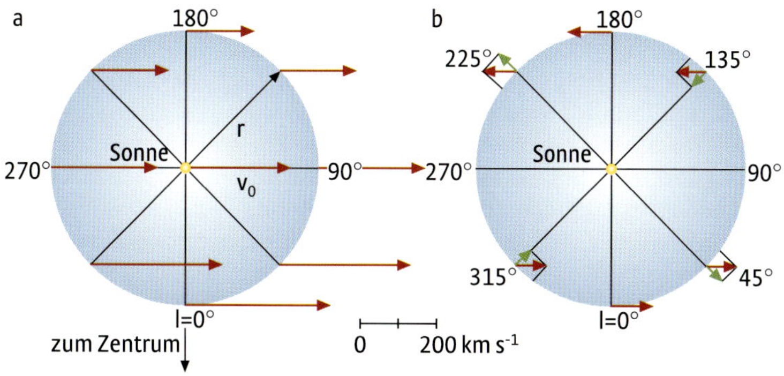

ABSOLUTE UND RELATIVE GESCHWINDIGKEITEN VON STERNEN IN 3 KPC ENTFERNUNG VON UNSERER SONNE. DIE ABSOLUTEN GESCHWINDIGKEITEN (A) SIND DURCH GESCHWINDIGKEITSVEKTOREN DARGESTELLT, DIE DEM WEG DER STERNE IN JEWEILS 10^7 JAHREN ENTSPRECHEN. DIE GESCHWINDIGKEITEN DERSELBEN STERNE RELATIV ZUR SONNE (B) VERANSCHAULICHEN DIE ENTSTEHUNG DER DOPPELWELLE DER RADIALGESCHWINDIGKEITEN (S. S. 126).

Sein Ergebnis: Die Sonne bewegt sich in Richtung des Sternbildes Herkules. Ungeachtet der dürftigen Datenbasis erwies sich sein Resultat als prinzipiell richtig. Die von Herschel angegebenen Koordinaten des Zielpunktes der Sonnenbewegung entsprachen jedoch verständlicherweise noch nicht den späteren, viel genaueren Werten. Je besser man die Eigenbewegungen der Sterne kennen lernte und je größer deren Anzahl war, umso genauer wurden auch die Apexbestimmungen (s. Kasten links).

Nach der Entdeckung der Spektralanalyse rückten auch bald die Radialgeschwindigkeiten in das Interesse der Astrophysiker, also die Geschwindigkeiten der Sterne auf den Beobachter zu oder von ihm weg. Diese konnte man aus den Doppler-Verschiebungen der Spektrallinien feststellen. Ab 1885 versuchten viele Forscher, die radialen Komponenten der Sternbewegung zu bestimmen. Auch hier wurden die abgeleiteten Werte mit der Zeit immer genauer und die Zahl der Bestimmungen stieg rasch an. Es zeigte sich bald, dass die Sonnenbewegung „unterschiedlich ausfällt", je nachdem, auf welche Sterne man sich zu ihrer Bestimmung bezieht. Das war ein weiterer Beleg dafür, dass es tatsächlich einen systematischen Anteil in den Sternbewegungen gibt, der auf die Bewegung der Sonne zurückzuführen ist. Deshalb wurde eine „Standard-Sonnenbewegung" definiert, die aus den Eigenbewegungen und Radialgeschwindigkeiten der Sterne der Sonnenumgebung bestimmt wurde.

Das genaue Studium der Radialgeschwindigkeiten und Eigenbewegungen der Sterne führte bald zu interessanten Feststellungen von großer Tragweite. Zunächst ergaben sich einige unverstandene Merkwürdigkeiten: Während die meisten Sterne der Sonnenumgebung vergleichsweise geringe Geschwindigkeiten von etwa 30 km/s aufweisen, fand man auch einige „Schnellläufer" mit drei- bis zehnmal höheren Geschwindigkeiten. So bemerkten Sydney Adams und Arnold Kohlschütter 1914, dass es in einem bestimmten Teil des Himmels hauptsächlich Objekte gibt, deren Radialgeschwindigkei-

DIE DOPPELWELLE DER RADIALGESCHWINDIGKEITEN (OBEN) UND DER EIGENBEWEGUNGEN (UNTEN)

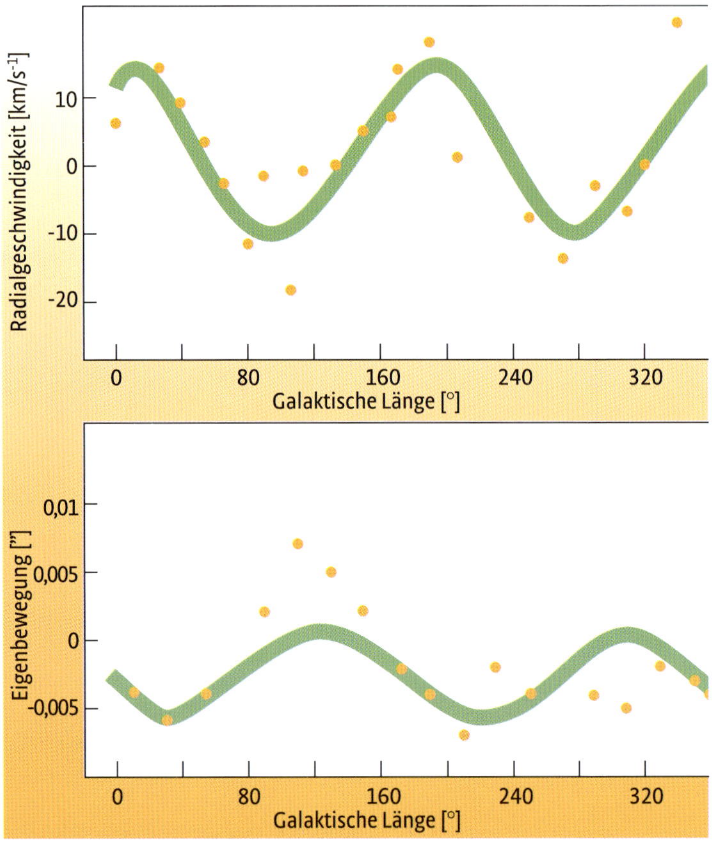

ten negativ sind, die sich uns also annähern. In einer anderen Zone zwischen den galaktischen Längen von 131° bis 322° kommen solche schnell laufenden Sterne hingegen nicht vor. Als J. H. Oort eine größere Zahl dieser Schnellläufer untersuchte, fand er in einem Segment zwischen den galaktischen Längen von 162° bis 310° positive Radialgeschwindigkeiten, in dem gegenüber liegenden Segment hingegen negative.

Schließlich trug man um 1915 erstmals die Radialgeschwindigkeiten von B-Sternen – befreit vom Einfluss der Sonnenbewegung – über der galaktischen Länge auf und machte dabei einen wichtigen Fund: Die Werte ergaben einen deutlichen systematischen Gang mit der galaktischen Länge. In der grafischen Darstellung (s. Abb. oben) zeigt sich diese Abhängigkeit in Gestalt einer doppelten Sinuswelle, deren Maxima bei $l = 10°$ und $l = 190°$ und deren Minima bei $l = 100°$ und $l = 280°$ liegen. Für die Längen $l = 325°$ und $l = 145°$ nehmen die pekuliaren Radialgeschwindigkeiten hingegen den Wert Null an. Eine Untersuchung der Doppelwellen für Objekte verschiedener Entfernungen zeigte außerdem, dass die Amplituden der Sinuskurven umso größer ausfallen, je weiter die Objekte entfernt sind.

Was bedeutete all dies? Offenbar handelt es sich um Daten, die für die Deutung der Bewegungsverhältnisse der Objekte des Sternsystems von großer Bedeutung sein mussten. Schon Herschel hatte aus der abgeplatteten Struktur des Sternsystems auf dessen Rotation geschlossen. Auch der schwedische Astronom Johann August Hugo Gyldén führte bereits um 1871 die asymmetrische Verteilung der Eigenbewegungen der Sterne auf eine Rotation des Systems zurück. Nachdem sich die anfänglich noch recht dürftigen und wenig zuverlässigen Ergebnisse nun in breitem Umfang bestätigt hatten, entwarf der schwedische Theoretiker Bertil Lindblad 1925 das Modell einer rotierenden Milchstraße. Oort entwickelte diese Ansätze weiter und schuf die in ihren Grundzügen noch heute gültige dynamische Theorie des Milchstraßensystems. Sollte sie zutreffend sein, so musste es neben der doppelten Sinuskurve der Radialgeschwindigkeiten auch eine für die Eigenbewegungen geben. Die genaue Untersuchung der Eigenbewegungen bestätigte diese Vermutung: Die Sinuswelle der Eigenbewegungen war erwartungsgemäß um 45° gegen jene der Radialgeschwindigkeiten verschoben (s. Abb. links unterer Teil).

Die Beobachtung der Eigenbewegungen und Radialgeschwindigkeiten der Sterne hatte somit zweifelsfrei ergeben: Das Milchstraßensystem rotiert und die Oortsche Rotationstheorie schreibt

DIE ROTATION DER GALAXIS

Für die Rotation unseres Sternsystems in der Umgebung der Sonne entwickelte Oort die folgenden Formeln:

Radiale Komponente $v_r = A \cdot r \cdot \sin 2l$

Tangentiale Komponente $v_t = A \cdot r \cdot \cos 2l + B \cdot r$

Hier bedeuten: *A* und *B* – die Oortschen Konstanten, *r* – der Abstand des jeweiligen Sterns von der Sonne und *l* – die galaktische Länge des betrachteten Sterns.

Die Zahlenwerte der Oortschen Konstanten betragen:

$$A = +14\ km\ s^{-1}\ kpc^{-1}$$
$$B = -12\ km\ s^{-1}\ kpc^{-1}$$

Die Doppelwellen der beiden Geschwindigkeitskomponenten v_r und v_t entsprechen genau den Beobachtungen.

jedem Objekt im System eine seinem Ort entsprechende Geschwindigkeit zu (Rotationsgesetz).

Oort konnte übrigens aufgrund seiner Erkenntnisse nun auch die rätselhaften „Schnellläufer“ erklären. Diese Sterne mit Relativgeschwindigkeiten zur Sonne größer als 65 km/s haben nämlich eine andere Bewegungsrichtung im Raum. Während die Sonne sich näherungsweise auf einer Kreisbahn um das Zentrum des Milchstraßensystems bewegt, beschreiben die „Schnellläufer“ stark elliptische – teils sogar rückläufige – Bahnen mit großen Neigungen gegen die galaktische Ebene. Sie laufen daher vorwiegend radial auf den Kern des Systems zu oder von ihm weg. Sie bleiben bei ihrer Bewegung hinter der Sonne zurück und sind folglich in Wirklichkeit eher „Langsamläufer“, die – ebenso wie die Kugelsternhaufen – an der allgemeinen Rotation des Systems kaum teilnehmen.

Das Sternenkarussell

Der Abstand der Sonne vom galaktischen Zentrum – und zugleich vom Zentrum der Kugelsternhaufen – beträgt nach heutigen Erkenntnissen 8,5 Kiloparsec (rund 28 000 Lichtjahre). Die Unsicherheit dieses Wertes beträgt etwa 15 %. Die Sonne bewegt sich einmal in 240 Millionen Jahren mit einer Geschwindigkeit von 220 km s^{-1} auf einer kreisförmigen Bahn um das Zentrum.

Die anderen Sterne und die Gaswolken des Systems bewegen sich mit anderen Geschwindigkeiten. Je näher sich die Objekte am Zentrum des Systems befinden, desto schneller bewegen sie sich, und je größer ihre Distanzen vom Zentrum sind, umso langsamer ist ihre Geschwindigkeit. Das Bewegungsverhalten der Objekte des Sternsystems, soweit sie sich innerhalb der galaktischen Ebene (Scheibe) befinden, ist also (in bestimmten Bereichen) dasselbe wie jenes der Planeten in unserem Sonnensystem. Man nennt dies eine differenzielle Rotation.

Die Kenntnis der Sonnenbewegung verschafft uns nun einen Zugang zur Bestimmung der Masse des Sternsystems. Nehmen wir zunächst vereinfachend an, die gesamte Masse des Sternsystems sei im galaktischen Zentrum konzentriert, so können wir diese Masse auf dieselbe Weise bestimmen wie die Massen im Planetensystem. Die Masse des Milchstraßensystems ergibt sich danach zu rund 100 Milliarden Sonnenmassen ($= 10^{11}$ Sonnenmassen $= 2 \cdot 10^{41}$ kg).

Natürlich ist die Masse des Sternsystems in Wirklichkeit nicht in seinem Zentrum konzentriert. Das zeigen uns bereits die Beobachtungen über die Verteilung der Sterne und der interstellaren Materie. Einen handfesten Hinweis darauf liefert uns auch die so genannte Rotationskurve des Sternsystems. Es wurde bereits erwähnt, dass die großräumige Verteilung der Materie im Milchstraßensystem mit Hilfe der durchdringenden Radiostrahlung des neutralen Wasserstoffs untersucht werden kann. Doch wussten wir zunächst nicht, welche gemessenen Geschwindigkeiten wir welchen Distanzen zuordnen sollten. Die Oortsche Theorie der Dynamik des Sternsystems hat hier Abhilfe geschaffen, so dass wir aus Beobachtungen der 21-cm-Strahlung auch den Verlauf der Rotationsgeschwindigkeiten als Funktion des Abstandes vom galaktischen Zentrum gewinnen können. Diese Rotationskurve unterscheidet sich deutlich von dem Bild einer einfachen differenziellen Rotation. Die beobachteten Abweichungen hängen vermutlich mit der großräumigen Struktur des Systems zusammen, d. h. mit der spiralförmigen Verteilung von Sternen und Gasmassen.

Leider kann man die Verteilung der Masse (oder Dichte) im Sternsystem auch nicht aus direkten Beobachtungen ableiten. Dazu müsste man die räumliche Stellung eines jeden Sterns und aller anderen Objekte und deren Massen kennen. In der Praxis bestimmt man daher die Massenverteilung aus der beobachteten Rotationskurve. Man konstruiert Modelle der Massenverteilung und leitet die dazugehörigen Rotationskurven ab. Dann kann man davon ausgehen, dass jene Massenverteilung den tatsächlichen Verhältnissen am nächsten kommt, aus der sich die beobachtete Rotationskurve ergibt. Allerdings muss man auch hier vereinfachende Annahmen zu Grunde legen, von denen man bereits weiß, dass sie nicht zutreffen. So wird z. B. die spiralige Struktur des Gesamtsystems bei solchen Modellen vernachlässigt.

Ein häufig verwendetes Modell der Milchstraße hat der amerikanische Astronom Maarten Schmidt im Jahr 1965 entwickelt, indem er drei vergleichsweise einfache Komponenten geometrischer Körper ineinander schachtelte. Danach besteht die Milchstraße aus einem stark abgeplatteten Rotationsellipsoid, dessen große Halbachse 10 Kiloparsec lang ist, während die kleine Halbachse, die Symmetrieachse der Rotation, 0,5 Kiloparsec misst. Die Dichte nimmt vom Zentrum nach außen hin ab und beträgt am Ort der Sonne 0,15 Sonnenmassen je Kubikparsec. Die Gesamtmasse dieses Ellipsoids beträgt $0{,}82 \cdot 10^{11}$ Sonnenmassen. Die zweite Komponente ist eine Hülle, die das Ellipsoid umgibt und in der die Dichte stark nach außen abfällt. Die Masse dieser Komponente beträgt $0{,}93 \cdot 10^{11}$ Sonnenmassen. Im Zentrum des Systems wird eine wesentlich kleinere Punktmasse angenommen, die $7 \cdot 10^{9}$ Sonnenmassen enthält. Rund die Hälfte der Masse des Systems liegt innerhalb des Abstandes der Sonne vom Mittelpunkt, also innerhalb von 8,5 Kiloparsec. Die Gesamtmasse beträgt $1{,}8 \cdot 10^{11}$ Sonnenmassen, d. h. 180 Milliarden Sonnenmassen.

Das vergleichsweise einfache Modell von Schmidt beschreibt die kinematischen Daten recht zufriedenstellend. Dennoch legt die Struktur des Milchstraßensystems eine stärkere Differenzierung der Massenverteilung nahe.

DIE SPIRALARME DER MILCHSTRASSE

DIE GROSSRÄUMIGE STRUKTUR

Ein hervorstechendes strukturelles Merkmal der Materieverteilung innerhalb unseres Milchstraßensystems ist die spiralförmige Anordnung von Sternen und gasförmiger Materie. Unsere Milchstraße ist ein Spiralnebelsystem, wie wir sie in großer Zahl auch weit jenseits unserer heimatlichen Galaxis in den Tiefen des Raumes finden. Der Nachweis der Spiralstruktur und ihre exakte Beschreibung ist jedoch ein mühevolles und langwieriges Unterfangen, das erst mit der Entdeckung der 21-cm-Strahlung des neutra-

DIE VERTEILUNG DES NEUTRALEN WASSERSTOFFS IN DER EBENE DES MILCHSTRASSENSYSTEMS NACH 21-CM-RADIOBEOBACHTUNGEN

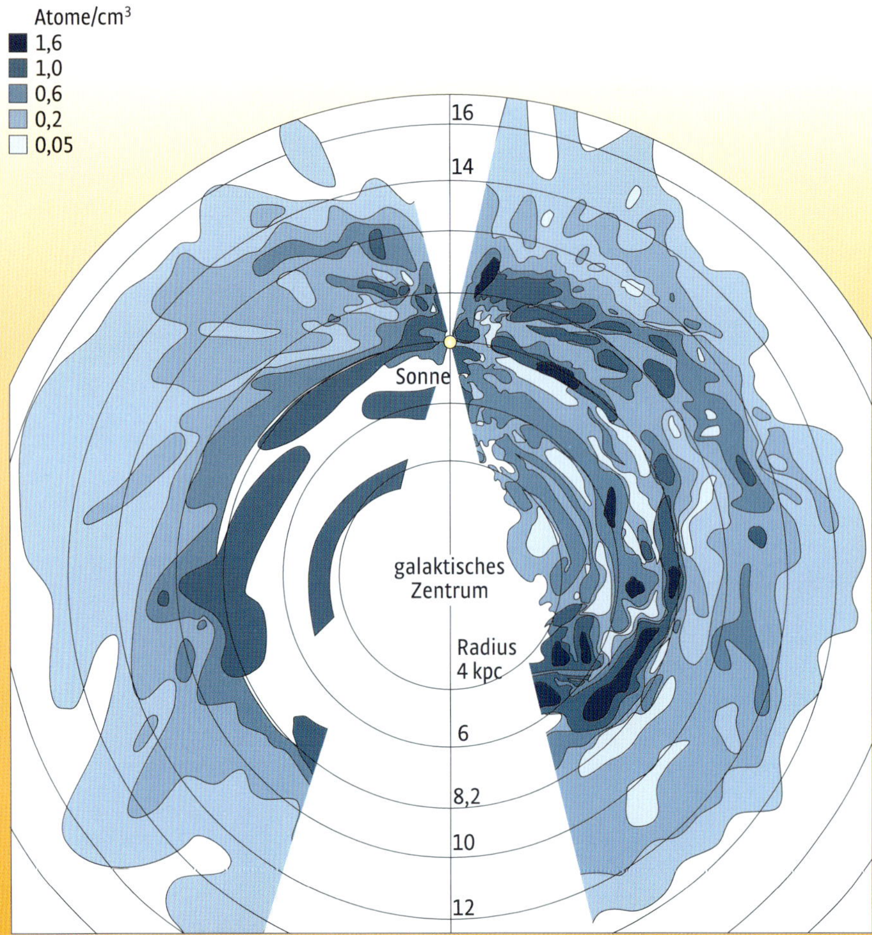

len Wasserstoffs auf ein einigermaßen verlässliches Fundament gestellt wurde. Die gemessenen Doppler-Verschiebungen der 21-cm-Linie liefern Geschwindigkeitswerte, die aufgrund des Rotationsgesetzes bestimmten Distanzen zugeordnet werden können. So einfach diese Verfahrensweise anmutet, so schwierig gestaltet sie sich in der Wirklichkeit. Bei den Distanzbestimmungen der Wasserstoffwolken geht man nämlich von dem Rotationsgesetz aus, das für Kreisbahngeschwindigkeiten gilt. In der Bewegung des interstellaren Wasserstoffs treten jedoch auch radiale Strömungen auf, deren Verlauf nicht gut bekannt ist. Dadurch werden die Distanzmessungen in unkalkulierbarer Weise verfälscht. Deshalb können wir auch heute noch nicht von einem Abschluss der Forschungen zur genauen räumlichen Festlegung der Spiralstruktur des Milchstraßensystems sprechen.

Die ersten Ergebnisse über die Spiralstruktur aus Radiomessungen des neutralen Wasserstoffs erzielte Oort gemeinsam mit australischen Astronomen in den 50er-Jahren des 20. Jahrhunderts. Durch die beiden Beobachtungsorte auf der Nord- und Südhalbkugel unseres Planeten gelang es, die Strahlungsintensitäten als Funktion der Geschwindigkeiten für ein sehr großes Himmelsareal zu ermitteln. Das Bild der Verteilung des Wasserstoffs, das daraus abgeleitet wurde, zeigte klar eine spiralförmige Struktur. Es erschien Jahrzehnte hindurch als besonders wichtiger Beleg für die Erfolge der Erforschung unseres Sternsystems. Doch die tatsächliche Verteilung von Sternen und Gas war damit nur sehr grob umrissen. Wie so oft in der Geschichte der Wissenschaft basierten die Auswertungen auf mehreren Voraussetzungen, die man damals für gegeben hielt, die sich aber später als falsch erwiesen. Einer der maßgeblichen Gründe dafür bestand in der zunächst noch unbekannten Tatsache, dass Wasserstoff gar keinen so idealen Indikator für die Struktur des Systems darstellt, wie man anfangs gedacht hatte. Die Konzentration des Wasserstoffs ist nämlich in den Spiralarmen nicht besonders ausgeprägt. Außerdem gibt es die bereits erwähnten radialen Strömungen in der Bewegung des Wasserstoffs, so dass man oft Geschwindigkeiten misst, aus denen sich keine zutreffenden Entfernungen ergeben. Das alles wurde aber erst in den 70er-Jahren des 20. Jahrhunderts bekannt.

Die Bedeutung der Molekülwolken

Nun musste man sich wohl oder übel bequemen – zumindest für bestimmte Regionen des Sternsystems – andere Indikatoren zu finden. Das waren einerseits die Emissionsnebel, die innerhalb der Arme nur in kleinen Wolken vorkommen. Ein anderer hervorragender Indikator für die Spiralarmstruktur sind die interstellaren Mole-

DIE WICHTIGSTEN SPIRALARME UNSERES STERNSYSTEMS (NACH Y. UND Y. GEORGELIN, 1976)

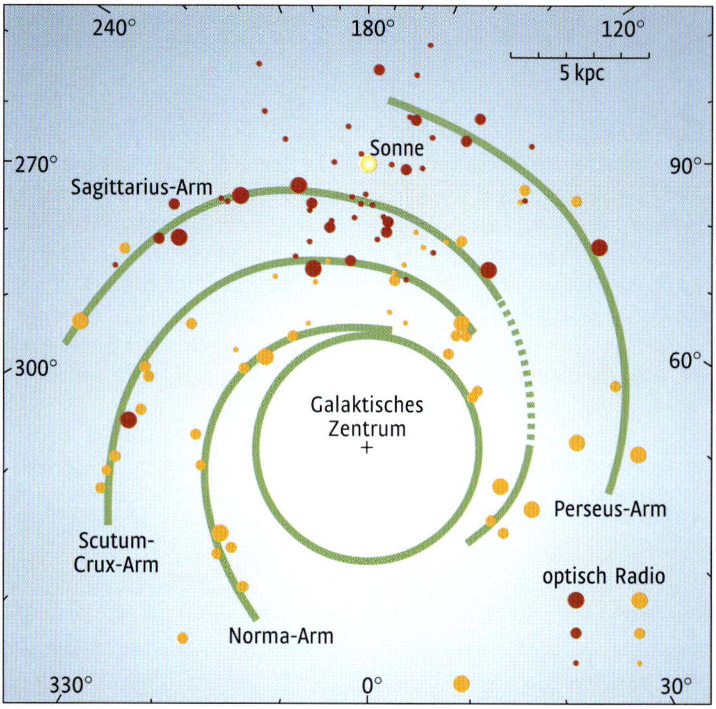

külwolken. Sie sind fast ausschließlich in den Spiralarmen beheimatet und strahlen sehr stark im Radiowellenbereich des Kohlenmonoxid (CO). Daher können die Radiowellen des CO quer durch das gesamte Milchstraßensystem von Radioteleskopen empfangen werden. Doch das „Gesichtsfeld" der großen Radioteleskope ist sehr begrenzt und sie sind deshalb wenig geeignet für eine zügige Durchmusterung des Himmels nach CO-Strahlungsquellen. Daher konstruierte der US-amerikanische Astronom P. Thaddeus 1975 ein sehr kleines Radioteleskop mit nur 1,2 m Öffnung speziell für die Suche nach Molekülwolken. Da die 2,6-mm-Strahlung des CO ganz unempfindlich gegenüber jeder Art von atmosphärischer Verschmutzung ist, konnte Thaddeus seine diffizile Aufgabe mitten in New York City in Angriff nehmen, wo er das Teleskop auf dem Dach der Universität stationierte. Für die Suche am Südhimmel wurde ein ähnliches Radioteleskop in Chile aufgestellt.

Und was ergaben sich für Resultate? Die Molekülwolken ordnen sich in einer ringförmigen Struktur an, rund 15 000 Lichtjahre vom galaktischen Zentrum entfernt. Von diesem Ring aus winden sich zwei Spiralarme nach außen. Benannt nach den Sternbildern, in deren Richtung diese Arme perspektivisch von der Erde aus erscheinen, heißen sie Scutum-Crux-Arm und Norma-Arm.

Die räumliche Zuordnung weiterer Molekülwolken führte bereits zu einem recht differenzierten Bild des Verlaufs verschiedener Spiralarme, wie man ihn zuvor auf anderem Wege noch nie hatte ermitteln können. Dabei zeigte sich auch, dass man ausgedehnte Hauptarme von anderen unterscheiden muss, die nur als kurze Segmente in Erscheinung treten.

Die Indikatoren, die uns den Verlauf dieser Arme andeuten, sind offene Sternhaufen geringen Alters und diffuse Wolken ionisierten Wasserstoffs, deren Leuchten durch die heißen jungen Sterne ihrer Nachbarschaft zustande kommt. Obschon diese Gebilde für das Gesamtbild unseres Milchstraßensystems kaum entscheidend sind, spielen sie doch für die Erkundung der Spiralstruktur die entscheidende Rolle, weil ihre räumliche Position mit hoher Genauigkeit ermittelt werden kann. Dabei zeigt sich, dass diese Objekte in einige hundert Lichtjahre breiten Streifen angeordnet sind, die ohne Zweifel Teile von Spiralarmen darstellen.

Die drei großen Spiralarme

Nach heutigen Kenntnissen wird das Bild unseres Sternsystems wesentlich durch mehrere ausgeprägte Spiralarme bestimmt, von denen wir inzwischen drei etwas genauer kennen: den Perseus-Arm, den Sagittarius-Arm und den Orion-Arm (auch Lokaler Arm).

Was wissen wir gegenwärtig über diese drei am besten untersuchten Spiralarme unseres Sternsystems? Zweifellos bei weitem noch nicht alles, denn nur Teile dieser Arme sind uns wegen der zwischen ihnen und dem irdischen Beobachter liegenden Staubwolken zugänglich und noch nicht sämtliche in Frage kommenden Objekte sind genau genug untersucht. Auch bleiben einige Fehlerquellen ungenügend kalkulierbar: Gilt für die Gasmassen der Galaxis dasselbe Rotationsgesetz wie für die Sterne, aus deren Verhalten wir es abgeleitet haben? Ist das für unsere Entfernungsangaben so entscheidende Rotationsgesetz überhaupt im ganzen Milchstraßensystem gültig?

Gewiss sind wir also noch weit davon entfernt, die Spiralstruktur unseres Sternsystems genau zu kennen. Dennoch besteht kein Zweifel daran, dass wir uns in einem Spiralsystem befinden, über das wir eine Reihe von Aussagen machen können, die den tatsächlichen Gegebenheiten weitgehend entsprechen dürften.

Bei unserer nun folgenden „Wanderung“ entlang der drei Hauptarme unseres Systems werden wir vielen jener Objekte begegnen, die – zumal im Zeitalter der lichtstarken Farbfotografie – symbolisch für die „Schönheit des Universums“ stehen und uns von unzähligen Kalenderblättern, Postern und Lichtbildern immer wieder in prachtvollen Farben entgegenstrahlen. Gleichzeitig werden wir aber auch wichtige Erkenntnisse über diese „Bewohner" der Spiralarme gewinnen, die für unsere Vorstellungen von der Entstehung und Entwicklung der Sterne und des Sternsystems von entscheidender Bedeutung sind.

DER PERSEUS-ARM

Der Perseus-Arm ist besonders gut untersucht und für die Forschung aus mehreren Gründen besonders wichtig. Die gute Kenntnis dieses Spiralarms beruht hauptsächlich darauf, dass sich bis in die jüngste Zeit hinein die meisten Teleskope auf der Nordhalbkugel der Erde befanden. Da Perseus ein Sternbild des nördlichen Himmels ist, lässt es sich von der Nordhalbkugel der Erde aus gut beobachten. Die Richtung zum Sternbild Perseus weist zudem auf den Rand unseres Sternsystems. Deshalb stören uns bei seiner Erforschung keine weiteren Strukturen im „Hintergrund", wie dies beim Sagittarius-Arm in Richtung zum Zentrum unseres Systems der Fall ist.

Sternhaufen und Sternentstehung

Wir beginnen die Untersuchung des Perseus-Arms (vgl. auch Abb S. 178) mit zwei markanten Gebilden in rund 8000 Lichtjahren Entfernung, die mit dem bloßen Auge sichtbar sind und als besonders schöne „Feldstecherobjekte" gelten: die schon erwähnten beiden offenen Sternhaufen h und χ im Perseus. Sie entstanden erst vor etwa 5 Millionen Jahren und enthalten daher noch viele O- und B-Sterne, also heiße Objekte mit besonders großen absoluten Helligkeiten. Die Haufen befinden sich nicht direkt in der Milchstraßenebene, sondern knapp darunter. Über dem berühmten Doppelhaufen befindet sich in der galaktischen Ebene ein weiteres Paar offener Sternhaufen, die noch jünger sind – nämlich nur rund eine Million Jahre. Die beiden Haufen IC 1805 und IC 1848 zählen zu jenen Sternansammlungen, deren übrig gebliebenes „Baumaterial" noch als leuchtendes Gas beobachtet werden kann.

DER OFFENE STERNHAUFEN NGC 457 IM STERNBILD KASSIOPEIA

In derselben Gegend treffen wir auch auf eine „aktive Geburtsstätte" von Sternen, die im Infrarot- und Radiowellengebiet sehr hell strahlt und im Radioquellenkatalog von Gart Westerhout die Bezeichnung W 3 trägt. Noch sind die leuchtkräftigen jungen Sterne dieser Region von Staubmassen umgeben, so dass sie nicht direkt beobachtet werden können. Doch schon in einer vergleichs-

DER DOPPELSTERNHAUFEN H UND CHI IM PERSEUS

weise nahen Zukunft könnten sie im sichtbaren Licht sehr hell erstrahlen.

Verfolgen wir den Perseus-Arm in Richtung des Sternbildes Kassiopeia tiefer in den Raum hinein, so begegnen wir weiteren Gebieten mit jungen offenen Sternhaufen und Geburtsstätten von Sternen. Dazu zählt auch der Sternhaufen NGC 457 (s. Abb. links) mit dem Überriesen φ Cas, der wegen seiner enormen absoluten Helligkeit ungeachtet der großen Distanz von rund 9000 Lichtjahren noch als ein Stern 4,7ter Größe mit dem bloßen Auge zu sehen ist. Da der massereiche Stern keine große Lebenserwartung besitzt und der Haufen derzeit 25 Millionen Jahre alt ist, wird φ Cas gewiss in vergleichsweise naher Zukunft als Supernova explodieren.

Dasselbe Schicksal steht auch vielen anderen massereichen Sternen in dieser Region des Perseus-Arms bevor, so dass wir dort in dichter Folge eine Häufung von Supernova-Explosionen erwarten dürfen. Angesichts dieser Sachlage können wir auch davon ausgehen, dass eine große Zahl von massereichen Sternen im Perseus-Arm dieses Schicksal bereits hinter sich hat. Wir müssten demzufolge dort auch viele Supernova-Relikte vorfinden, was tatsächlich der Fall ist.

Supernova-Überreste

Der bekannteste Supernova-Überrest tritt uns in Gestalt der Radioquelle Cassiopeia A (s. Abb. S. 138) entgegen, deren Strahlungsintensität im Radiobereich von keinem anderen uns bekannten Objekt in der Galaxis übertroffen wird. Optisch beobachten wir

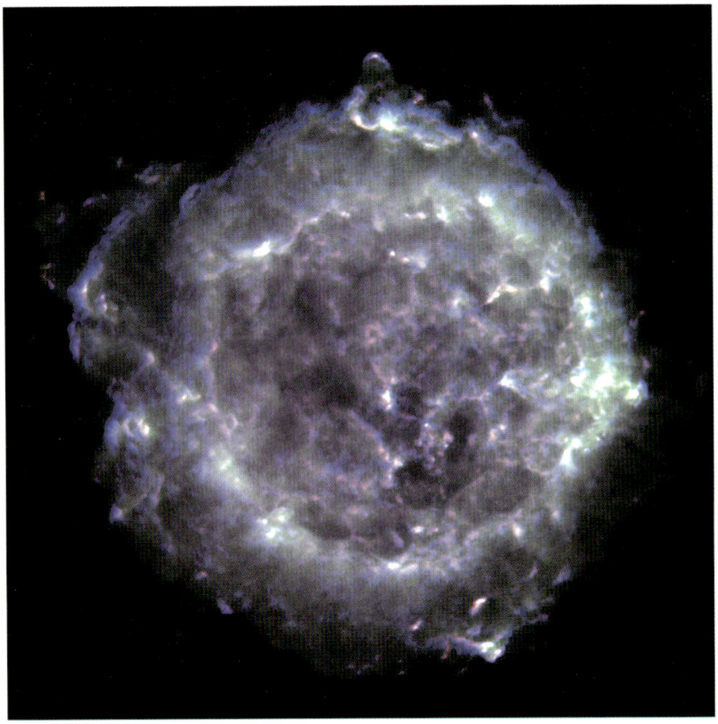

DER SUPERNOVA-ÜBERREST CASSIOPEIA A IM BEREICH DER RADIOSTRAHLUNG (FALSCHFARBENDARSTELLUNG)

am Ort von Cas A einen kreisförmigen Nebel mit zahlreichen schwachen Filamenten und Knoten, eine Gasmasse, die mit einer Geschwindigkeit von rund 6000 km/s expandiert. Der Ausbruch der Supernova muss erst vor etwa 300 Jahren stattgefunden haben. Beobachtet hat ihn offenbar niemand, denn es gibt keinerlei Aufzeichnungen darüber. Daraus lässt sich schließen, dass die Supernova selbst zum Zeitpunkt ihrer größten Helligkeit höchstwahrscheinlich ein ungewöhnlich lichtschwaches Objekt gewesen ist. Die Ursache der Radiostrahlung erklärt man sich so, dass vermutlich die expandierenden Gasmassen auf eine Wolke treffen, die der damals explodierte Stern schon zuvor in seinem Stadium als Roter Riese in den Raum geschleudert hatte. Daraus ergibt sich ein kompliziertes Magnetfeld, das letztlich die Elektronen zur Aussendung von Synchrotronstrahlung (s. S. 100) veranlasst.

Unter den weiteren Supernova-Überresten dieses Himmelsareals befindet sich auch das Überbleibsel einer ausgesprochenen Berühmtheit, der „Tychonischen Nova“. Diese Supernova wurde nach ihrem prominentesten Beobachter, dem dänischen Astronomen Tycho Brahe benannt und von ihm erstmals am 11. November 1572 als ein „neuer“ strahlend heller Stern gesehen. Nachdem sich Tycho vergewissert hatte, dass der „Neue Stern“ eindeutig der Fixsternsphäre zugehörte, erlangte die Entdeckung eine besondere Brisanz, galt doch damals noch nahezu unangefochten die Lehrmeinung des Aristoteles. Danach „durfte" es in der ewigen Sphäre der Fixsterne keinerlei Veränderungen geben. Hier musste der Altmeister also geirrt haben. Wo vielleicht außerdem noch?

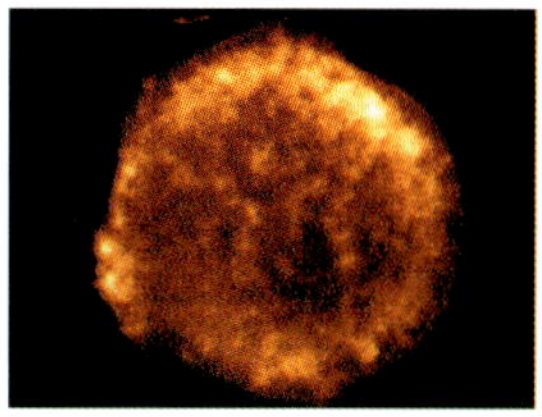

ÜBERREST VON TYCHOS SUPERNOVA VON 1572 IM STERNBILD KASSIOPEIA IM RÖNTGENLICHT

Tychos sorgfältige Helligkeitsbeobachtungen des sensationellen Objektes gestatten es, die Supernova eindeutig dem Typ I zuzuordnen. Demnach war der explodierte Stern von ganz anderer Art als jener, der das Objekt Cas A erzeugt hatte: Bei der Tychonischen Nova musste es sich nach heutigen Kenntnissen um einen massearmen Stern gehandelt haben, von dem nach der Explosion nichts übrig geblieben ist. Tatsächlich lassen sich im Zentrum des Supernova-Überrestes auch keinerlei Anzeichen für einen Neutronenstern finden, wie er als Ergebnis der Explosion massereicher Sterne (Supernova-Typ II) auftritt.

Doch mit Tychos Supernova ist die Reihe spektakulärer Objekte im Perseus-Arm noch nicht erschöpft. Ein prominenter „Bewohner" des Perseus-Arms ist nämlich der Krabben-Nebel im Sternbild Stier (M 1 = NGC 1952, s. S. 64), der auch vielfach irreführenderweise Krebs-Nebel genannt wird, was oft zu der Vermutung führt, er würde sich im Sternbild Krebs befinden. Ein weitereres Objekt ist die Radioquelle 3C 58 – beide sind Supernova-Überreste. M 1 geht auf eine Supernova-Explosion im Jahr 1054 zurück, die damals von chinesischen Beobachtern registriert wurde. Die Radiohelligkeit des Objektes ist beträchtlich und auch im Bereich extrem kurzwelliger Röntgen- und Gammastrahlung leuchtet das Objekt ungewöhnlich intensiv. Heute wissen wir, dass es sich bei dem sehr lichtschwachen Zentralstern des Krabben-Nebels (Helligkeit 16^{m}) um einen Neutronenstern (Pulsar) handelt, dessen Pulsrate mit 30 Pulsen je Sekunde extrem hoch ist – ein Hinweis auf das sehr jugendliche Alter des Objektes. Je älter ein Pulsar nämlich ist, umso mehr Energie hat er bereits aus der Rotation „abgezapft" und umso geringer wird damit die Zahl der Pulse je Zeiteinheit. Inzwischen sind die Pulse des Sterns in allen Wellenlängenbereichen nachgewiesen.

Der Übergang zum Orion-Arm

Zu den Sternentstehungsgebieten im Perseus-Arm zählen auch drei offene Sternhaufen im Fuhrmann, die schon für kleine Fernrohre zugänglich sind und von Messier als Nummer 36, 37 und 38 katalogisiert wurden. Der schönste von ihnen ist M 37. Er ist rund 300 Millionen Jahre alt und von einigen Sternen geprägt, die sich bereits zu Roten Riesen entwickelt haben.

Im Perseus-Arm befindet sich auch der knapp 6000 Lichtjahre entfernte und zu den schönsten Objekten des Himmels zählende

Rosetten-Nebel (li.), der dank der modernen fotografischen Technik auf Fotos ein prachtvolles Bild bietet. In seinem Zentrum befindet sich ein Rudel heißer Sterne, die erst vor etwa einer Million Jahren entstanden sind. Der Nebel leuchtet im Licht des Wasserstoffs rot. Seine Ausdehnung ist mit 100 Lichtjahren Durchmesser beachtlich.

LINKE SEITE:
DER ROSETTEN-NEBEL IM STERNBILD EINHORN

Mit dem Rosetten-Nebel haben wir uns allerdings den Grenzen unserer Kenntnisse über den Perseus-Arm genähert, denn er könnte auch bereits dem Orion-Arm zugehören. Zwischen dessen äußeren Partien und dem Rosetten-Nebel gibt es zwar eine Lücke, aber ob damit schon die Zugehörigkeit des Rosetten-Nebels zum Perseus-Arm gesichert ist, wird von vielen Astronomen bezweifelt. Überhaupt gibt es hier noch manche Ungereimtheit: In großen Teilen des Armes fehlen Nebel und Sternhaufen und wir müssen die Lücken durch interstellaren Wasserstoff „auffüllen“. Die danach wieder anzutreffenden Nebel – jenseits des Krabben-Nebels – weisen eher auf einen anderen Spiralarm (vgl. auch Abb. S. 178). Jedenfalls lassen sie sich an den Perseus-Arm nicht nahtlos anfügen. Möglicherweise geht der Perseus-Arm in zwei Zweigarme über oder es handelt sich überhaupt um zwei weitere Armsegmente, die irgendwo weit draußen im Bereich des Krabben-Nebels beginnen. Es bleibt zu vermuten, dass der Perseus-Arm sich nicht um die gesamte Galaxis windet, sondern eine „flockige“ Spirale darstellt, die aus jungen Sternen und Nebeln besteht, aber keinen durchgehenden Zusammenhang aufweist.

DER SAGITTARIUS-ARM

Ganz anders als die Perseus-Spirale stellt sich jener Arm unserer Galaxis dar, den wir von der Sonne ausgehend in Richtung zum Zentrum der Galaxis studieren können: der Sagittarius-Arm. Seine Erforschung ist mit erheblichen Schwierigkeiten verbunden, denn wieder einmal versperren ausgedehnte Dunkelwolken den Blick auf die hinter ihnen liegenden Objekte. Auch wenn wir die lästigen Staubschwaden heute mit den Hilfsmitteln der Radio- und Infrarotastronomie zu durchdringen vermögen, werden wir nicht viel klüger. Die Objekte erscheinen in der Sichtrichtung übereinander projiziert in einer solchen Fülle, dass ihre räumliche Trennung extrem schwierig wird. Deshalb sind wir ausschließlich auf Geschwindigkeitsmessungen von Nebeln angewiesen, denen wir dann gemäß dem galaktischen Rotationsmodell Entfernungen zuordnen. Doch diese sind nicht eindeutig, weil in den inneren Bereichen des Milchstraßensystems jeweils zwei Punkte ein und derselben Sichtlinie dieselbe Radialgeschwindigkeit aufweisen. So sind z. B. für eine schwache Radioquelle an der Grenze der Sternbilder Skorpion und

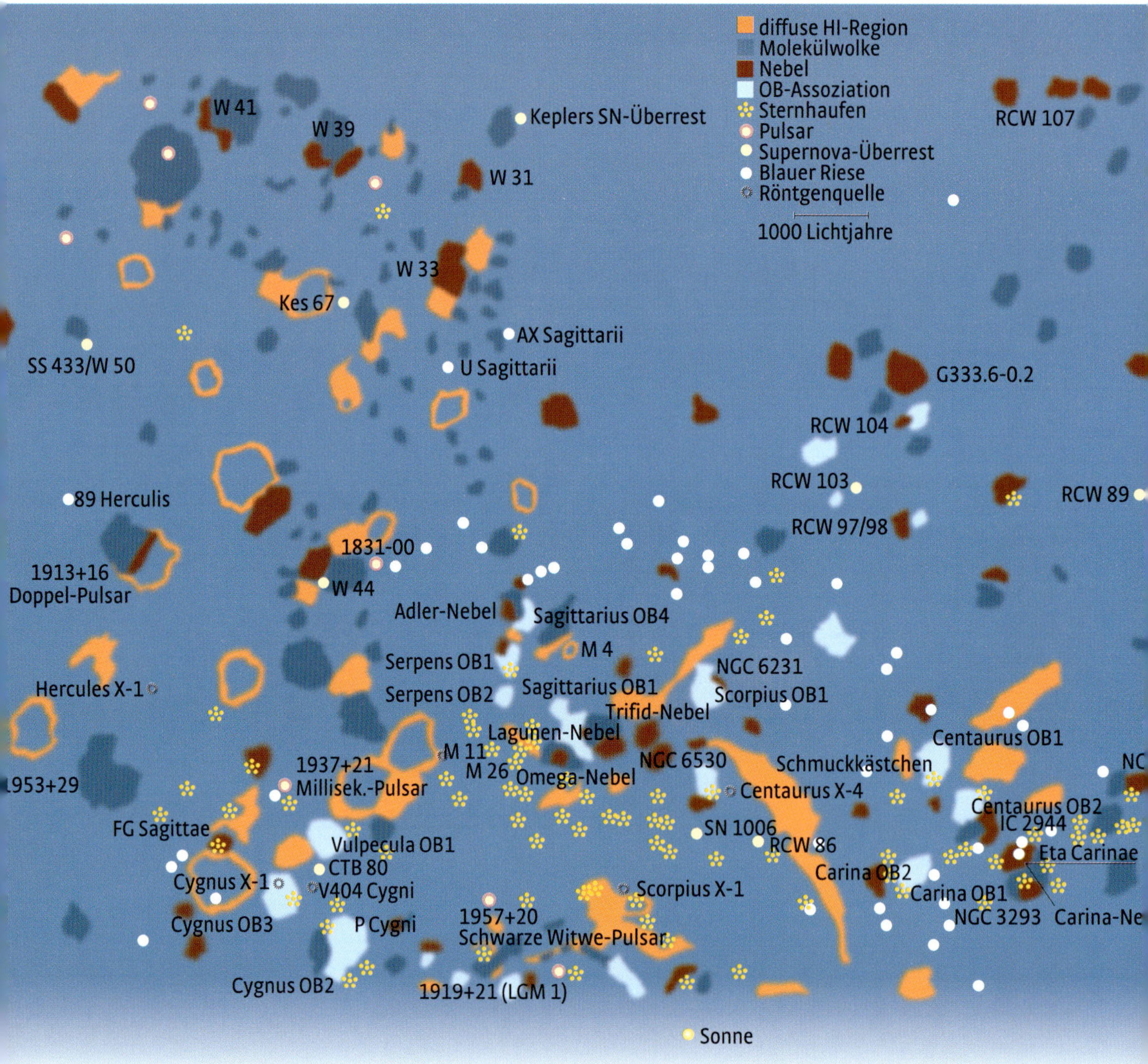

EIN BLICK IN DIE TIEFEN DES SAGITTARIUS-ARMS MIT SEINEN ZAHLREICHEN NEBELN UND STERNENTSTEHUNGSGEBIETEN. UNTEN LINKS SIND AUCH OBJEKTE DES LOKALEN ARMS, OBEN RECHTS SOLCHE DES NOCH WENIG ERFORSCHTEN SCUTUM-CRUX-ARMS ZU ERKENNEN.

Altar am südlichen Sternhimmel zwei Deutungen möglich: Entweder handelt es sich um einen vergleichsweise unscheinbaren schwachen Nebel in rund 10 000 Lichtjahren Entfernung oder um ein Objekt weit draußen in den Randgebieten des Systems bei etwa 50 000 Lichtjahren Distanz. Im zweiten Fall wäre das Objekt sehr massereich und alles andere als unbedeutend.

Wenn wir den Sagittarius-Arm verfolgen wollen, müssen wir zunächst ein Stück jenes Spiralarms unseres Sternsystems durchqueren, dem wir selbst angehören: den Teil des Orion-Arms in Richtung zum Sternbild Schwan. Den Orion-Arm wollen wir aber erst im nächsten Kapitel näher in Augenschein nehmen und wir beginnen daher unsere Reise entlang des Sagittarius-Armes direkt jenseits des Orion-Arms.

Das Rätsel von SS 433

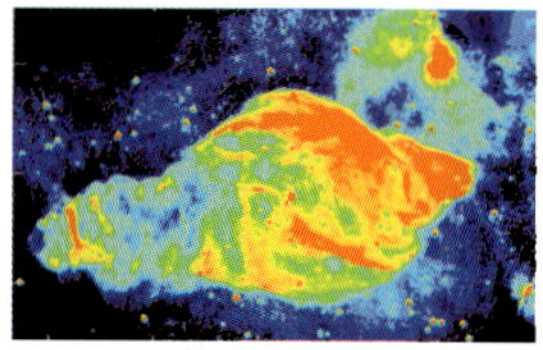

DER SUPERNOVA-ÜBERREST SS 433 IM RÖNTGENLICHT

Weit jenseits eines markanten Objektes, das 11 000 Lichtjahre von uns entfernt noch dem Orion-Arm zugehört, der Röntgenquelle Hercules X-1 (s. Abb. links), begegnen wir im Sternbild Adler etwa 18 000 Lichtjahre von uns entfernt einem der merkwürdigsten Objekte unseres Sternsystems. Es trägt die Bezeichnung SS 433 und wurde zunächst in den 60er-Jahren des vergangenen Jahrhunderts als ein Stern mit starken Emissionslinien in seinem Spektrum katalogisiert. Erst viel später stellte sich heraus, dass SS 433 im Zentrum einer Radioquelle liegt, die in einem anderen Katalog die Bezeichnung W 50 trägt. Auf der Suche nach Überresten von Supernova-Explosionen fanden schließlich Radioastronomen im Zentrum von W 50 ein verdächtiges Objekt, von dem sie aber anfangs nicht bemerkten, dass es sich um den „alten Bekannten" SS 433 handelte. Diese ungewöhnliche stellare Strahlungsquelle musste also in irgendeinem Zusammenhang mit dem Radio-Objekt W 50 stehen. Die weiteren Untersuchungen bestätigten diesen Verdacht vollauf. Allerdings bedurfte es noch vielfältiger Studien, ehe das Rätsel von SS 433 zufriedenstellend gelöst war. Zunächst erwies sich das Spektrum des sternförmigen Objektes als wirklich abnorm: Die charakteristischen starken Emissionslinien veränderten im Rhythmus von einem knappen halben Jahr ihre Wellenlängen um einen Mittelwert, der den Linien des Wasserstoffs entsprach. Es musste sich also um Wasserstoff handeln, der sich bald auf uns zu, dann aber wieder von uns weg bewegt, so dass die Linien sich mal diesseits, mal jenseits der „Normalposition" befinden. Der Stern selbst konnte jedoch nicht die Ursache dieser Linien sein, denn sonst hätten sie als dunkle Fraunhofer-Linien erscheinen müssen. Offensichtlich entweichen dem Stern zwei gasförmige Jets in entgegengesetzte Richtungen, die sich in Folge der Rotation des Sterns abwechselnd auf uns zu und von uns weg bewegen. Höchst erstaunlich ist die enorme Geschwindigkeit, mit der die Gasmassen in den Raum hinausschießen: Es sind rund 75 000 km/Sekunde! Daraus kann man schließen, dass SS 433 noch weitere Besonderheiten aufweisen muss, denn derartig hohe Gasgeschwindigkeiten hatte man sonst noch nirgends beobachtet. Die Analyse des Spektrums führte schließlich hinter die Kulissen dieses Phänomens: Bei SS 433 handelt es sich um ein Sternpaar – einen Riesenstern und einen extrem komprimierten unsichtbaren Winzling, vermutlich einen Neutronenstern. Gasmassen des Riesen strömen auf den Neutronenstern über und es entsteht eine heiße Scheibe, die Röntgenstrahlung aussendet. Doch ein Teil der Gasmassen wird offensichtlich gebündelt, wodurch die beiden Jets entstehen. Möglicherweise handelt es sich bei dem Objekt W 50 um eine riesige Gasblase, deren Größe nur dadurch erklärt werden kann, dass die beiden Jets sie so gewaltig aufgebläht haben. Deshalb sieht W 50 mit seiner Ausdehnung von etwa 600 Lichtjahren gegenüber anderen Supernova-Überresten auch so fremdartig aus.

Prächtig leuchtende Gasnebel

Schauen wir uns nun jenen Teil des Sagittarius-Arms an, der unserer Sonne am nächsten liegt, so begegnet uns eine Fülle von Sternentstehungsgebieten, die durch ihren Massereichtum und ihre Größe hervorstechen. Einige Molekülwolken enthalten Material für die Bildung etlicher Millionen von Sternen. Eines dieser Gebiete liegt in Richtung zu den Sternbildern Schütze, Schild und Skorpion. Neben vielen hellen jungen Sternen findet man hier auch Areale, in denen der Prozess der Sternentstehung noch gar nicht begonnen hat. In dieser ganzen Region begegnen uns einige jener atemberaubend schönen Nebel des Firmaments, die heutzutage Kalender ebenso häufig zieren wie sie auch von Werbestrategen geschätzt werden. Alle diese Objekte hat bereits Messier in seinem Katalog festgehalten, doch ihre ganze Pracht entfalteten sie erst, nachdem die Farbfotografie in die astronomische Forschung Einzug gehalten hatte. Im Teleskop erscheinen sie bei visueller Betrachtung eher unscheinbar.

Zunächst treffen wir auf M 16, den Adler-Nebel (vgl. Abb. S. 142), eine kleeblattförmige leuchtende Gaswolke mit einem etwa 6 Millionen Jahre alten offenen Sternhaufen. Die zerklüftete Struktur des Nebels soll angeblich die Umrisse eines Adlers erkennen lassen – daher der Name. Das nächste Objekt in unmittelbarer Nachbarschaft von M 16 ist der Omega-Nebel (M 17). Hier finden wir keinen Sternhaufen – noch nicht. Die Sternentstehung hat hier wohl gerade erst begonnen, worauf auch seine große Helligkeit im Gebiet der Infrarotstrahlung schließen lässt. Tatsächlich sind einige junge Sterne zu entdecken, die in rötlichem Licht erstrahlen, teilweise eine Folge des zwischen ihnen und uns liegenden interstellaren Staubes. Man erwartet, dass sich der Prozess der Sternentstehung hier zukünftig in großem Umfang fortsetzen wird. An „Rohstoff" mangelt es nicht – er reicht für einige Millionen Sterne!

Nun folgen – rund 5000 Lichtjahre von uns entfernt – der Trifid-Nebel (M 20, s. Abb. rechts) und der ihm benachbarte Lagunen-

DER TRIFID-NEBEL IM STERNBILD SCHÜTZE

Nebel (M 8). Ersterer enthält einen Sternhaufen in seinem Inneren, der den Nebel zum Leuchten bringt. Im Lagunen-Nebel (s. Abb. S. 146) befindet sich ein mit zwei Millionen Jahren extrem junger Sternhaufen (NGC 6530). An anderen Stellen dieser Region ist der Prozess der Sternbildung noch kräftig im Gange. Ein herausragendes Einzelexemplar eines extrem leuchtkräftigen jungen Sterns ist das Objekt 9 Sagittarii. Seine Oberfläche hat eine Temperatur von 50 000 Kelvin und seine Leuchtkraft macht mehr als das Millionenfache der Sonnenleuchtkraft aus. Deswegen ist dieser Stern trotz seiner großen Distanz noch mit bloßem Auge zu erkennen.

Auch Supernova-Überreste sind in diesem Gebiet des Sagittarius-Armes vermehrt anzutreffen. Dazu zählt u. a. die in der Litera-

DER LAGUNEN-NEBEL IM STERNBILD SCHÜTZE

tur viel zitierte und umfassend untersuchte Röntgenquelle Centaurus X-4, der erste Vertreter der so genannten „Röntgen-Novae". Die energiereiche Röntgenabstrahlung erklärt man sich durch das Überfließen von Gas des explodierten Sterns auf einen Neutronenstern, wodurch die Gasmassen hohe Energien und Temperaturen erreichen und somit extrem kurzwellige Strahlung emittieren.

Das nächste große Sternentstehungsareal im Sagittarius-Arm wird von einer einzigen riesigen Gaswolke gebildet, dem Carina-Nebel. Bizarr verteilte Staubwolken und -bänder geben dem Objekt sein blütenähnliches Aussehen (s. Abb. S. 148). Der Carina-Nebel erstreckt sich etwa 5000 Lichtjahre entlang des Spiralarms und stellt somit den berühmten Orion-Nebel hinsichtlich seiner Ausdehnung bei weitem in den Schatten. Der Nebel ist mit bloßem Auge zu erkennen und überdeckt die doppelte Vollmondfläche, obwohl er fast 10 000 Lichtjahre von uns entfernt im Raum schwebt. Unter den jungen heißen Sternen dieses Gebietes befindet sich übrigens der leuchtkräftigste uns bekannte Stern der gesamten Galaxis. Das Objekt mit der Katalogbezeichnung HD 93129A verfügt über rund 120 Sonnenmassen und strahlt mit der viermillionenfachen Leuchtkraft unserer Sonne.

Einen winzigen, 7 Millionen Jahre alten Sternhaufen im Carina-Gebiet unweit vom Sternbild Kreuz des Südens hat man auf den poetischen Namen „Schmuckkästchen“ getauft. Der Name geht auf den Astronomen John Herschel zurück, den Sohn Friedrich Wilhelm Herschels, der den südlichen Sternhimmel im 19. Jahrhundert vom Kap der Guten Hoffnung aus erforschte. Er war es, der damals die Sterne des offenen Haufens mit einer Schatulle voll funkelnder Edelsteine verglich und ihnen damit ihren Namen gab.

Der eigenartige Stern η Carinae

Der Carina-Nebel beherbergt auch einen der rätselhaftesten Sterne unseres Sternsystems, η Carinae. Dass es sich bei diesem Stern um ein exotisches Objekt handelt, stellte 1924 zum ersten Mal Ejnar Hertzsprung fest, der damals ein umfangreiches Beobachtungsprojekt in Johannesburg verfolgte. Hertzsprung fotografierte die Region um η Carinae hintereinander auf 9 Platten und bemerkte bei der Auswertung, dass der Stern auf einer der Platten um fast 2 Größenklassen heller erschien als auf der anderen kurz zuvor belichteten Aufnahme. Bald hatte der Stern wieder seine „Normalhelligkeit“ erreicht, die er auf allen anderen 37 Platten aus 19 verschiedenen Nächten auch gezeigt hatte. Hertzsprung notierte damals dazu: „Die Annahme, dass es sich hier um einen ungewöhnlichen Ausbruch kurzer Dauer handelte, scheint mir die plausibelste Erklärung. In diesem Fall ist das Objekt von außerordentlichem Interesse.“ Tatsächlich hatte Hertzsprung den Ausbruch eines besonderen Flare-Sterns beobachtet, der schon seit den Tagen Edmond Halleys im 17. Jahrhundert des öfteren für Verblüffung gesorgt hatte, weil seine Helligkeit gelegentlich mit den üblichen Angaben ansonsten zuverlässiger Beobachter nicht übereinstimmte. Betrachtet man η Carinae in einem Teleskop, erlebt man die nächste Überraschung: Das Objekt präsentiert sich alles andere als sternförmig. Es erweckt eher den Eindruck eines eiförmigen Nebels. Dieser Nebel besteht – wie wir heute wissen – aus Staubmassen, die bei einem der früheren Ausbrüche abgestoßen wurden. Der Staub wird durch den ungewöhnlich leuchtkräftigen Zentralstern aufgeheizt, woraus sich eine enorme Infrarot-Helligkeit des Objektes ergibt. Der Stern selbst ist außerordentlich instabil. Er schleudert große Mengen Gas mit einem bemerkenswert hohen Stickstoffanteil in den Raum hinaus. Folglich muss es sich um ein altes Objekt handeln, in dessen Inneren durch Kernfusion bereits Stickstoff synthetisiert wurde. Die Astronomen erwarten deshalb, dass der Stern über kurz oder lang als hell strahlende Supernova am Himmel erscheinen wird. Wann dies allerdings geschieht, kann niemand voraussagen. Heute kennen wir rund 500 Flackersterne. Doch η Carinae ist auch unter diesen ein Sonderling, ein ausgesprochener Exot unter den „Sternengreisen“ und erfreut sich des-

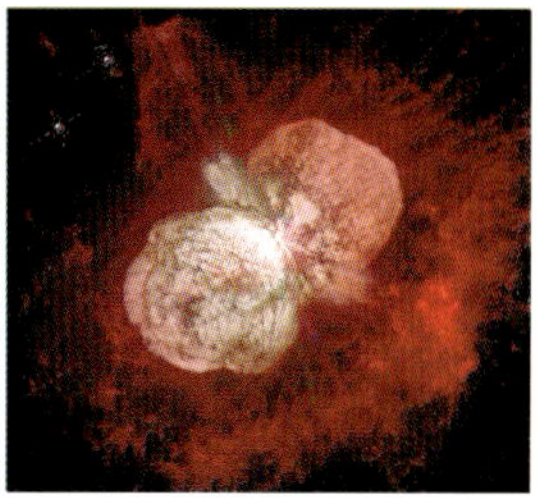

DER STERN ETA CARINAE IM STERNBILD SCHIFFSKIEL

DER CARINA-NEBEL IM STERNBILD SCHIFFSKIEL

halb nach wie vor eines großen Interesses der Forschung.

Weitere Nebel und Spiralarme

Unweit des Carina-Nebels befindet sich ein nebliges Zwillingspaar, die beiden Objekte NGC 3576 und NGC 3603, die dicht nebeneinander am Firmament erscheinen. Doch dieser Eindruck täuscht. In Wirklichkeit liegen sie weit hintereinander im Raum. Von NGC 3603 wissen wir heute, dass es sich um den massereichsten uns bekannten optisch sichtbaren Nebel des gesamten Sternsystems handelt. Das etwa 25 000 Lichtjahre entfernte Objekt übertrifft in dieser Hinsicht sogar den Carina-Nebel um den Faktor zwei.

Die noch weiter entfernt liegenden Nebel des Sagittarius-Arms entziehen sich wegen davor liegender Staubmassen jeder optischen Beobachtung. Einzig aus Radio- und Infrarotbeobachtungen wissen wir, dass auch dort noch massereiche neblige Objekte existieren.

Die Region innerhalb des Sagittarius-Arms ist ebenfalls stauberfüllt. Hier liegt ein aus einzelnen Stücken bestehendes Armfragment, der Scutum-Crux-Arm (s. auch Abb. S. 178), der aber mit dem Sagittarius-Hauptarm weder an Ausdehnung noch an Geschlossenheit konkurrieren kann.

Ein weiterer Arm jenseits von Scutum-Crux ist der Norma-Arm. Auch er kann nur im Radio- und Infrarot-Gebiet beobachtet werden. Der Beginn liegt etwa 12 000 Lichtjahre von der Sonne entfernt. Er tritt hinter dem galaktischen Zentrum außerhalb des Orion- und des Perseus-Arms wieder hervor und scheint ein zweiter, dem Sagittarius-Arm entsprechender Hauptarm unserer Galaxis zu sein.

DER ORION-ARM

Nun wollen wir jenen Spiralarm des Sternsystems näher betrachten, zu dem wir mit unserer Sonne selbst gehören, den Orion-Arm, der auch als „Lokaler Arm“ bezeichnet wird (s. Abb. S. 178). Er kommt aus der Richtung des Sternbildes Schwan und schlängelt sich an uns vorbei in Richtung zum Sternbild „Segel des Schiffes“ (Vela). Dass der lokale Arm in zwei entgegengesetzte Richtungen verläuft, klingt paradox, liegt jedoch nur daran, dass wir selbst dazu zählen. Da praktisch alle hellen Objekte unseres Sternbilderhimmels dazu gehören, könnte man den Arm eigentlich nach jedem Sternbild benennen. Der Namenspatron Orion liegt sogar eher etwas seitwärts des Hauptverlaufs, wurde aber früher als Hauptrichtung angesehen. Dennoch kann man die historisch bedingte Namensgebung mit guten Gründen beibehalten, spielt doch die Orion-Region als eines der aktivsten Sternentstehungsgebiete unserer Galaxis eine besondere Rolle.

Die Orion-Region

Der mit bloßem Auge im Schwertgehänge des „Himmelsjägers“ sichtbare Orion-Nebel (M 42) – ein kleiner Teil des gesamten Areals – befindet sich in nur 1400 Lichtjahren Entfernung von uns – kosmisch gesehen ein „Katzensprung“. Aus diesem Grunde erscheint uns der Nebel auch so besonders eindrucksvoll und die in seinem Gebiet liegenden Sterne besonders hell. Ein weiterer Vorzug ist seine Lage bezüglich der galaktischen Ebene. Während fast alle Sternentstehungsgebiete in der Ebene liegen, befindet sich das Orion-Gebiet deutlich außerhalb davon und lässt sich daher weitaus besser untersuchen. In der Rangliste der Sternentstehungsgebiete unserer Galaxis belegt das Orion-Gebiet dennoch eher einen mittleren Platz und wird hinsichtlich seiner Ausdehnung und Masse von anderen Regionen bei weitem übertroffen.

Das Orion-Nebelgebiet besteht aus zwei riesigen Molekülwolken, deren Massevorrat für je ungefähr 100 000 Sterne ausreichen dürfte. Der als Orion-Nebel sichtbare Teil selbst ist am Ende einer dieser Wolken zu finden. Genauere Untersuchungen der Vorgänge in dieser Region lassen vermuten, dass sich die Sternentstehung hier seit etwa 12 Millionen Jahren fortschreitend abspielt. Je weiter wir uns vom Orion-Nebel entfernen, umso älter sind die dort anzutreffenden Sternassoziationen. Jene im Orion-Nebel zählen zu den jüngsten, und es ist anzunehmen, dass sich die Sternentstehung künftig noch weiter fortsetzt in Gebiete hinein, die bisher noch keine stellaren Objekte gebildet haben.

DER GROSSE ORION-NEBEL

Im Orion-Nebel (s. Abb. oben) finden wir zahlreiche junge B-Sterne und T-Tauri-Objekte. Schon bei der Betrachtung des Nebels in einem kleinen Fernrohr fallen vier Sterne in seinem Zentrum auf, die in der Form eines Trapezes angeordnet sind. Diese jungen heißen „Trapez-Sterne“ – und mit ihnen noch weitere lichtschwächere Objekte – regen die Gasmassen des Nebels durch ihre intensive Ultraviolettstrahlung zum Leuchten an. Diese UV-Strahlung sorgt übrigens auch dafür, dass die Gasmassen in den Raum hinausgedrückt und somit zerstreut werden. Die Sternentstehung findet deshalb auch nicht in diesem prachtvoll leuchtenden Teil des Nebels statt, sondern in den dunklen Molekülwolken, die hinter dem Gasnebel liegen. Unsere Kenntnisse über die dort ablaufenden vielfältigen komplizierten Vorgänge verdanken wir vor allem der Infrarot- und Radioastronomie.

Zu den bekanntesten Strukturen im Orion-Nebelgebiet gehört der „Pferdekopf-Nebel“ südlich des linken Gürtelsterns (s. Abb. rechts). Hierbei handelt es sich um eine Dunkelwolke aus Gas und Staub, die sich am Rande einer Molekülwolke befindet und die sich vor dem Hintergrund leuchtenden Gases in Form eines Pferdekopfs scharfkantig abzeichnet.

Der Gum-Nebel und weitere Sternentstehung

Ein weiteres interessantes Objekt, das man weder mit dem bloßen Auge noch mit normalen Teleskopen sehen kann, ist der im Sternbild „Segel des Schiffes“ (Vela) gelegene Gum-Nebel. Von der Erde aus gesehen erstreckt er sich über ein riesiges Gebiet, das fast 40° am Himmel überdeckt. Der Nebel wurde zufällig von dem australischen Astronomen Colin Gum entdeckt, als dieser 1953 den südlichen Himmel mit Weitwinkelkameras aufnahm. Dabei verwendete Gum spezielle Filter, die ausschließlich Licht von ionisiertem Wasserstoff und Stickstoff passieren lassen. Die dabei überraschend gefundenen leuchtenden Strukturen konnten erst aus mehreren Aufnahmen zu dem Gesamtobjekt des Gum-Nebels zusammengefügt werden. Später fand man heraus, dass sich im Zentrum des Gum-Nebels die etwa 1500 Lichtjahre von uns entfernte Sternassoziation Vela OB2 befindet, so dass damit eine mögliche Ursache für das Leuchten des Nebels gefunden war. Doch wie konnte dieser riesige Nebel entstanden sein? Hierfür kommen nach Meinung der Fachexperten nur Supernova-Explosionen in Frage. Tatsächlich fand man in unmittelbarer Nähe zum Gum-Nebel einen Supernova-Überrest, den so genannten Vela-Pulsar, der erst 1977

DER PFERDEKOPF-NEBEL IM STERNBILD ORION

entdeckt wurde. Er ist von zirrusartigen feinen Nebelstrukturen umgeben, die der damals – vor etwa 12 000 Jahren – explodierte Stern abgestoßen haben dürfte.

Bei unserer Exkursion entlang des Orion-Armes finden wir erwartungsgemäß noch weitere Sternentstehungsgebiete, so z. B. im Sternbild Kepheus die Brutstätten OB2, OB3 und OB4. Letztere zeigt auch wieder eine ausgedehnte Dunkelwolke, deren Strahlung im Infrarot- und Radiowellengebiet auf gerade entstehende und schon vorhandene junge Sterne hinweist, die wegen der Absorption im Bereich des sichtbaren Lichtes nicht wahrgenommen werden können.

Ein Blick in den Schwan

Wenden wir uns nun von der Sonne aus zur anderen Seite des Orion-Armes, d. h. in Richtung des Sternbildes Schwan, so begegnen wir bei der Beschreibung des Arm-Verlaufs diversen Schwierigkeiten. Zum einen versperren hier zahlreiche Dunkelwolken den freien Blick. Schon mit dem bloßen Auge können wir dies erkennen, denn die Teilung des Milchstraßenbandes in den Sternbildern Schwan und Adler kommt durch diese Dunkelwolken zustande. Sogar die räumlichen Dimensionen, in die wir hier schauen, lassen sich erahnen: Die Dunkelwolken beginnen nämlich im Schwan recht schmal und verbreitern sich deutlich in Richtung Adler. Wie beim Blick entlang einer geraden Allee haben wir es hier mit einem perspektivischen Effekt zu tun. Die schmalen Teile sind die entferntesten, die breitesten betrachten wir aus geringerer Distanz. In den Sternbildern Adler und Schlangenträger laufen die Staubmassen gleichsam in unserer unmittelbaren räumlichen Nachbarschaft an uns vorüber.

Bilden die Dunkelwolken die eine Schwierigkeit bei der Erforschung des Orion-Arms in Richtung Schwan, so besteht das andere Problem darin, dass wir jetzt den nach innen verlaufenden Teil des Arms vor uns haben und somit sehr viele Objekte übereinander projiziert erscheinen. Ihre Zuordnung setzt die Kenntnis der Entfernungen voraus, an der es aber vielfach mangelt. Wie uns scheinbar eng beieinander liegende Nebel vorgetäuscht werden, die in Wirklichkeit auf dem Orion-Arm weit hintereinander liegen, zeigt das Beispiel des berühmten Nordamerika-Nebels (NGC 7000) und die Nebelschwaden um den Stern γ Cygni. Der nach seinen äußeren Umrissen benannte Nordamerika-Nebel (s. S. 90) unweit des Sterns Deneb (α Cygni) zählt zusammen mit dem Pelikan-Nebel zu den großen Ansammlungen interstellarer Materie in unserer Galaxis. Die Gesamtausdehnung beträgt rund 100 Lichtjahre und übertrifft damit die Dimension des Orion-Nebels erheblich. Die gesamte

DER ZIRRUS-NEBEL IM SCHWAN

Region – auch die dunklen Gebiete zwischen den leuchtenden Gasschwaden – ist von starker Radiostrahlung gekennzeichnet. Hieraus können wir entnehmen, dass dunkle Staubwolken vor den leuchtenden Gasmassen schweben, die für die charakteristische geometrische Form der hellen Nebel verantwortlich sind. Der ausgedehnte Nebelkomplex um den Stern γ Cygni hingegen befindet sich räumlich viel weiter entfernt und erscheint für den irdischen Beobachter nur in derselben Sichtlinie. Auch hat er mit dem Stern γ Cygni, der viel weiter im Vordergrund steht, gar nichts zu tun.

Im Sternbild Schwan begegnen wir auch dem bekannten Zirrus-Nebel (s. oben), der als Folge einer Supernova-Explosion entstand, die sich dort vor etwa 20 000 Jahren ereignet haben muss.

DIE UMGEBUNG DER SONNE

Wir erinnern uns, dass die ersten Versuche der Erforschung unseres Sternsystems stets nur ein „lokales System“ erfasst haben, die Verteilung der Sterne in der weiteren Umgebung unserer Sonne. Tatsächlich sind auf diesem Wege einige grundlegende Eigenschaften des gesamten Sytems aufgespürt worden: Andeutungen der Spiralstruktur, die Abplattung des Systems und die Entdeckung einiger typischer Objektgruppen. Nun wollen wir die nähere Nachbarschaft unserer Sonne noch einmal etwas genauer betrachten, aber nicht, um ein Gesamtbild des Systems zu gewinnen (dieser Versuch ist ja letztlich gescheitert), sondern um unseren „Kiez“ im Sternsystem näher kennen zu lernen und jene Objekte zu betrachten, die uns wohl vertraut sind, aber „weiter draußen“ auf den großen Spiralarmen nicht begegneten.

Für die Forschung spielt die Umgebung der Sonne natürlich allein schon deswegen eine besondere Rolle, weil wir hier die Objekte aus größerer Nähe untersuchen können als in denTiefen des Raums. Ähnlich wie die Sonne uns wegen ihres geringen Abstandes viel über die ungleich weiter entfernten Fixsterne zu lehren vermag, dürfen wir dies auch von der Umgebung unserer Sonne für jene Objekte erhoffen, die weit draußen sicherlich ebenso vorhanden, der Beobachtung aber kaum oder gar nicht mehr zugänglich sind. Gemeint sind hierbei lichtschwache Sterne, Braune Zwerge oder Planetensysteme.

Viele zufällige Nachbarn

Schauen wir uns die besonders gut erforschten Sterne der näheren Sonnenumgebung an, so begegnet uns ein wahres „mixtum compositum“ von unterschiedlichsten Sterntypen aller Entwicklungsstadien. Zwar befinden sie sich alle innerhalb des Lokalen Arms unseres Sternsystems, doch die meisten von ihnen sind nur Gäste. Schon ihr Alter liegt weit über jenem des Lokalen Arms selbst, der sich in seiner jetzigen Form vor etwa 30 Millionen Jahren herausgebildet hat. Unsere Sonne selbst blickt bekanntlich bereits auf ein Alter von knapp 5 Milliarden Jahren zurück, sie „lebt“ also schon fast 200-mal so lange wie der Spiralarm, dem sie derzeit angehört. In der langen Zeit ihrer Existenz hat sie schon viele Spiralarme passiert, und es ist ein reiner Zufall, dass sie sich jetzt gerade an ihrem heutigen Ort befindet. Auch die besonders alten Objekte kommen in unserem Lokalen Spiralarm nur zufällig vor. Sie gehören eigentlich dem galaktischen Halo an und durchqueren derzeit die galaktische Scheibe in der Sonnenumgebung.

DIE „SÜDLICHEN PLEJADEN“ IM STERNBILD CARINA

Selbst Sterne mit einem Alter von nur einigen hundert Millionen Jahren haben sich seit ihrer Entstehung schon weit vom Ort ihrer Geburtsstätten entfernt. Die Rudel, denen sie einst angehörten, sind längst in Auflösung begriffen. Drei solcher Haufen umgeben die Sonne: ein Schwarm, der mit den Hyaden entstand, ein anderer, den wir als Sirius-Superhaufen bezeichnen und zu dem u. a. auch fünf Sterne des Sternbildes Großer Bär gehören sowie ein großer Haufen, in dessen Zentrum sich das Siebengestirn (die Plejaden, s. Abb. S. 78) befindet.

Echte „Kinder“ des Lokalen Arms in der Sonnennachbarschaft können nur Sterne sein, die höchstens 30 Millionen Jahre alt sind. Dazu zählen zwei Sternhaufen am südlichen Himmel: IC 2391 und die „Südlichen Plejaden“ IC 2602 im Sternbild Carina. Die interstellare Materie, aus der die beiden Haufen entstanden, ist vor etwa 30 Millionen Jahren in den Lokalen Arm gelangt, wo sie dann Zusammenballungen bildete, die schließlich zur Entstehung dieser Sternhaufen führten. Deshalb sind die heißen jungen Sterne dieser Haufen auch als Indikatoren für den Verlauf des Lokalen Arms in unserer unmittelbaren Nachbarschaft besonders gut geeignet.

Ein bekanntes Objekt unweit unserer Sonne können wir am südlichen Sternhimmel in der Nähe des Sternbildes „Kreuz des

Südens“ beobachten: den so genannten Kohlensack (s. S. 88). Es handelt sich um eine Ansammlung aus nicht leuchtendem Gas und Staub, die besonders eindrucksvoll hervortritt, weil sie sich vor einem sternübersäten Gebiet der Milchstraße befindet. Hier sind etwa 40 000 Sonnenmassen an interstellarer Materie versammelt, die sich über ein Areal von etwa 60 Lichtjahren erstrecken.

Masseweise Braune Zwerge?

Eine neue Klasse astronomischer Objekte ist ebenfalls eng mit der Erforschung der näheren Sonnenumgebung verbunden, die Braunen Zwerge. Sie kommen natürlich überall in unserem Sternsystem vor, doch ist ihre Energieabstrahlung so geringfügig, dass wir sie nur entdecken können, wenn sie sich in der Nähe der Sonne befinden. Braune Zwerge sind Objekte, die als Protostern weniger als ein Zehntel der Sonnenmasse auf die Waage bringen. Sie können deshalb in ihrem Zentrum nicht jene Temperaturen erreichen, die zur Zündung der Kernfusion erforderlich sind. Zwar erwärmen sie sich durch Kontraktion, kühlen dann aber wieder ab. Sie strahlen bei Oberflächentemperaturen um 1500 Kelvin hauptsächlich im Infrarotgebiet. Solche Quellen wurden in den vergangenen Jahren vielfach entdeckt und trotzdem konnte man sich nicht sicher sein, dass es sich tatsächlich um Braune Zwerge handelt. In einigen Fällen war nicht zu entscheiden, ob man es mit einem Braunen Zwerg oder lediglich mit einem kühlen roten Zwergstern zu tun hat. Bei etlichen Sternen der Sonnenumgebung sind allerdings Begleiter gefunden worden, deren Oberflächentemperaturen denen der Braunen Zwerge genau entspricht. Auch im Orion und in den Plejaden befinden sich zahlreiche solcher Kandidaten. Da diese Gebiete noch sehr jung sind, hatten die dort eventuell vorhandenen Braunen Zwerge noch nicht genügend Zeit um auszukühlen – das würde die recht große Zahl solcher Objekte dort erklären.

IM INFRAROTLICHT ZEIGEN SICH IM GEBIET UM DIE TRAPEZ-STERNE IM ORION-NEBEL VIELE BRAUNE ZWERGE.

Insgesamt ist unser Wissen über Braune Zwerge noch sehr mangelhaft. Doch die konkrete Kenntnis über die Häufigkeit solcher Objekte hat möglicherweise erhebliche Bedeutung für das Verständnis des Sternsystems insgesamt. Denn die Bestimmung der Masse in der Scheibe unserer Galaxis liefert Hinweise darauf, dass sich dort mehr Materie befinden muss, als wir in Form von Sternen und interstellarer Materie vorfinden (vgl. Kapitel „Die Frage nach der dunklen Materie“ auf S. 167). Sollten vielleicht massenweise vorhandene Braune Zwerge dieses Defizit erklären können?

DIE BESTÄNDIGKEIT DER SPIRALSTRUKTUR

Die Spiralarmstruktur unseres Sternsystems scheint zunächst paradox. Infolge der differenziellen Rotation des Systems (innen schneller, außen langsamer) müssten sich die Spiralarme nämlich binnen kurzer Zeit aufwickeln und damit verschwinden. Die Rotation der Galaxis dauert aber schon Jahrmilliarden und unsere Sonne hat das Zentrum unseres Sternsystems bereits zehn- bis zwanzigmal umrundet. Dennoch beobachten wir die spiralige Struktur des Systems, wie übrigens auch bei zahlreichen anderen Galaxien in den Tiefen des Raumes. Wie ist das möglich?

Die Spiralstruktur selbst ist weniger erstaunlich, weiß man doch heute, dass jede scheibenförmige Materieverteilung, die differenziell rotiert, über kurz oder lang eine Spiralstruktur ausbildet. Aber wie sich diese angesichts der unablässigen Rotation erhalten kann, war lange eine ungeklärte Frage. Viele Erklärungsversuche mussten wieder verworfen werden, weil sie wesentliche Teile der Realität nicht zutreffend zu erfassen vermochten.

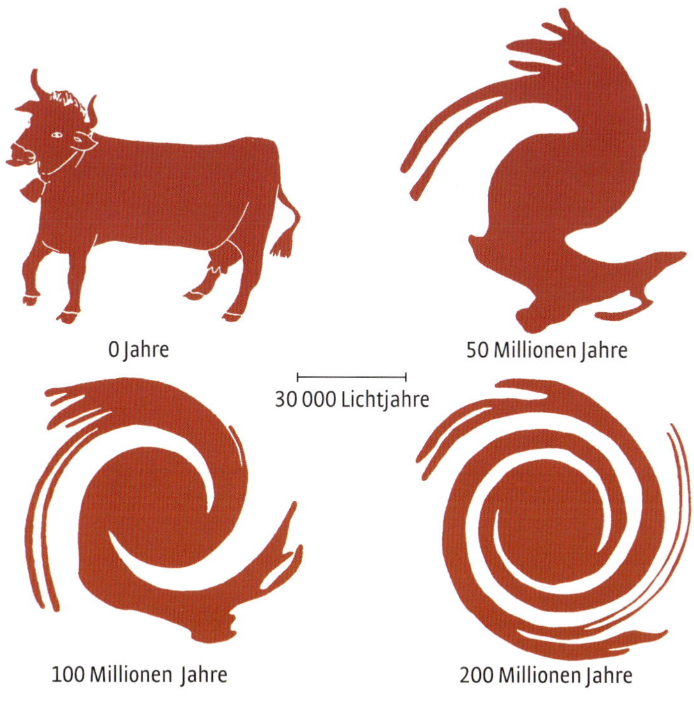

COMPUTERSPIELEREI MIT TIEFSINN: VERSETZT MAN DIE FIGUR EINER KUH IN DIFFERENZIELLE ROTATION, SO BEOBACHTET MAN NACH 200 MILLIONEN JAHREN EINE SPIRALSTRUKTUR.

MODELL EINER DICHTEWELLE (NACH ROBERTS): AM INNENRAND DER SPIRALARME BILDET SICH DURCH EINLAUFENDES GAS EINE STOSSWELLE HERAUS. DORT FINDET MAN VERMEHRT JUNGE STERNE UND HII-GEBIETE (HELLE PUNKTE). DER PFEIL GIBT DIE ROTATIONSRICHTUNG AN.

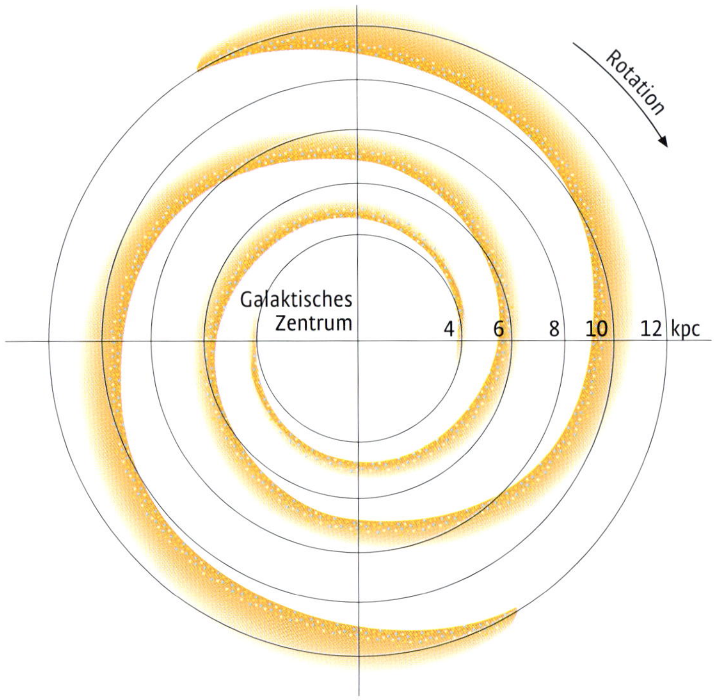

Die Dichtewellentheorie

In den 60er-Jahren des 20. Jahrhunderts unterbreiteten die Astrophysiker Chin C. Lin und Frank H. Shu schließlich den Vorschlag, die Spiralarme einer Galaxie nicht als eine materielle Struktur, sondern als eine Dichtewelle anzusehen. Um eine solche Dichtewelle besser zu verstehen, denken wir an den allgemein wohlbekannten Stau auf der Autobahn. Hier entspricht der Stau dem Spiralarm, während die einzelnen Autos die Sterne darstellen. Der Spiralarm bleibt erhalten, aber die einzelnen Autos, die ihn überhaupt erst sichtbar machen, wechseln ständig: Während sie vorn den Stau verlassen, fahren hinten neue Autos hinein und bewegen sich mit verminderter Geschwindigkeit durch den bestehenden Stau hindurch. Die Spiralarme sind demnach Gebiete erhöhter Dichte in der galaktischen Scheibe. Bewegt sich das Gas durch die Dichtemaxima, wird es stark zusammengedrückt. Deshalb kommt es gerade dort zum Kollaps der Massen und somit zur Entstehung von Sternen. Tatsächlich befinden sich alle Sternentstehungsgebiete, junge Sterne, HII-Regionen und Molekülwolken in den Spiralarmen. Dabei treten die verschiedenen Komponenten der Spiralarme durchaus räumlich getrennt auf. Diese unterschiedliche Besetzung eines Spiralarmes mit verschiedenen Objekten spiegelt eine zeitliche Entwicklung wider: An den Innenkanten der Spiralarme, wo die Kompression durch die Dichtewelle am stärksten ist, befinden sich die dunklen, dichten Molekülwolken. Tiefer innerhalb der Arme treffen wir die jungen heißen Sterne der Spektraltypen O und B und die von ihnen zum Leuchten angeregten HII-Gebiete. Während die Objekte dem Gesetz der differenziellen Rotation folgen, rotiert das Spiralmuster wie ein fester Körper. Die gasförmige und sternförmige Materie durchläuft einen Spiralarm in einem Zeitraum von etwa 10 Millionen Jahren. In dieser Zeit hat ein massereicher heller junger Stern seine Entwicklung als Hauptreihenstern bereits durchlaufen und die starke UV-Strahlung geht zurück. Deshalb sind dann auch die HII-Gebiete nicht mehr vorhanden. Die massearmen Sterne zerstreuen sich in einer solchen Zeitspanne innerhalb der galaktischen Scheibe.

Natürlich muss man sich fragen, auf welche Weise die Dichtewelle entsteht und wie sie sich erhalten kann. Eine rundum befriedigende Antwort auf diese Frage gibt es bis heute noch nicht. Doch ohne Zweifel muss die Anregung zur Entstehung der Struktur und zu ihrem Erhalt auf lange Dauer aus dem System selbst kommen. Sonst könnten Sternsysteme, die ganz isoliert im Weltall schweben und keine gravitativ auf sie einwirkenden Nachbarn besitzen, nicht ebenfalls spiralige Strukturen aufweisen, wie wir dies aber in vielen Fällen beobachten. Man sucht deshalb heute nach Theorien, die Entstehung und Erhalt von Spiralstrukturen aus Störkräften zwischen den Sternen und der galaktischen Scheibe abzuleiten versuchen. Doch eine Theorie, die uns sagt, wie aus der Sternscheibe eine Dichtewelle entsteht und wodurch sie ständig angeregt wird, steht noch aus.

UNGELÖSTE RÄTSEL – BRENNENDE FRAGEN

EIN SCHWARZES LOCH?

Die Erforschung der zentralen Gebiete unseres Sternsystems beherbergt eine entscheidende Schwierigkeit, denn der unmittelbare Blick auf das Zentrum ist durch ausgedehnte Dunkelwolken versperrt. Dieser Umstand hängt entscheidend mit der Lage unserer Sonne in der Galaxis zusammen. Wegen ihrer Position am Rande des Systems trifft unser Blick in Richtung Zentrum ausgerechnet auf die dichtesten Staubansammlungen in der galaktischen Scheibe. Von einer Milliarde Photonen, die dieser Gegend entströmen, erreicht uns nur ein einziges! Dank der Radio- und Infrarotastronomie und der Untersuchung extrem kurzwelliger Strahlung im Gamma- und Röntgenstrahlenbereich vermochte man jedoch zunehmend diese Sperre zu überwinden und den enormen Hindernissen zum Trotz zahlreiche Einzelheiten über die Zentralregion des Systems in Erfahrung zu bringen.

Eine Reise ins Zentrum der Milchstraße

Dass es hier Sonderbares zu entdecken gab, vermutete der sowjetische Astrophysiker Iosif F. Schklowski bereits Ende der 50er-Jahre des 20. Jahrhunderts, als die ersten Ergebnisse radioastronomischer „Blicke" zum Zentrum bekannt wurden. Man fand hier drei starke Radioquellen, Sagittarius A, B und C und Schklowski sprach von „Merkwürdigkeiten", die es zu enträtseln gelte. Doch es bedurfte noch intensiver Weiterentwicklung der Beobachtungstechnik, ehe man diesem Ziel näher kommen konnte.

Heute – nachdem die zentralen Gebiete in zahlreichen Wellenlängen untersucht werden – können wir feststellen, dass sich das galaktische Zentrum von allen anderen Regionen unseres Sternsystems grundlegend unterscheidet. Unter dem Zentrum wollen wir dabei zunächst ein größeres Gebiet verstehen, das sich etwa 3 kpc weit um den eigentlichen „Mittelpunkt" der Galaxis erstreckt. Nähern wir uns dem Zentrum von außen, so treffen wir auf den so genannten Drei-Kiloparsec-Arm aus neutralem Wasserstoff, der neben seiner Rotation um das Zentrum auch eine nach außen gerichtete Bewegung von etwa 100 km/s erkennen lässt. Rund 1 Kiloparsec um das Zentrum finden wir ein Sphäroid, das extrem dicht mit Sternen besetzt ist. In dessen Äquatorebene rotiert eine Gasscheibe mit enormen Geschwindigkeiten. Bei etwa 800 Parsec Distanz vom Zentrum beträgt die Rotationsgeschwindigkeit rund 200 km/s. Ein sehr kleines Gebiet von wohl nur wenigen Parsec Ausdehnung beherbergt einen ungewöhnlichen Sternhaufen, dessen Dichte zehnmillionenmal so hoch ist, wie die Sterndichte in der

Umgebung unserer Sonne. Den Kern selbst bildet eine radiostrahlende Punktquelle von weniger als 1 AE Durchmesser, genannt Sagittarius A*, die Anfang der 70er-Jahre des 20. Jahrhunderts entdeckt wurde. Diese Quelle befindet sich direkt im Zentrum des dichten Sternhaufens.

INFRAROTBILD DES GALAKTISCHEN ZENTRUMS. DIE PFEILE MARKIEREN DIE POSITION DER RADIOQUELLE SAGITTARIUS A*.

Die zentrale Masse

Die Gasströme in den zentrumsnahen Bereichen sind in heftiger Bewegung. Aus den gemessenen Geschwindigkeiten hat man versucht, die Masse des Kerns abschätzen, es ergaben sich einige Millionen Sonnenmassen. Doch Zweifel an der Methode waren angebracht, da in dem gesamten Bereich offensichtlich auch Magnetfelder eine entscheidende Rolle spielen, deren Einflüsse sich schwer quantifizieren ließen. Um zuverlässige Aussagen über die zentrale Masse zu erhalten, kommt es auf die Analyse der Bewegungen nahe gelegener Sterne an. Solange diese nicht zur Verfügung standen, wusste man immerhin dies: Das Kerngebiet unserer Galaxis ist durch starke Aktivitäten gekennzeichnet – gleichsam eine Miniaturausgabe der so genannten aktiven Galaxien weit in den Tiefen des Raumes, bei denen aber die Intensität der Aktivitäten um ein Vielfaches größer ist.

Da man in den Kernen zahlreicher Galaxien Schwarze Löcher vermutet, kommt man leicht zu der Annahme, dass auch unsere eigene Galaxis in ihrem Zentrum ein gigantisches Schwarzes Loch mit mehreren Millionen Sonnenmassen beherbergen könnte. Als Kandidat steht natürlich die einzigartige Radioquelle Sagittarius A* im Verdacht. Sie strahlt zwar deutlich weniger Energie aus als die Kerne aktiver Galaxien, aber vielleicht liegt das nur daran, dass sie auch über wesentlich weniger Masse verfügt als die zentralen Objekte aktiverer Galaxien. Steht die Quelle überhaupt wirklich im Zentrum unseres Sternsystems? Ein starkes Argument für die zentrale Position ist ihre geringe Eigenbewegung im Vergleich zu den benachbarten Sternen. Während Sagittarius A* nur eine Eigenbewegung von 16 km/s relativ zum galaktischen Zentrum aufweist, bewegen sich die anderen Sterne der Umgebung rund 80-mal schneller. Auch diese wichtige Erkenntnis verdanken wir der Verwendung neuester radioastronomischer Beobachtungstechnik in

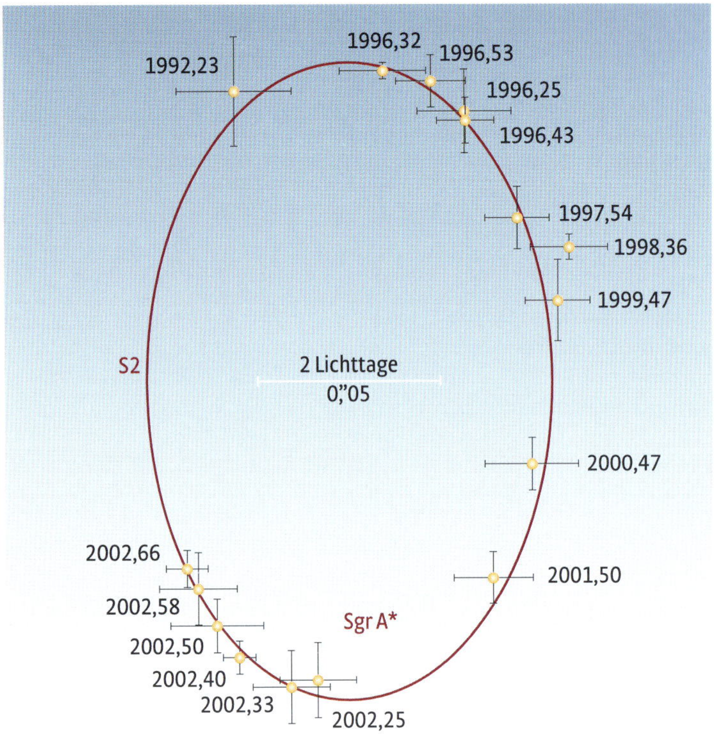

BAHN VON S2 UM DIE RADIOQUELLE SAGITTARIUS A* NACH BEOBACHTUNGEN VON 1992 BIS 2002

der jüngsten Vergangenheit. Hier sind vor allem die extrem hochauflösenden Messungen der „Very Long Baseline Interferometry" (VLBI) zu erwähnen. Sie beruht darauf, dass viele auf der ganzen Erde verteilte Radioteleskope zusammengeschaltet werden und dann wie ein einziges Radiotekesop von kontinentaler Größe wirken, wodurch die hohen Auflösungen erreicht werden.

Doch neuerdings gibt es einen weiteren äußerst aussagekräftigen Befund zu Gunsten der These von einem Schwarzen Loch im Kern der Milchstraße: Ein neues Kamerasystem an einem der 8,2-m-Teleskope der Europäischen Südsternwarte (ESO) in Chile lieferte nämlich die bislang schärfsten Bilder des galaktischen Zentrums und seiner Umgebung – natürlich im infraroten Spektralbereich (s. S. 163). Mit dieser Kamera wurde auch ein Stern aufgenommen, der sich nur etwa 17 Lichtstunden (!) von Sagittarius A* entfernt um dieses zentrale Objekt bewegt. Es handelt sich damit um den Stern, der – zumindest gegenwärtig – dem „Zentralstern" am nächsten steht. Der als S2 bezeichnete Stern bewegt sich auf einer lang gestreckten elliptischen Bahn um Sagittarius A*, den er einmal in 15 Jahren umkreist. Die Radioquelle befindet sich in einem der beiden Brennpunkte der Bahnellipse von S2 (s. Abb.

links). Damit ist bewiesen, dass Sagittarius A* tatsächlich mit jenem massiven Objekt identisch ist, um das sich S2 bewegt. Die Masse dieses Objektes ergibt sich zu 3,7 Millionen Sonnenmassen, die in einem Volumen von der Größe unseres Sonnensystems zusammengedrängt ist. Somit spricht nunmehr tatsächlich alles dafür, dass sich im Zentrum unseres Sternsystems ein Schwarzes Loch befindet.

Diese Erkenntnis erinnert frappierend an historisch schon weiter zurückliegende Vermutungen über die Existenz eines zentralen Körpers der Galaxis, den Johann Heinrich Mädler im 19. Jahrhundert als „Centralsonne“ bezeichnet hatte. Damals war man allerdings nach lebhaftem Meinungsstreit zu der Überzeugung gekommen, dass ein solcher Hauptkörper, wie ihn etwa die Sonne für unser Planetensystem darstellt, wohl doch nicht existiere.

NEUE ANTWORTEN – NEUE FRAGEN

Vergleichen wir das heutige Wissen über unser Sternsystem mit den Kenntnissen von vor 100 Jahren, so können wir mit Recht von außerordentlichen Fortschritten in der Erkenntnis sprechen. Dennoch gibt es aber auch heute noch viele Fragen ohne eine befriedigende Antwort. Dies ist keineswegs verwunderlich. In der Wissenschaft kann es keinen endgültigen Schlussstrich geben. Neue Antworten bergen meist auch neue Fragen und um diese zu klären, müssen oft erst Fortschritte der Beobachtungstechnik oder veränderte theoretische Denkansätze abgewartet werden.

Hipparcos gibt neue Antworten

Ein wahrer Hoffnungsträger bei der Lösung zahlreicher noch ungeklärter Fragen zur Struktur und Dynamik der Galaxis ist der inzwischen nicht mehr aktive Astrometriesatellit Hipparcos. Der Name des 1989 gestarteten Satelliten der Europäischen Raumfahrtagentur ESA ist ein Acronym aus **Hi**gh **P**recision **Par**allax **Co**llecting **S**atellite (s. S. 22). In den 37 Monaten seines Einsatzes hat dieser Satellit eine überaus reiche Ernte eingefahren. Noch nie zuvor kannten die Astronomen so viele Sternentfernungen so genau wie jetzt. Die Zahl der bekannten Sternparallaxen hat sich dank Hipparcos verfünfzehnfacht! Doch nicht allein die Quantität der jetzt bekannten Parallaxen markiert den Fortschritt, es ist vor allem ihre außerordentliche Genauigkeit. So hat sich die Zahl der bekannten Sternentfernungen mit einem Fehler von weniger als 20 % ver-

zwanzigfacht (33 284 Parallaxen), jene genauer als 10 % verzehnfacht (11 728 Parallaxen). 4000 Parallaxen kennen wir jetzt auf weniger als 5 % und 300 sogar auf weniger als 1 % genau! Die Auswertung dieses Materials ist in vollem Gange. Angesichts der großen Bedeutung der Kenntnis genauer Sternentfernungen für viele Fragen der Erforschung des Sternsystems kann man sich unschwer vorstellen, dass auch das Wissen über unsere Galaxis von diesen Daten profitieren wird.

Mit dem Hipparcos-Satelliten wurden zudem auch Eigenbewegungen und Radialgeschwindigkeiten von zahlreichen Sternen gemessen, die bekanntlich für die Bestimmung der galaktischen Rotation eine wichtige Rolle spielen. Obschon das umfangreiche Material noch keineswegs vollständig ausgewertet ist, ergaben sich schon zahlreiche Überraschungen. Die besseren Parallaxen führen natürlich auch zur genaueren Kenntnis der Leuchtkräfte von Sternen. So konnten z. B. rund 100 Sterne der näheren Sonnenumgebung in ein Raumgebiet von weniger als 25 Parsec Radius hinzugefügt werden, die zuvor als weiter entfernt gegolten hatten.

Tausende von Publikationen sind inzwischen zur Auswertung der Hipparcos-Daten erschienen. Etliche von ihnen widmen sich direkt den Problemen unseres Sternsystems. So untersuchten japanische Astronomen die galaktische Rotation an Hand der Daten über Eigenbewegungen und Radialgeschwindigkeiten von O- und B-Sternen, gleichsam in Wiederholung der klassischen Arbeiten früherer Zeiten. Sie ermittelten für die Geschwindigkeit von Sternen der Sonnenumgebung einen Wert von 255,5 km/s, der damit deutlich höher liegt als die bisher gemessenen 220 km/s. Auch die galaktische Scheibe in niedrigen Breiten oder die Verteilung der dunklen Materie (s. folgendes Kapitel) wurden neu untersucht.

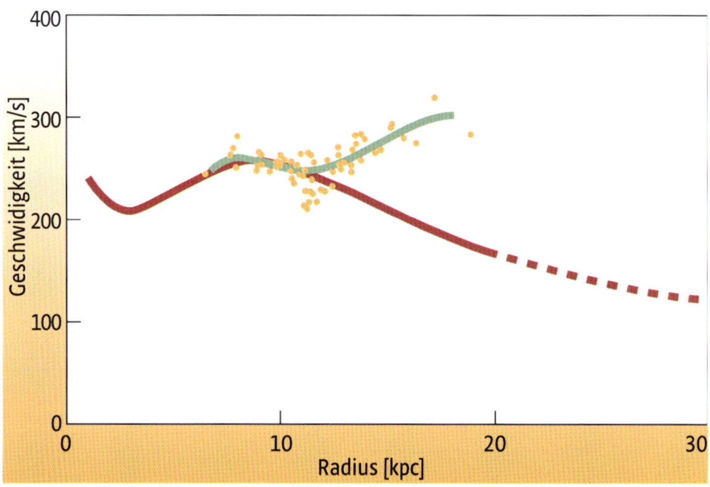

DIE ROTATIONSKURVE UNSERER GALAXIS, ABGELEITET AUS DER BEWEGUNG VON WASSERSTOFFWOLKEN (ROTE LINIE). SIE MÜSSTE SICH ENTSPRECHEND DER GESTRICHELTEN LINIE FORTSETZEN, FALLS SICH DIE GESAMTE MASSE DES STERNSYSTEMS INNERHALB EINES RADIUS VON 20 KPC BEFINDET. NEUERE BEOBACHTUNGEN ZEIGEN ABER EINEN WIEDERANSTIEG DER KURVE (ORANGE PUNKTE, GRÜNE LINIE) JENSEITS VON 12 KPC.

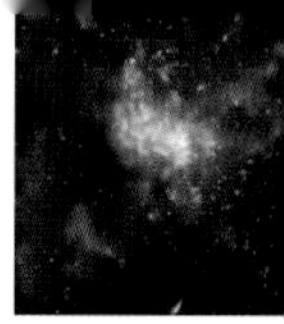

Ein anderes Problemfeld, zu dem die Hipparcos-Daten einen neuen Zugang ermöglichen, sind die Distanzbestimmungen von Kugelsternhaufen. Das Ziel dieser Untersuchungen besteht in einer besseren Kalibirierung der absoluten Helligkeiten von RR-Lyrae-Sternen. Diese Sterne der Population II sind bekanntlich als Entfernungsindikatoren von großer Bedeutung, doch ihre Perioden-Helligkeitsbeziehungen sind nicht ganz unproblematisch. Für verschiedene Periodenlängen ergeben sich unterschiedliche Relationen zwischen den absoluten Helligkeiten und den Perioden ihres Lichtwechsels. Auch die räumliche Verteilung dieser Objekte ist verschieden. Die einen weisen sehr große Entfernungen von uns auf und befinden sich in den Kugelsternhaufen. Ihre Lichtwechselperioden liegen über 0,4 Tagen. Die anderen sind Objekte der Scheibe (ältere Scheibenpopulation II) und weisen Perioden von weniger als 0,4 Tagen auf. So trägt die deutlich verbesserte Kenntnis der für die kleineren und die größeren Entfernungen „zuständigen" RR-Lyrae-Sterne auch zu genaueren Vorstellungen über den räumlichen Aufbau des Sternsystems bei.

Die Frage nach der dunklen Materie

Ein weiteres Rätsel ohne befriedigende Lösung ist bislang auch eine Merkwürdigkeit in der Rotationskurve der Galaxis, d. h. der Abhängigkeit der Rotationsgeschwindigkeit der Objekte von ihrem Abstand zum Zentrum.

Wie wir aus den Gesetzen der Himmelsmechanik wissen, wird das Rotationsverhalten der Körper innerhalb eines gravitativ gekoppelten Systems durch die Massenverteilung bestimmt. Die Galaxis besteht aus den Komponenten „galaktische Scheibe", „Zentralkörper" und „kugelförmiger Halo". Die Gesamtrotationskurve der Galaxis ergibt sich aus der Überlagerung der einzelnen Rotationskurven dieser Komponenten. Doch wenn wir uns die aus Messungen abgeleiteten Rotationsgeschwindigkeiten als Funktion des Abstandes der Massen vom Zentrum näher anschauen (s. Abb. links), zeigt sich eine rätselhafte Unstimmigkeit: Mit zunehmendem Abstand vom Zentrum vermissen wir den erwarteten Abfall der Rotationsgeschwindigkeiten, wie wir ihn z. B. in unserem Planetensystem vorfinden und wie er dem dritten Keplerschen Gesetz entspricht. Stattdessen verläuft die Rotationskurve nach einem steilen Anstieg in zentrumsnahen Bereichen nahezu konstant bis an die äußeren Grenzen des Systems. Die Gasmassen in den äußeren Bereichen bewegen sich mit derartig hohen Geschwindigkeiten, dass sie eigentlich aus dem System hinauskatapultiert werden müssten. Man denke nur an unser Sonnensystem: Würde sich der sonnenfernste Planet Pluto mit derselben Geschwindigkeit um die

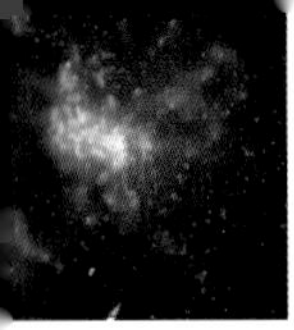

Sonne bewegen wie unsere Erde, wäre er längst nicht mehr Mitglied des Sonnensystems, sondern würde durch die Fliehkraft hinausgeschleudert.

Wie kann man sich ein solches Rotationsverhalten erklären? Offenbar muss es in unserem Sternsystem noch zusätzliche Massen geben, die wir auf unserer Erkundungstour durch die Galaxis selbst mit den heute zur Verfügung stehenden modernen Hilfsmitteln der Forschung nicht nachweisen können. Da wir die Objekte des Sternsystems in allen Wellenlängenbereichen untersucht haben, bleibt uns nur der Schluss, dass sich diese Massen durch keinerlei elektromagnetische Strahlung bemerkbar machen, sondern einzig durch ihre Gravitationswirkung. Wir sprechen von einem dunklen Halo. Denkt man sich nämlich unsichtbare Masse in einem das Gesamtsystem umschließenden kugelförmigen Halo vereint, ergibt sich eine Rotationskurve des Systems, wie wir sie tatsächlich beobachten. Abschätzungen über das Verhältnis von Masse zur Leuchtkraft des Systems lassen darauf schließen, dass der Anteil der unsichtbaren Masse mindestens die Hälfte der Gesamtmasse ausmacht.

Nun wissen wir allerdings nicht, bis in welche Entfernungen vom Zentrum des Systems sich die dunkle Materie erstreckt. Sollte sie die Galaxis in einem Halo mit dem mehrfachen Durchmesser des optisch und radioastronomisch sichtbaren Teils umgeben, würde dies einen noch wesentlich höheren Anteil an unsichtbarer Masse bedeuten. Er könnte durchaus das Zehnfache jener Masse ausmachen, die wir mit unseren Instrumenten in Form von sichtbarer Materie wahrnehmen.

Dieses scheinbar paradoxe Resultat gilt aber keineswegs nur für unser Milchstraßensystem – es tritt auch bei anderen Galaxien auf und lässt sich selbst für großräumige Strukturen wie Galaxienhaufen und Superhaufen von mehreren tausend Galaxien feststellen. Gerade in diesem Bereich ist die dunkle Materie zuerst aufgefallen. Bereits in den 30er-Jahren des 20. Jahrhunderts hatte nämlich der amerikanische Astronom Fritz Zwicky eine Methode vorgeschlagen, mit deren Hilfe man die Masse von Galaxienansammlungen bestimmen könne. Er fragte sich: Warum bleiben die einzelnen Sternsysteme in Galaxienhaufen beisammen? Offensichtlich deshalb, weil die Gravitationskraft den durch die Bewegungen bedingten Fliehkräften genau die Waage hält. Wäre die Gravitationskraft stärker, müssten die einzelnen Galaxien zum Mittelpunkt eines Haufens streben. Wäre sie jedoch schwächer, könnte der Haufen keinen Bestand haben und die Galaxien würden sich im Raum verflüchtigen. Durch Geschwindigkeitsmessungen mit Hilfe des Doppler-Effekts wollte Zwicky nun die erforderliche Gravitation bestimmen und auf diese Art die Massen von Galaxienhaufen ermitteln. Dabei stellte er zu seiner großen Verwunderung fest, dass die Masse eines solchen Haufens deutlich größer sein müsste

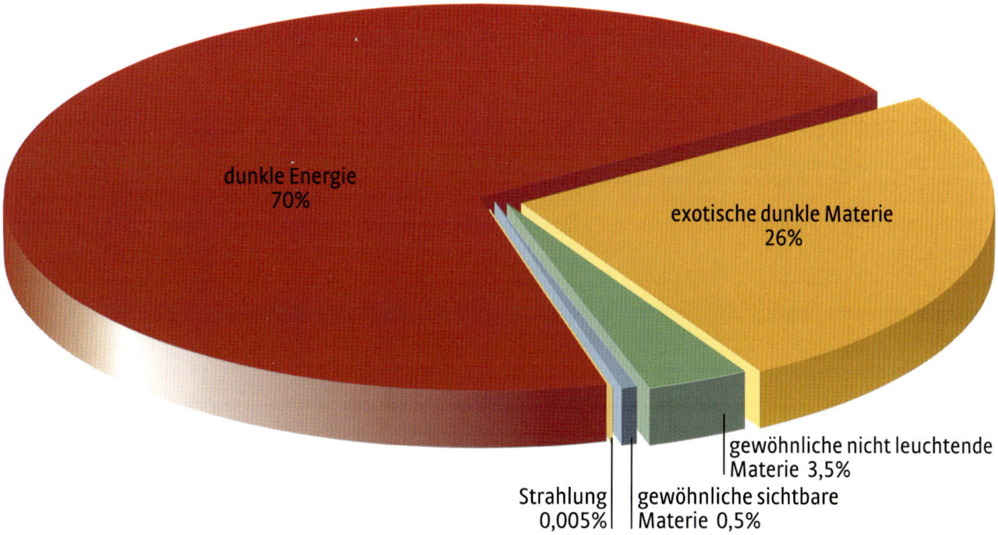

DIE BESTANDTEILE DES UNIVERSUMS: VERMUTLICH BESTEHT DAS UNIVERSUM HAUPTSÄCHLICH AUS DUNKLER ENERGIE. EINEN WEITEREN WESENTLICHEN ANTEIL LIEFERT DIE DUNKLE MATERIE. GEWÖHNLICHE LEUCHTENDE UND NICHT LEUCHTENDE MATERIE BILDEN HINGEGEN NUR EINEN WINZIGEN BRUCHTEIL DES GANZEN.

als die Summe der sichtbaren Massen. Die meisten seiner Kollegen bezweifelten damals seine Resultate. Heute wissen wir, dass Zwicky Recht hatte. Mal findet man bei den Galaxienhaufen ein Verhältnis von 1:1 zwischen sichtbarer und dunkler Masse, mal aber auch einen Dunkelmasse-Anteil vom Hundertfachen der sichtbaren Masse. Dabei scheint der Anteil an dunkler Materie von der Masse des jeweiligen Sternsystems abzuhängen. So nimmt man heute an, dass eine Galaxie wie die unsere etwa 50 % dunkle Materie enthält, während in sehr kleinen Galaxien der Anteil an dunkler Materie bis zu 99 % beträgt.

Das Problem der „fehlenden Masse" hat sich zu einer der Hauptfragen der aktuellen Forschung entwickelt. Natürlich denkt man zunächst daran, dass es sich hier um Massen handeln könnte, die einfach zu wenig elektromagnetische Strahlung aussenden, um mit den heutigen Hilfsmitteln der Forschung entdeckt zu werden. So dürften lichtschwache Objekte wie Braune Zwerge oder Planeten bei fernen Sonnen einen Teil der „fehlenden Masse" erklären. Dennoch zeigt sich, dass diese Anteile selbst bei großzügigen Abschätzungen bei weitem nicht die vorgefundene Massendiskrepanz erklären können.

Als wichtige Kandidaten zur Erklärung dieses Phänomens werden auch die Neutrinos ins Feld geführt, elektrisch neutrale Elementarteilchen, denen man lange Zeit hindurch Masselosigkeit bescheinigt hatte. Doch seit dem Jahr 1980 spricht man über eine Neutrinomasse. Damals hatten Physiker vom Institut für Theoretische und Experimentelle Physik in Moskau vermeintlich eine – wenn auch sehr geringe – Neutrinomasse nachgewiesen. Seitdem beschäftigen sich die Physiker weltweit mit dem Problem der Neu-

trinomasse. Doch endgültige Erkenntnisse gibt es noch immer nicht. Die meisten Physiker bezweifeln, dass die Neutrinos das Rätsel der dunklen Materie lösen könnten. Selbst wenn sie nicht ganz masselos sein sollten, würde dies doch nicht hinreichen, um das Problem der „missing mass" zu erklären. Eher denken viele Experten an bisher noch nicht nachgewiesene exotische Elementarteilchen, die „cold dark matter" (CDM). Obwohl sie noch völlig hypothetisch ist, hat man sie sogar schon in Szenarien der Entwicklung des Universums eingebaut. Doch einzig der experimentelle Nachweis solcher exotischen Teilchen könnte alle Zweifel beseitigen. Der dürfte aber schwierig zu führen sein, denn die angenommenen Partikel wären zwar mit Masse behaftet, aber elektrisch neutral. Deshalb gehen sie – ebenso wie die Neutrinos – auch kaum Wechselwirkungen mit Materie ein. Man sucht nach ihnen mit speziellen Detektoren tief unter der Erde, um möglichst alle Signale auszuschließen, die auf andere Teilchen zurückzuführen sein könnten. Besonnene Forscher betonen zwar die Wichtigkeit solcher Experimente, warnen aber zugleich vor der Hoffnung auf rasche Resultate. Schließlich bestünde unser Universum aus Gebilden mit Massen zwischen 10^{-33} Gramm (exotische Partikel) und 10^{39} Gramm (schwere Schwarze Löcher). Der Bereich umfasst die unvorstellbar große Spanne von 70 Zehnerpotenzen!

DIE „MOND-THEORIE"

Wie weit die Fantasie der Forscher auf dem Gebiet der Entwicklungstheorien des Universums derzeit reicht, zeigt der Vorschlag, statt einer gegenwärtig nicht näher beschreibbaren „dunklen Materie" eine modifizierte Variante von Newtons zweitem Bewegungsgesetz ins Kalkül zu ziehen. Bisher werden alle Bewegungen im Universum auf das Newtonsche Gravitationsgesetz und den von Newton formulierten Zusammenhang zwischen der auf einen Körper einwirkenden Kraft und der dadurch hervorgerufenen Beschleunigung zurückgeführt. Nun hat der israelische Physiker Mordehai Milgrom eine „*Mo*difizierte *N*ewtonsche *D*ynamik" („Mond") vorgeschlagen, die neuerdings diskutiert wird. Dabei geht er davon aus, dass die Beschleunigung, die in galaktischen Systemen auftritt, sehr viel kleiner ist, als jene in unserem unmittelbaren Erfahrungsbereich, die aus dem Newtonschen Gesetz abgeleitet werden kann. Während die Beschleunigung, die ein Körper im Anziehungsfeld der Erde erfährt, 9,81 m/s^2 beträgt, wirkt auf unser Sonnensystem im galaktischen Gravitationsfeld nur eine Beschleu-

Was ist dunkle Energie?

Doch die fehlende Masse ist nicht das einzige Problem, mit dem sich die Forschung beschäftigen muss. Hinzu kommt nach neueren Erkenntnissen auch noch eine „dunkle Energie". Auf eine solche Idee ist man bei der Analyse der Expansion des Universums gestoßen, die seit dem Ende der 20er-Jahre des 20. Jahrhunderts bekannt ist. Damals hatte Edwin Hubble entdeckt, dass sich das gesamte Universum ausdehnt: Die Distanzen der Galaxien untereinander nehmen ständig zu. Die Expansion des Universums wird dabei durch den so genannten Hubble-Parameter beschrieben, der angibt, um welchen Betrag die Expansionsgeschwindigkeit je Entfernungseinheit anwächst.

Doch neuerdings hat man festgestellt, dass die beobachtete Expansion des Universums beschleunigt abläuft. Zwei Forschergruppen zeigten unabhängig voneinander, dass die Geschwindigkeit, mit der das Universum auseinander driftet, zunimmt. Um diese unerwartete Entdeckung zu erklären, bietet sich eine schon seit längerem diskutierte Hypothese an, die dieses Phänomen einer „dunklen Energie" zuschreibt. Sie soll die höchst merkwürdige Eigenschaft besitzen, eine abstoßende Gravitation aufzuweisen. Demnach ringen im Kosmos zwei Kräfte miteinander: die Gravitation, die dafür gesorgt hat, dass die chemischen Elemente und die „dunkle Materie“ zu Sternen und Sternsystemen geworden sind, und die „dunkle Energie“, die sie durch ihre abstoßende Wirkung im Weltall zu verteilen trachtet. Sie kann allerdings nicht in den Galaxien und den Galaxienhaufen selbst enthalten sein, sonst müssten wir sie nämlich indirekt durch ihren Einfluss auf die Bewegung der Himmelskörper nachweisen können.

Woraus die „dunkle Energie“ besteht und woher sie stammt, darüber streiten die Wissenschaftler derzeit vehement. Ist die „dunkle Energie“ vorhanden, müsste sie nach Einsteins Äquivalentprinzip einer enormen Gesamtmasse entsprechen. Dennoch sollte die Energiedichte unvorstellbar gering sein, so fein verteilt ist sie. Die schwächste aller bekannten Naturkräfte hat eine 10^{50}-mal größere Energiedichte. Von einer Klärung der damit zusammenhängenden Probleme kann zurzeit keine Rede sein. So geht man heute allgemein davon aus, dass unser Universum nur zu etwa 4 % aus gewöhnlicher Materie besteht. Doch selbst von diesem geringen Anteil tritt uns nur etwa 1/10 in Gestalt von Sternen, Gas und Staub entgegen. Den Rest bilden zu einem Drittel die ominöse „dunkle Materie“ und zu zwei Dritteln die mindestens ebenso geheimnisvolle „dunkle Energie“. Beide sind einstweilen aber nicht viel mehr als Worthülsen und bieten Spekulationen Tür und Tor.

nigung von etwa 10^{-10} m/s², d. h. ein Hundertmilliardstel des uns Vertrauten. Könnte nicht – so die Überlegung von Milgrom – für derartig winzige Beschleunigungen ein abgeändertes Bewegungsgesetz gelten, ähnlich wie das Newtonsche Gesetz ja auch für sehr hohe Geschwindigkeiten und extrem große Massen durch die Formeln von Einsteins Relativitätstheorie abgeändert werden muss?

ROTATIONSKURVEN VON GALAXIEN. GELB: MODIFIZIERTE NEWTONSCHEN DYNAMIK („MOND“); DIE KURVEN STIMMEN GUT MIT DEN BEOBACHTUNGSDATEN ÜBEREIN. ROT: DAVON ABWEICHEND DAS ROTATIONSVERHALTEN NACH DER KLASSISCHEN NEWTONSCHEN THEORIE.

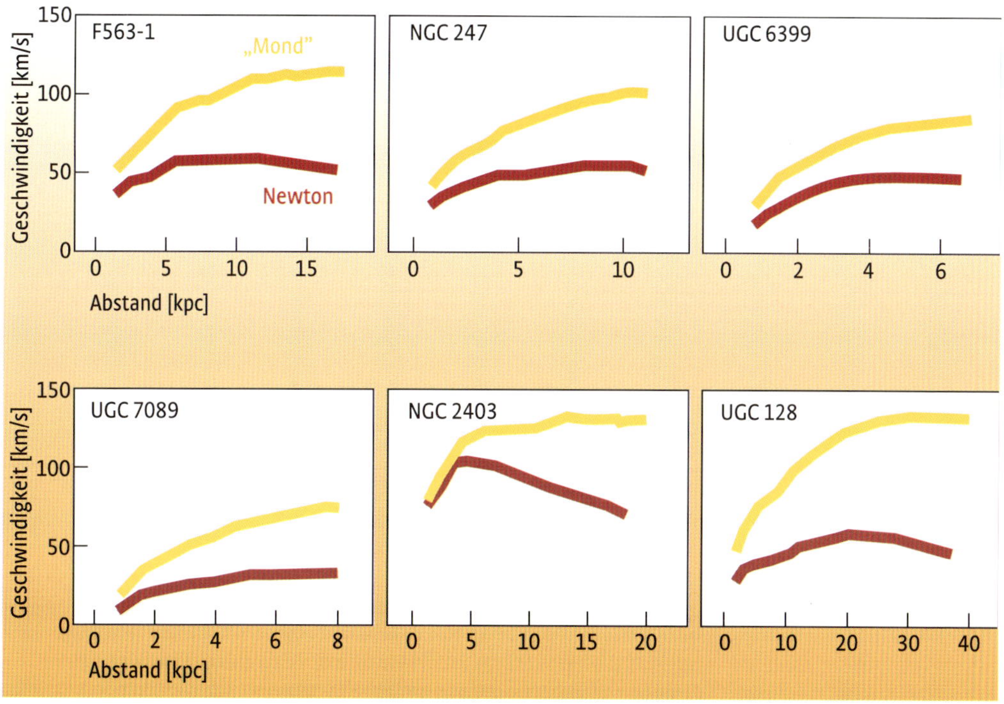

Viele der beobachteten Bewegungsverhältnisse kann die modifizierte Dynamik von Milgrom erklären (s. Kasten S. 170), ohne auf geheimnisvolle dunkle Massen und Energien zurückgreifen zu müssen. Einige Phänomene trotzen jedoch auch dieser Theorie. Dennoch wird „Mond“ von führenden Kosmologen keineswegs als ganz abwegig angesehen. Ein schwer wiegender kritischer Einwand – wenn auch kein exakter Gegenbeweis – besteht aber in der Unvereinbarkeit von „Mond“ mit Einsteins Allgemeiner Relativitätsthorie. Sie hat sich an allen Fronten der Forschung bestens bewährt und müsste dennoch fallen gelassen werden, wenn „Mond“ zutreffend sein sollte. Eine derartig weitreichende Konsequenz möchte jedoch derzeit kaum jemand in Kauf nehmen. Bei den Problemen der „dunklen Materie“ und der „dunklen Energie“ tappen wir also buchstäblich noch weitgehend im Dunkeln.

VOM URSPRUNG DER MILCHSTRASSE

Als Tintoretto im 16. Jahrhundert sein berühmtes Gemälde „Vom Ursprung der Milchstraße“ schuf (s. S. 105), illustrierte er damit eine Geschichte aus der griechischen Mythologie. Der ästhetische Reiz dieses Bildes vermag aber nicht den Wissensdurst der modernen Forschung des 21.Jahrhunderts zu befriedigen. Denn heute weiß man: So war es nicht. Doch wie war es dann?

Dazu müssen wir einen Blick auf die Geschichte des Universums als Ganzes werfen, wenn auch nur in aller Kürze und somit in stark vereinfachter Form.

Die Herausbildung von Galaxien

Nach unserer gegenwärtigen, durch zahlreiche Beobachtungsbefunde und theoretische Vorstellungen gut gesicherten Vorstellung nahm das Weltall seinen „Anfang“ aus einem superdichten und extrem heißen Urzustand vor etwa 13 Milliarden Jahren. Damals entstanden auch Raum und Zeit selbst, und seither befindet sich das Universum in Expansion. In dem jenseits jeder anschaulichen Vorstellung liegenden „Urbrei“ gab es keine Atome oder Moleküle, sondern nur hochenergetische Photonen, rätselhafte superschwere Teilchen, Elektronen, Neutrinos, Gluonen und Quarks. Erst mit der durch die Expansion erfolgenden Abkühlung und durch mehrere Symmetriebrechungen treten die uns vertrauten Elementarteilchen in Erscheinung. Etwa drei Minuten nach dem „Urknall“ finden wir neben Elektronen und Neutrinos auch

Protonen und Neutronen vor, aus denen sich schließlich nach insgesamt 30 Minuten Wasserstoffatomkerne (77 %) und Heliumatomkerne (33 %) bildeten. Nach weiterer Abkühlung vereinigen sich diese Atomkerne mit den frei herumfliegenden Elektronen zu neutralen Wasserstoff- und Heliumatomen. Diese bilden den „Rohstoff" für Sterne und Galaxien. Wahrscheinlich gab es in dem Gemisch aus Wasserstoff und Helium von Anbeginn winzige Dichteschwankungen, die zu Keimzellen der Galaxien wurden.

Wie sich die Herausbildung einer Galaxie im Einzelnen vollzogen hat, konnte man erst theoretisch beschreiben, nachdem viele Detailkenntnisse über unser Milchstraßensystem vorlagen. Denn eine konsistente Entstehungsgeschichte muss natürlich auf der Grundlage naturgesetzlicher Erkenntnisse erklären, warum das Sternsystem gerade so beschaffen ist, wie wir es vorfinden, und auf welche Weise sich die Strukturen, Geschwindigkeiten und räumlichen Verteilungen der verschiedenartigen Objekte ergeben haben.

Den ersten Versuch eines Entstehungsmodells der Galaxis legten die Astrophysiker Olin Eggen, Donald Lynden-Bell und Allan Sandage im Jahr 1962 vor, das so genannte ELS-Modell. Es besagt, dass sich in Folge von Dichteschwankungen im frühen Universum vor etwa 10 Milliarden Jahren zusammen mit anderen Vorstufen von Galaxien auch eine gigantische rotierende kugelförmige Wasserstoff-Heliummasse herausgebildet hatte, die Protogalaxis. Ihr Durchmesser dürfte bei etwa 100 kpc gelegen haben. Sie füllte damit jenen Raum aus, in dem sich heute die Kugelsternhaufen befinden.

DICHTESCHWANKUNGEN IM FRÜHEN UNIVERSUM. DIE ÄNDERUNGEN DER DICHTE ENTSPRECHEN EINEM MUSTER AUS SICH ÜBERLAGERNDEN WELLEN, SO DASS ES IN KLEINEN REGIONEN ZU HOHEN DICHTEWERTEN KOMMT. DIESE BEREICHE KOLLABIEREN ZUERST UND WERDEN SOMIT ZU KEIMEN FÜR PROTOGALAXIEN.

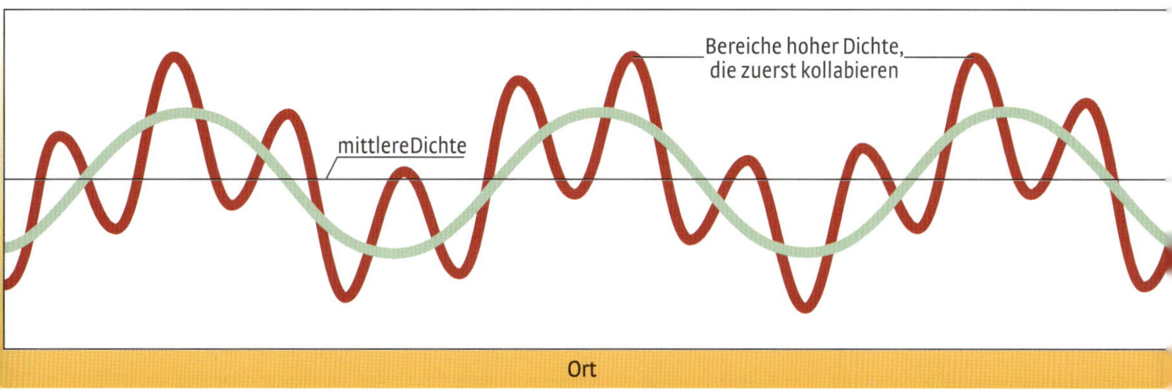

Die Entstehung der verschiedenen Sternpopulationen

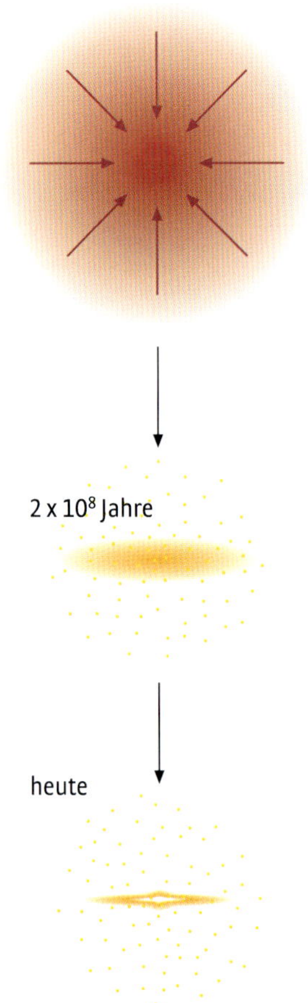

DIE ENTSTEHUNG EINER GALAXIE NACH DEM ELS-MODELL: EINE KOLLABIERENDE PROTOGALAXIE (OBEN) BILDET STERNE DER POPULATION II, DIE SICH AUF STARK ELLIPTISCHEN BAHNEN BEWEGEN. DARAUS ENTSTEHT EINE SCHNELL ROTIERENDE SCHEIBE, IN DER SICH DIE STERNE DER POPULATION I ENTWICKELN.

Dichtekonzentrationen innerhalb der riesigen kugelförmigen Protogalaxis führten binnen vergleichsweise kurzer Zeit (0,1 bis 1 Milliarde Jahre) zur Entstehung von einzelnen Sternen und Kugelsternhaufen der extremen Population II. Da das Rohmaterial, aus dem sich jene Objekte bildeten, nur Wasserstoff und Helium enthielt, ist es kein Wunder, dass diese ältesten Bewohner des Sternsystems so gut wie keine schweren Elemente enthielten. Während die riesige Gaskugel weiter kontrahierte, verblieben die zuerst entstandenen Objekte innerhalb des Raumes, in dem sie geboren worden waren. Dort befinden sie sich noch heute und umgeben deshalb das System in einem kugelförmigen Halo. Ihre Bewegung um das Zentrum erfolgt heute in Ellipsen unterschiedlicher Exzentrizität – ein Umstand, der noch zu erklären sein wird.

Die nicht zu Kugelhaufen und Sternen kondensierten Gasmassen zogen sich weiter zusammen – parallel zur Rotationsachse der großen kugelförmigen Wolke. Der Durchmesser blieb erhalten, aber die Dicke wurde durch die Kontraktion immer geringer. Sterne und Sternhaufen, die dort entstanden, befinden sich in einem sehr viel kleineren, flacheren Raumgebiet. Außerdem bewegen sie sich schneller, da sich die Rotationsgeschwindigkeit inzwischen durch die Kontraktion vergrößert hatte. Die Neigungen der Bahnen dieser Objekte gegen die galaktische Ebene weisen viel geringere Werte auf als jene im Halogebiet. Ein weiterer wesentlicher Unterschied besteht in der chemischen Zusammensetzung. Inzwischen waren nämlich die ältesten und massereichsten der zuerst entstandenen Sterne längst in Supernova-Explosionen auseinander gestoben und hatten den interstellaren Raum mit den in ihrem Innern synthetisierten schwereren Elementen angereichert. So hatte sich nun die nächste Generation von Sternen nicht nur aus Wasserstoff und Helium gebildet, sondern auch aus Beimengungen schwererer Elemente. Diese Sterne gehören der älteren Population I an. Die Mehrzahl aller Sterne unserer Galaxis (rund 90 %) gehört dazu, auch unsere Sonne. Da die massereichen Sterne dieser Population infolge ihrer Kurzlebigkeit längst nicht mehr existieren, besteht die Population hauptsächlich aus langlebigen Sternen, die etwa die Masse der Sonne oder geringere Massen aufweisen. Sie haben eine deutlich stärkere Konzentration zur galaktischen Ebene als die Halo-Population. Beim weiteren Zusammensinken der Gasmassen bildete sich die scheibenförmige Struktur der Galaxis aus. Die jetzt entstehenden „metallreichen" Sterne haben die stärkste Konzentration zur galaktischen Ebene, wie auch das Gas, aus dem sie hervorgegangen sind. Zu dieser extremen Population I gehören die jungen, leuchtkräftigen O- und B-Sterne sowie die offenen Sternhaufen.

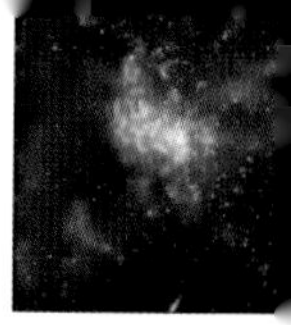

Doch wie kamen die zuerst entstandenen Objekte der Halo-Population zu ihren elliptischen Bahnen? Auch dieses Faktum lässt sich an Hand der Entwicklung der Galaxis verstehen. Stabile Bahnen mit gleich bleibender Exzentrizität sind nämlich nur dann zu erwarten, wenn das Gravitationspotenzial des gesamten Systems keine wesentlichen Änderungen erfährt. Doch gerade das ist durch den Kollaps der Gasmassen offensichtlich geschehen und zwar in der vergleichsweise kurzen Zeit von höchstens 100 Millionen Jahren. Kaum, dass die im Halo entstandenen Objekte ihre Kreisbewegung begonnen hatten, wurden sie der inzwischen viel stärkeren Gravitation der kollabierten Galaxis ausgesetzt. Dadurch wurden aus den anfänglichen Kreisbahnen stark elliptische Bewegungen, wie wir sie noch heute bei den Kugelsternhaufen beobachten.

Die heutige Theorie

Das hier in seinen Grundzügen skizzierte ESL-Modell erwies sich allerdings als nicht widerspruchsfrei. Nicht alle Tatsachen über die Galaxis können mit diesem Ansatz erklärt werden, so beispielsweise die Objekte der „Dicken Scheibe“. Diese umgeben die „Dünne Scheibe“ mit ihren metallreichen Sternen in einer Schicht von mehreren Kiloparsec. Zu den Sternen dieses Gebiets zählt u. a. auch Arktur im Bärenhüter. Er weist etwa die Masse unserer Sonne auf, strahlt aber bereits als Roter Riese. Daraus kann man schließen, dass Arktur wesentlich älter sein muss als unsere Sonne. Wie auch die anderen Sterne der „Dicken Scheibe“ dürfte er bereits auf ein Alter von rund 10 Milliarden Jahren zurückblicken. Im ESL-Modell sind aber die Scheibensterne nach den Halo-Sternen entstanden, sie sollten also durchweg jünger sein als diese und somit auch deutlich metallreicher als die Objekte des Halos. Gerade das ist aber nicht der Fall. Vielmehr finden wir in der „Dicken Scheibe“ metallärmere Sterne als im Halo-Bereich. Dort entdeckte man in Scheibennähe metallreiche Kugelsternhaufen, die – anders als die von der Scheibe weiter entfernten – sogar an der galaktischen Rotation teilnehmen. Schließlich fanden sich in allen Bereichen des Halos sowohl metallreichere als auch metallärmere Kugelsternhaufen. Diese Befunde passten nicht ins Bild der bis dahin als gültig betrachteten Standard-Theorie.

Schließlich entstand Ende der 70er-Jahre des vergangenen Jahrhunderts eine neue Vorstellung über die Entstehung der Galaxis. Der Kerngedanke des gegenwärtigen Modells besteht in der Annahme, dass die Protogalaxis nicht unmittelbar aus den Dichteschwankungen der Gasmassen des frühen Universums entstand, sondern durch die Verschmelzung von schon vorher vorhandenen kleineren Systemen. In Gasmassen von etwa einer Million Sonnen-

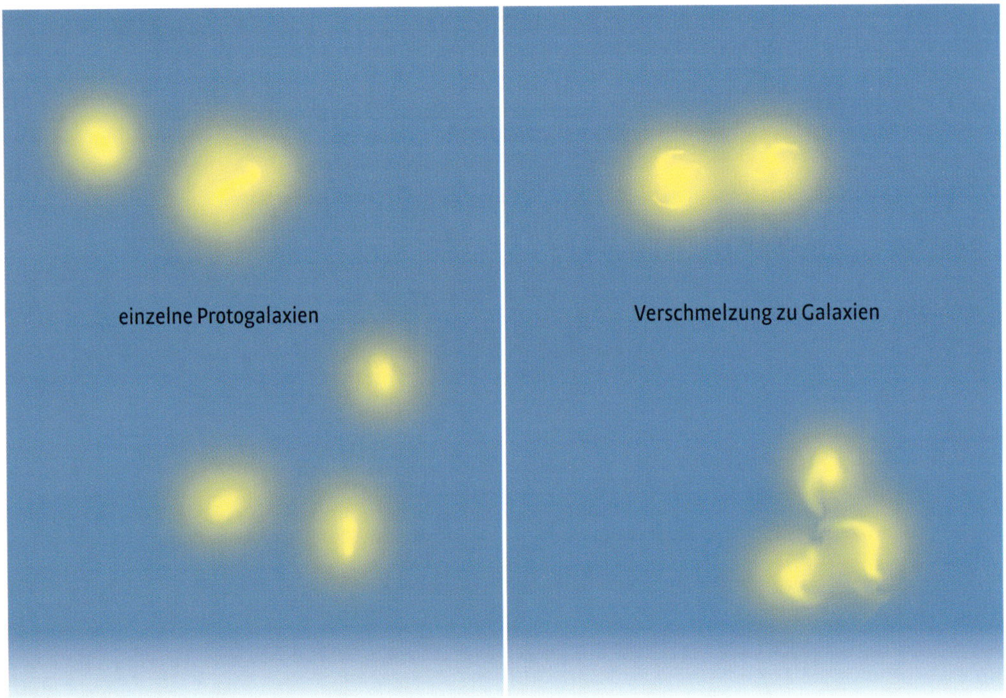

SO STELLT MAN SICH HEUTE DIE ENTSTEHUNG VON GALAXIEN VOR: AUS DER „URSUPPE“ KONDENSIEREN ZUNÄCHST KLEINERE OBJEKTE, DIE DANN ZU GRÖSSEREN GEBILDEN VERSCHMELZEN.

massen bildeten sich die ersten Sterne heraus und mehrere solcher frühen Systeme verschmolzen zu den Protogalaxien. Angesichts der Masse der Protogalaxis dürften etwa bis zu 3 Milliarden Jahre vergangen sein, ehe die kleineren Systeme sich zu einem Objekt von der Masse unserer Milchstraße zusammengefunden hatten. Während dieses Vorganges entstanden ständig neue Sterne. Doch in der Protogalaxis befanden sich nun auch bereits ältere Sterne und die Gasmassen waren folglich mit schwereren Elementen angereichert. Dieses Bild der Protogalaxis unterscheidet sich damit wesentlich von dem ELS-Modell, in dem es anfangs noch keine schweren Elemente, sondern ausschließlich Wasserstoff und Helium gegeben hatte.

Was geschah nun, wenn zwei der masseärmeren Klumpen zusammenstießen? Die in ihnen vorhandenen Sterne durchmischten sich. Doch zu direkten Zusammenstößen einzelner Sterne kam es nicht, denn ihre gegenseitigen Abstände waren groß im Verhältnis zu ihren Durchmessern. So behielten die Sterne auch ihre ursprünglichen Bahnen und bildeten die Halopopulation. Jeder einzelne Klumpen hatte seine eigene Lebensgeschichte hinter sich, die mit seiner Bahn nichts zu tun hatte. Deshalb gibt es auch in der heutigen Halopopulation keinen Zusammenhang zwischen den kinematischen Eigenschaften der Sterne und ihrer chemischen Zusammensetzung.

Anders verhielt es sich mit den gasförmigen Bestandteilen bei der Begegnung zweier Klumpen. Sie verloren zu einem großen Teil ihre Bewegungsenergie, fielen in die Richtung zur Äquatorebene und bildeten die galaktische Scheibe. Jetzt erst konnte dort die Sternbildung beginnen.

Nun bleibt noch die Frage nach der „Dünnen Scheibe“ und der „Dicken Scheibe“. Wie könnte die „Dicke Scheibe“ entstanden sein? Handelt es sich um eine Art Ausläufer der „Dünnen Scheibe“ oder des Halos? Oder könnte vielleicht ein großer Klumpen in die schon weitgehend „fertige“ Galaxis mit ihrer ausgeprägten „Dünnen Scheibe“ eingedrungen sein? Eine zufrieden stellende Antwort gibt es auf diese Fragen noch nicht.

Völlig offen ist auch noch die Rolle der dunklen Materie. Die Astrophysiker arbeiten jedoch mit Hochdruck daran, die Entstehung der Galaxien, die uns ja im Weltall in sehr unterschiedlichen Formen entgegentreten, auch unter Einschluss der dunklen Materie zu verstehen, obwohl deren Natur selbst noch gar nicht bekannt ist. Zahlreiche Probleme harren also noch ihrer Lösung.

DIE MILCHSTRASSE IM ÜBERBLICK

Eine Flut von Einzelheiten über unser Sternsystem haben wir jetzt kennen gelernt. Dabei kann man leicht den Überblick verlieren, zumal noch keineswegs alle Befunde nahtlos zueinander passen. Deshalb wollen wir hier zusammenfassen, was wir gegenwärtig an gesicherten Erkenntnissen über unsere Galaxis besitzen.

Der Aufbau

Unser Sternsystem stellt eine flache Scheibe von etwa 5000 Lichtjahren Dicke und einem Durchmesser von rund 100 000 Lichtjahren dar, in der sich hauptsächlich junge Sterne und interstellare Materie befinden. Im zentralen Bereich der Scheibe beobachten wir eine Verdickung, in der die Dicke etwa das Vierfache der sonst üblichen, d. h. rund 20 000 Lichtjahre beträgt. Im Zentrum der Scheibe – einem Raumgebiet von nur einigen Lichtjahren Ausdehnung – wachsen die Sterndichte und Massekonzentration stark an. Direkt im Zentrum des Systems befindet sich ein Schwarzes Loch mit einer Masse von etwa 2,9 Millionen Sonnenmassen. Unsere Sonne befindet sich rund 26 000 Lichtjahre vom Zentrum ent-

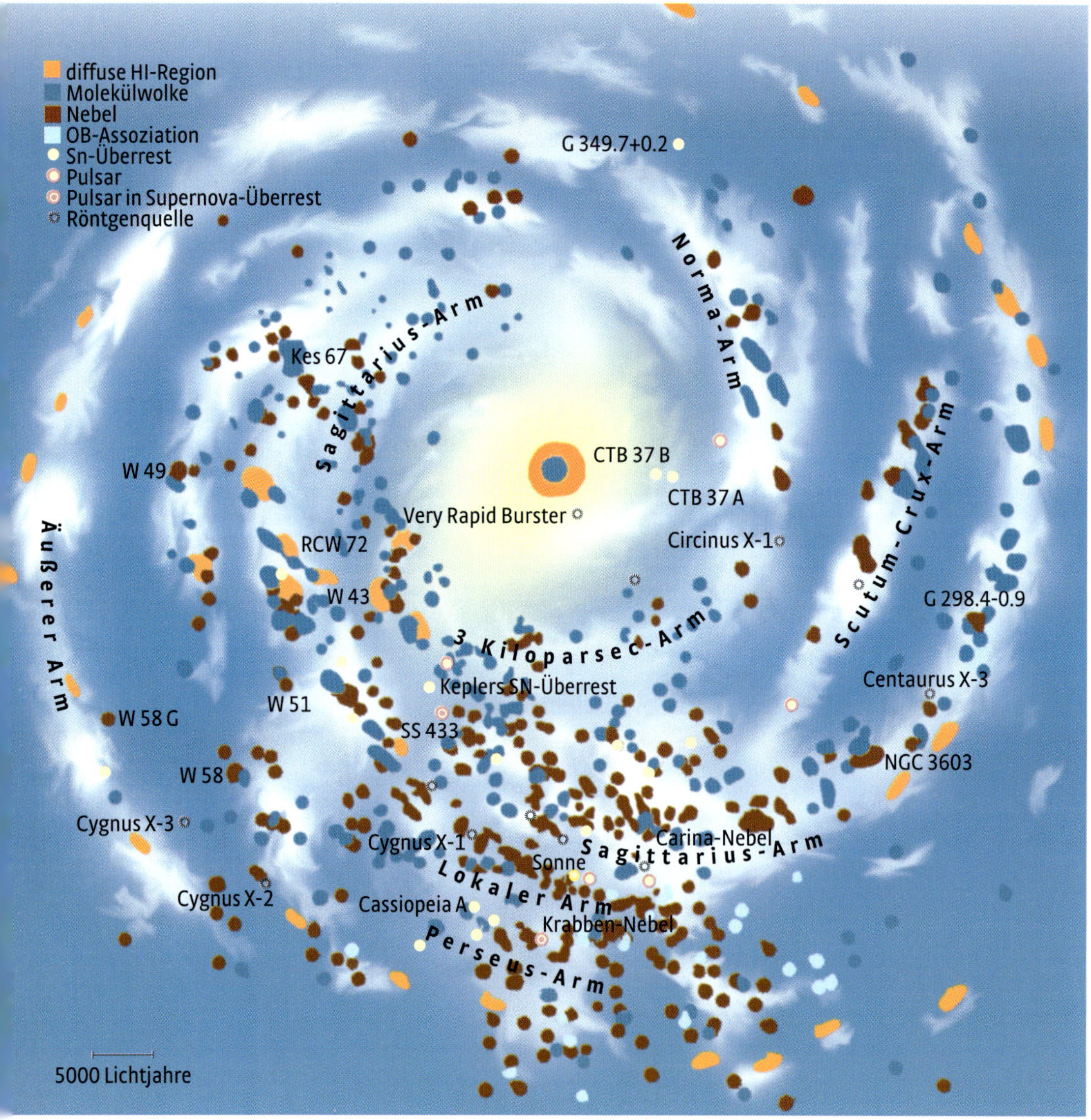

UNSER MILCHSTRASSENSYSTEM IM DRAUFBLICK

fernt und liegt knapp 50 Lichtjahre nördlich der Hauptebene. Charakteristisch für die Scheibe ist ihre Spiralstruktur (s. Abb. oben). Die Spiralen werden durch Gas, Staub, junge Sterne und Sternassoziationen sowie offene Sternhaufen definiert. Insgesamt finden wir zwei ausgeprägte Hauptarme, den Perseus- und den Sagittarius-Arm. Ersterer liegt außen in Richtung zum Antizentrum des Sys-

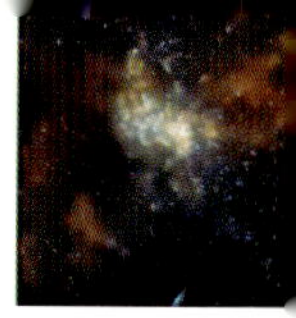

tems, der andere in Richtung zum Zentrum. Die beiden Arme sind rund 6000 Lichtjahre voneinander entfernt. Ein weiterer Arm heißt Orion-Arm (Lokaler Arm), zu ihm gehört auch unsere Sonne. Zwischen uns und dem Zentrum des Systems liegt in einer Distanz von etwa 10 000 Lichtjahren vom Zentrum (etwa 3 Kiloparsec) der so genannte Drei-Kiloparsec-Arm. Der dort befindliche interstellare Wasserstoff bewegt sich nach außen. Die sehr flache „Dünne Scheibe" ist von einer „Dicken Scheibe" mit bis zu rund 6 Kiloparsec Dicke umgeben.

Ein weiteres Charakteristikum des räumlichen Aufbaus unseres Sternsystems ist der Balken (Bulge), von dessen Enden die Spiralarme ausgehen (s. Abb. links). Im beobachtungsmäßig schwer zugänglichen zentralen Bereich befindet sich ein System von dicht stehenden Sternen, die zigarrenförmig angeordnet sind, ein hohes Alter und dennoch schwere Elemente aufweisen. Der Balken hat höchstwahrscheinlich eine eigene Entwicklungsgeschichte, die jedoch noch nicht aufgeklärt ist. Es sind dort rund 20 % der sichtbaren Masse des Sternsystems vereinigt.

Das gesamte System liegt eingebettet in einen kugelförmigen Raum, der durch das Vorkommen von Kugelsternhaufen definiert wird. In diesem galaktischen Halo mit etwa 100 000 Lichtjahren Durchmesser kommen auch einzelne Sterne vor. Scheiben und Halo werden wiederum von einem noch ausgedehnteren Bereich mit sehr dünnem Wasserstoffplasma eingeschlossen, der Milchstraßenkorona mit einem Durchmesser von etwa 300 000 Lichtjahren.

UNSER MILCHSTRASSENSYSTEM IM SEITENANBLICK

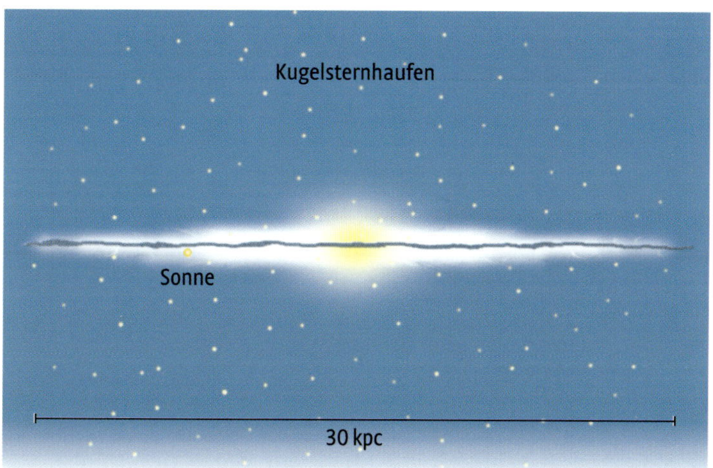

DER KUGELSTERNHAUFEN M 80 IM STERNBILD SKORPION

Die Objekte

Eine Bestandsaufnahme der verschiedenen Objekte des Milchstraßensystems lässt eine unterschiedliche Konzentration zur Hauptebene erkennen: Die jüngsten Sterne zeigen die stärkste Konzentration zur Scheibe. Dort sind vor allem die OB- und T-Assoziationen, die offenen Sternhaufen sowie die Wasserstoffansammlungen (HI- und HII-Regionen) versammelt. Die schon älteren Hauptreihensterne sowie die Roten Riesen zeigen eine weniger starke Konzentration zur Ebene. Ohne jeden Bezug zur galaktischen Ebene sind die Kugelsternhaufen und die RR-Lyrae-Sterne angeordnet, sie füllen den sphärischen Halo. Diese unterschiedliche räumliche Verteilung korreliert mit den Populationen: Die jüngsten und jungen Sterne (10^8 bis 10^9 Jahre), die der Population I (extreme Population I und ältere Population I) angehören, sind – ebenso wie die interstellare Materie – in der Scheibe zu finden. Die älteren und ältesten Objekte ($5 \cdot 10^9$ bis 10^{10} Jahre und mehr), also die Objekte der Population II, hingegen im Halo und in der zentralen Region des Systems. Während die ältesten Objekte praktisch kaum Elemente schwerer als Wasserstoff und Helium enthalten, finden wir in den Objekten der Population I auch schwerere Elemente („metallreiche“ Sterne). In der „Dicken Scheibe“ gibt es sowohl sehr alte als auch jüngere Objekte.

Die Rotation

Das gesamte System befindet sich in Rotation.Die Rotationsgeschwindigkeit wird durch die Entfernung der jeweiligen Objekte vom Zentrum bestimmt: Zentrumsnahe Objekte bewegen sich schneller und haben folglich kürzere Umlaufszeiten als zentrumsferne Objekte. Man spricht von einer differenziellen Rotation. Allerdings verläuft die Rotationskurve infolge des komplizierten Gravitationsfeldes im Sternsystem anders als beispielsweise in unserem Planetensystem. Dort nehmen die Geschwindigkeiten der Planeten mit wachsendem Abstand von der Sonne ab. In der Galaxis hingegen steigen sie zunächst bis zu einer Distanz von rund 6 Kiloparsec vom Zentrum an, erst dann erfolgt die Abnahme. Die Umlaufszeiten nehmen wegen der immer größeren Bahnumfänge trotzdem systematisch zu.

Die Rotationskurve des Milchstraßensystems kann allerdings allein durch die sichtbaren Massen nicht erklärt werden. Eine physikalisch noch nicht näher zu beschreibende „dunkle Materie“ und eine hypothetische „dunkle Energie“ sollen für die Abweichungen zuständig sein, falls nicht – wie ebenfalls verschiedentlich vorgeschlagen – eine Modifikation bisher bewährter Naturgesetze die Besonderheiten der Bewegung verursacht.

ROTATIONSGESCHWINDIGKEITEN & UMLAUFSZEITEN

Abstand in kpc	*Kreisbahn-geschw. in km/s*	*Umlaufsdauer in 10^6 Jahren*
0,84	137	38
1,90	174	67
2,93	196	92
3,90	209	115
6,13	225	168
8,20	217	234
10,00	195	316
12,00	179	422
15,00	150	616
20,00	127	980

Die Sonne bewegt sich mit einer Geschwindigkeit von rund 220 km/s auf einer Kreisbahn mit 7,9 Kiloparsec Radius um das Zentrum der Milchstraße und benötigt für einen Umlauf etwa 240 Millionen Jahre.

UNSERE KOSMISCHEN NACHBARN

DIE LOKALE GRUPPE

Zum Schluss unserer Exkursion durch die unvorstellbaren Weiten der Galaxis wollen wir unseren Blick noch tiefer in den kosmischen Raum schweifen lassen. Ist das ohne große Teleskope überhaupt möglich?

Alle Objekte des gestirnten Himmels, die wir mit dem bloßen Auge erkennen können, gehören unserer Galaxis an. Mit drei Ausnahmen: dem Andromeda-Nebel sowie der Großen und Kleinen Magellanschen Wolke. Diese nebligen Gebilde schweben außerhalb unseres Sternsystems in den Tiefen des Raums und sind als extragalaktische Objekte Teil einer Ansammlung von Galaxien unserer weiteren kosmischen Umgebung, die man als Lokale Gruppe bezeichnet.

Das Zusammenstehen von Galaxien in Gruppen ist ein häufig beobachtetes Phänomen in großräumigen kosmischen Strukturen. Ansammlungen von Galaxien in Haufen mit bis zu über 10 000 Mitgliedern und Superhaufen (Ansammlungen von Galaxienhaufen) beobachtet man bis in die fernsten Tiefen des Raums. Einzelne Galaxien (so genannte Feldgalaxien) sind hingegen ausgesprochen selten.

DIE TRIANGULUM-GALAXIE IM STERNBILD DREIECK

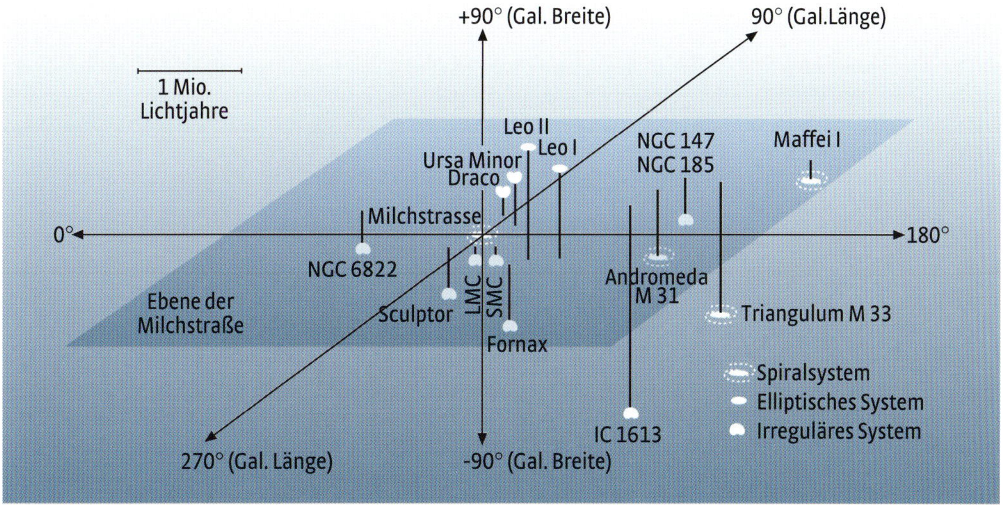

DIE RÄUMLICHE VERTEILUNG DER GALAXIEN IN DER LOKALEN GRUPPE

Die Mitglieder

Die Lokale Gruppe besteht aus etwa 30 Galaxien, die auf ein Gebiet von etwa vier Millionen Lichtjahre Durchmesser verteilt sind. Die Häufung macht sich dadurch bemerkbar, dass die noch weiter entfernten Sternsysteme erst in einem Abstand folgen, der größer ist als der Durchmesser der Lokalen Gruppe. Die meisten Mitglieder dieser Gruppe sind allerdings vergleichsweise kleine Gebilde. Lediglich unser Milchstraßensystem, der Andromeda-Nebel (M 31), der Triangulum-Nebel (M 33) und die Galaxie Maffei 1 sind größere Objekte. Fachleute sind sich heute darin einig, dass wahrscheinlich noch weitere kleine Mitglieder existieren, die uns bislang noch verborgen geblieben sind. Wieder sind es hauptsächlich die Staubansammlungen in der Hauptebene der Galaxis, die uns den freien Blick in die Weiten des Kosmos versperren. Schon bei der ersten großen Bestandsaufnahme ferner Galaxien zeigte sich eine irreglulär verlaufende auffällige „nebelfreie" Zone (zone of avoidance) von mehr als 10° Breite in der galaktischen Ebene. Diese Merkwürdigkeit in der Verteilung der extragalaktischen Objekte war einer der ersten ernst zu nehmenden Hinweise auf das Vorkommen von Licht verschluckender Materie in der Hauptebene unseres Sternsystems, die uns bis heute u. a. daran hindert, die Inventarisierung der Lokalen Gruppe zu vervollständigen. Deshalb wurden auch die jüngsten Entdeckungen von Mitgliedern der Gruppe (Maffei 1 / 2) erst möglich, als Infrarotteleskope zur Verfügung standen.

Das Sculptor-System (eine Galaxie im Sternbild Sculptor, deutsch: Bildhauer) wurde 1937 als erster Vertreter eines bis dahin

unbekannten Typus von Sternsystemen entdeckt. Es handelt sich um eine so genannte Zwerggalaxie, die auf den fotografischen Platten nur als ein äußerst lichtschwaches Gebilde in Erscheinung tritt. Die kleine Entfernung von nur etwa 360 000 Lichtjahren und die geringe Sterndichte erlaubte jedoch eine Auflösung in Einzelsterne, so dass der Charakter des Objektes als Galaxie deutlich wurde. Das

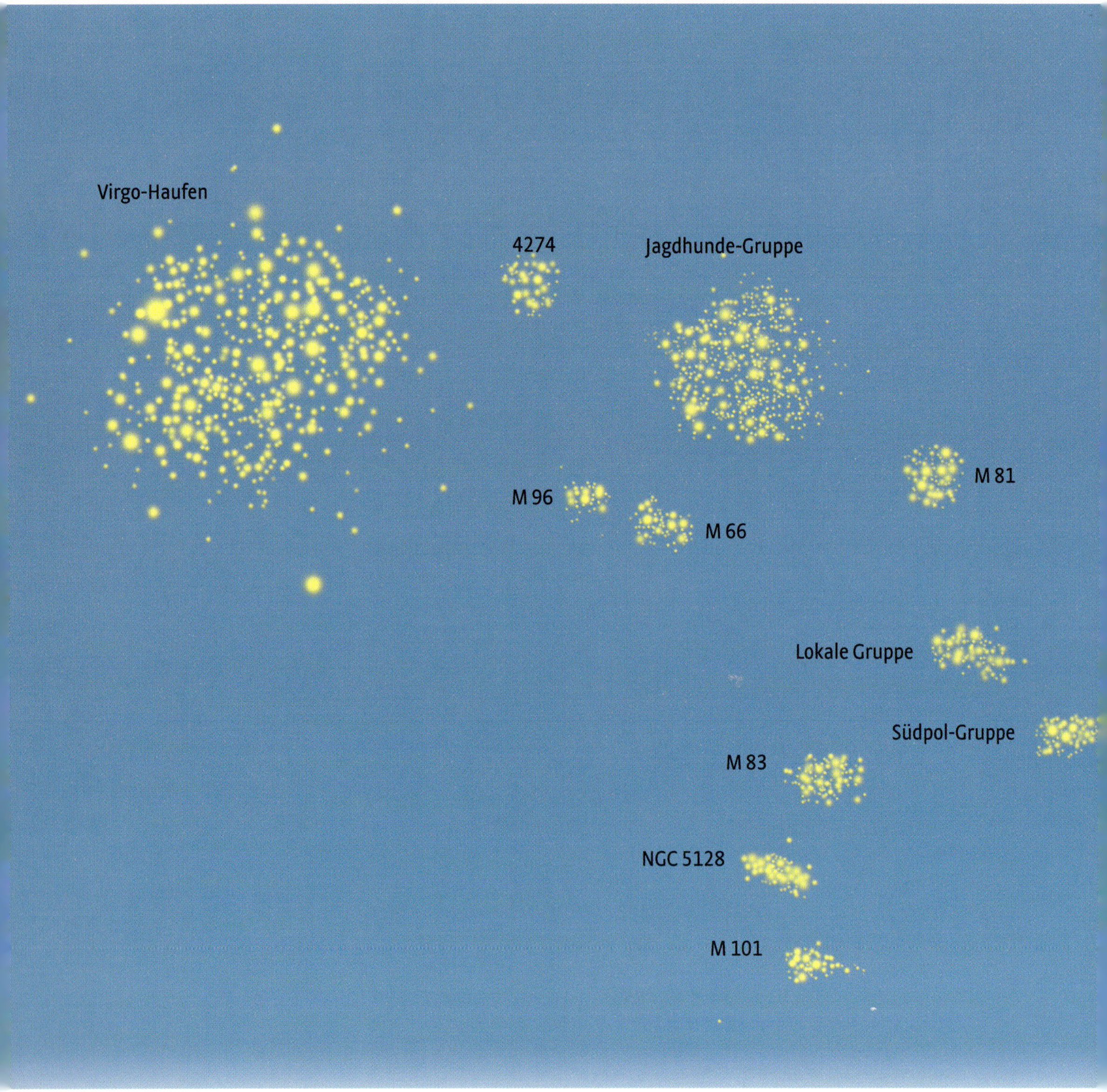

DIE LAGE DER LOKALEN GRUPPE IM VIRGO-SUPERHAUFEN

Sculptor-System enthält nur etwa 3 Millionen Einzelsterne. Bald darauf wurden noch weitere solcher unserer Milchstraße räumlich benachbarter Systeme gefunden, die sich ebenfalls durch eine geringe Zahl von Sternen und vergleichsweise winzige Dimensionen auszeichneten. Dazu zählen z. B. das Fornax-System (im Sternbild Chemischer Ofen) oder die Systeme Leo I und Leo II (mit 20 Millionen bzw. 4 und 1 Millionen Sonnen).

Die Lokale Gruppe ist Mitglied des Virgo-Superhaufens. Sie liegt am Rand dieser gewaltigen Ansammlung von mehreren Galaxienhaufen, deren Zentrum sich etwa 36 Millionen Lichtjahre von uns entfernt befindet (s. Abb. links).

Die auffälligsten Mitglieder der Lokalen Gruppe sind die beiden Magellanschen Wolken und der Andromeda-Nebel. Ihnen wollen wir uns jetzt etwas näher zuwenden.

DIE MAGELLANSCHEN WOLKEN

Am südlichen Sternhimmel befinden sich zwei matt schimmernde neblige Objekte, die als die Große und die Kleine Magellansche Wolke bezeichnet werden.

Die Große Magellansche Wolke (Large Magellanic Cloud, LMC) steht im Sternbild Schwertfisch (Dorado) und erscheint für das bloße Auge als ein auffälliges, milchiges, flächenhaftes Objekt mit einem Winkeldurchmesser von rund 12°. Sie steht etwa 20° vom Himmelssüdpol entfernt bei einer galaktischen Breite von –33° und somit in großer Distanz von der Milchstraßenebene. Die Kleine Magellansche Wolke (Small Magellanic Cloud, SMC) verfügt über einen Winkeldurchmesser von etwa 4° und ist bei einer galaktischen Breite von –44° im Sternbild Tucana zu finden.

Die erste Beschreibung dieser Gebilde stammt wohl von Amerigo Vespucci, der bei seinen Reisen gründliche astronomische Beobachtungen durchführte. In einem 1502 geschriebenen Brief schildert er den Anblick der Wolken als „weißen Canopos“, eine Art Baldachin. Die Wolken sind nach Fernão de Magalhães (Magellan) benannt, dem ersten Weltumsegler, dessen Reiseberichterstatter sie später ebenfalls beschrieb, jedoch wesentlich detaillierter als Vespucci. Natürlich wusste man damals nicht das Geringste über die Natur der beiden Objekte. Heute wissen wir jedoch, dass die beiden Wolken Begleit-Sternsysteme unserer Galaxis sind und mit ihr ebenso wie auch untereinander durch feine Materiebrücken aus Wasserstoff verbunden sind. Somit stellen die beiden Magellanschen Wolken zwar extragalaktische Sternsysteme dar, die aber doch mit unserer eigenen Galaxis eng verbunden sind – gleichsam galaktische „Vororte“ unserer Milchstraße.

DIE GROSSE UND DIE KLEINE MAGELLANSCHE WOLKE AM SÜDLICHEN STERNENHIMMEL

Sterne, Nebel und Struktur

Die Große Magellansche Wolke ist durch viele Objekte der Population I gekennzeichnet: Helle Emissionsnebel, heiße OB-Sterne und HII-Regionen kommen in Hülle und Fülle vor. Allein die Zahl der Sternhaufen liegt über 6500. Die OB-Gruppen sind von gewaltigen hellen Gasnebeln umgeben. Das eindrucksvollste Gebilde dieser Art in der LMC (Large Magellanic Cloud) ist der Tarantel-Nebel (30 Doradus), der mehr als 100 000 junge Sterne umfasst. Offensichtlich hat in der Wolke in jüngerer Vergangenheit ein intensiver Prozess der Sternentstehung stattgefunden, der auch gegenwärtig noch anhält. Andererseits verrät uns das Vorkommen von Kugelsternhaufen und RR-Lyrae-Sternen, dass die Wolke insgesamt über ein erhebliches Alter von mehreren Milliarden Jahren verfügen muss. Auch in der Kleinen Magellanschen Wolke finden sich viele Objekte der Population I, jedoch ist der Anteil älterer Gebilde der Population II größer als in der Großen Wolke.

Die beiden Magellanschen Wolken gehören – anders als unsere Galaxis – nicht zum Typ der Spiralsternsysteme. Sie werden als irreguläre Systeme bezeichnet, da Form und Struktur keine oder nur wenig Regelmäßigkeiten erkennen lassen. Solche Systeme finden sich auch sonst in den Tiefen des Raums. Da ihre Dimensionen und Leuchtkräfte jedoch weit hinter denen der Spiralnebel und der so genannten elliptischen Systeme zurückbleiben, sind nur jene aufzuspüren, die keine allzu großen Entfernungen aufweisen. Die Typen von Sternsystemen sind deshalb scheinbar sehr ungleich verteilt. Während 70 % auf die Spiralnebel und rund 27 % auf die elliptischen Nebel entfallen, liegt die scheinbare Häufigkeit der irregulären Systeme nur bei etwa 3 %. Doch dies entspricht mit Sicherheit nicht der wahren Verteilung. Man vermutet heute, dass die irregulären Galaxien ebenso häufig wie die Spiralsysteme (25 %) sind, während die elliptischen Systeme die größte Gruppe (50 %) darstellen.

DER TARANTEL-NEBEL IN DER GROSSEN MAGELLANSCHEN WOLKE IM STERNBILD SCHWERTFISCH

Die Große Magellansche Wolke weist eine Balkenstruktur auf. Der vergleichsweise kleine Balken führt eine starre Rotation aus, während das sonstige System differenziell rotiert, d. h. außen langsamer als innen. Die Große Magellansche Wolke beherbergt bei einem Durchmesser von 21 000 Lichtjahren etwa 10 Milliarden Sonnenmassen, die Kleine Wolke (Durchmesser knapp 10 000 Lichtjahre) nur 2 Milliarden.

Entfernungsbestimmung

Wegen ihres vergleichsweise geringen Abstandes sind in den Magellanschen Wolken mit den Hilfsmitteln der modernen Astronomie sehr viele Einzelobjekte zu identifizieren – von Sternen bis zu Sternhaufen und Gasnebeln. Die scheinbaren Helligkeiten dieser Sterne, der Lichtwechsel von Veränderlichen oder ihr Spektraltyp können mit großer Genauigkeit ermittelt werden. Unter den Objekten befinden sich auch viele Distanz-Indikatoren, so dass die gewonnenen Daten von prinzipieller Bedeutung auch für die Entfernungsbestimmungen weiter entfernter Objekte sind.

Die Kleine Magellansche Wolke war das erste extragalaktische Gebilde überhaupt, dessen Entfernung bestimmt wurde. Im Jahr 1912 hatte die amerikanische Astronomin Henrietta Swan Leavitt

DIE ENTFERNUNG DER LMC

Die Entfernung der Großen Magellanschen Wolke lässt sich aus folgender Beziehung bestimmen:

$$\pi'' = a''/a$$

Hier bedeuten π'' – die Parallaxe in Bogensekunden, a'' – der Abstand Supernova-Stern zum Supernova-Ring in Bogensekunden, a – Abstand Stern – Ring in linearem Maß.

definitiv nachweisen können, dass die scheinbaren Helligkeiten der δ-Cephei-Sterne in der Kleinen Magellanschen Wolke ungefähr linear mit dem Logarithmus ihrer Lichtwechselperioden anwachsen. Da sie alle annähernd gleich weit von der Erde entfernt sind, bedeutete dies praktisch auch einen Zusammenhang zwischen den absoluten Helligkeiten und den Perioden des Lichtwechsels. Somit boten die leicht feststellbaren Lichtwechselperioden dieser Sterne eine Möglichkeit, die absoluten Helligkeiten zu bestimmen und aus der Differenz zu den scheinbaren Helligkeiten, dem Entfernungsmodul, die Entfernungen dieser Sterne und damit auch der Kleinen Magellanschen Wolke abzuleiten. Voraussetzung war allerdings die Kenntnis der Distanzen einiger auch außerhalb der SMC vorkommenden δ-Cephei-Sterne, um die Beziehung zwischen Periode und absoluter Helligkeit zu eichen. Um jedoch trigonometrische Entfernungen hinreichend genau zu bestimmen, dürfen die betreffenden Objekte nicht weiter als höchstens 100 pc entfernt sein. Leider trifft dies auf die Cepheiden nicht zu – es herrscht Mangel an dieser Sternsorte in der näheren kosmischen Umgebung der Sonne. Im Zusammenhang mit der räumlichen Verteilung von Cepheiden verwendete nun im Jahr 1913 Ejnar Hertzsprung die sehr genau bekannten Eigenbewegungen von 13 solcher Sterne, die der Amerikaner Lewis Boss in einem Sternkatalog veröffentlicht hatte. So gelang es ihm, die Perioden-Helligkeits-Beziehung zu kalibrieren und sie auf diese Art für die Distanzbestimmung der Kleinen Magellanschen Wolke nutzbar zu machen. Wie meist bei historischen Erstleistungen, so war auch hier das zahlenmäßige Ergebnis falsch. Aber der richtige Weg zur Bestimmung extragalaktischer Distanzen war gewiesen.

Wegen der großen grundsätzlichen Bedeutung dieser beiden Begleitsysteme unserer Galaxis sind ihre Entfernungen neuerdings unter Verwendung der Hipparcos-Daten erneut untersucht worden. Auch neue Erkenntnisse über andere Entfernungs-Indikatoren sind in diese Forschungen mit eingeflossen. Insbesondere eine Supernova, die am 23. Februar des Jahres 1987 in der Großen Magellanschen Wolke aufflammte (SN 1987 A, s. Abb. rechts) und für rege Forschungsaktivitäten sorgte. Zum ersten Mal hatten die Astronomen Gelegenheit, den Ausbruch einer Supernova mit dem gesamten Instrumentarium der modernen Astrophysik zu verfolgen. Wenn die Explosion auch wesentlich weiter entfernt erfolgte als jene der Keplerschen Supernova von 1604, so wurde dieser Umstand doch durch das technische Arsenal der heutigen Zeit bei weitem wettgemacht.

Normalerweise werden Supernovae als Entfernungsindikatoren genutzt, weil ihre absoluten Helligkeiten bekannt sind und Supernovae des Typs I besonders hohe Leuchtkräfte besitzen und daher über große Distanzen beobachtet werden können. Dieses Verfahren versagte jedoch bei SN 1987 A. Ihre absolute Helligkeit

DAS GEBIET UM DIE SUPERNOVA 1987 A IN DER GROSSEN MAGELLANSCHEN WOLKE, VOR UND NACH IHRER EXPLOSION

entsprach nicht dem erwarteten Wert. Doch dank der modernen Beobachtungshilfsmittel bot sich eine andere Möglichkeit: Die Supernova sprengte einen Ring aus gasförmiger Materie ab, der sich mit großer Geschwindigkeit entfernte und dessen Durchmesser somit immer größer wurde. Die lineare Dimension dieses Ringes kann bestimmt werden, wenn man die „Reisezeit" des Lichtes bestimmt, das von der Supernova ausgeht und vom Ring reflektiert wird. So beobachteten die Forscher 700 Tage lang mit Hilfe des Satelliten „International Ultraviolet Explorer" (IUE) die Lichtkurven der Ultraviolett-Emission des Supernova-Überrests und deren Reflexe. Gleichzeitig wurde die Winkelausdehnung des Rings mit dem im Erdorbit fliegenden Hubble-Weltraumteleskop verfolgt. Die Kombination beider Daten führt direkt zur Bestimmung der Entfernung.

Doch in die Auswertung gehen eine Reihe von Voraussetzungen mit ein, von denen nicht hinreichend bekannt ist, mit welcher Genauigkeit sie zutreffen, z. B. der genaue Ort der Supernova in der Wolke. Deshalb wurden die erhaltenen Werte mit denen aus anderen Methoden verglichen. Damit lautet das Ergebnis: Die Distanz der Großen Magellanschen Wolke beträgt 167 192 (± 7880) Licht-

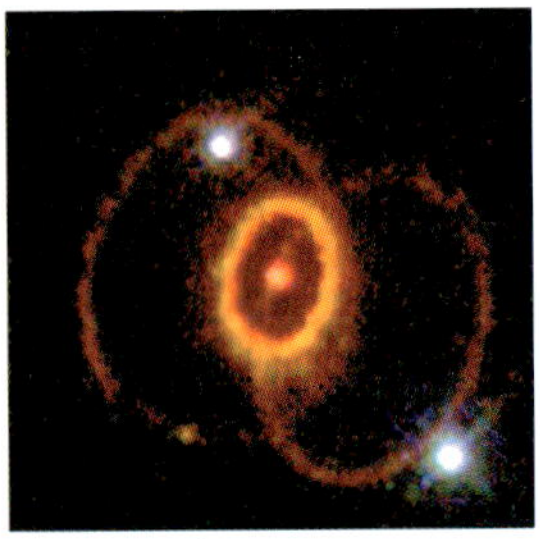

DIE STRUKTUR DER SUPERNOVA 1987 A

jahre. Für die Kleine Magellansche Wolke ergibt sich unter Verwendung der Hipparcos-Daten und neuerer Messungen mit dem Instrumentarium der Europäischen Südsternwarte (ESO) in Chile u. a. ein etwas größerer Wert. Das Zentrum der SMC könnte gut 200 000 Lichtjahre von uns entfernt liegen. Doch das letzte Wort ist noch nicht gesprochen. Die Fachwelt blickt schon jetzt mit Spannung den wesentlich präziseren Werten entgegen, die mit Hilfe der „Space Interferometry Mission" (nach 2005) und dem Nachfolger von Hipparcos, dem Projekt GAIA, gewonnen werden sollen.

Die Resultate betreffen natürlich nicht nur die Magellanschen Wolken, sondern die gesamte astronomische Entfernungsskala.

DER ANDROMEDA-NEBEL

Das milchige Nebelfleckchen oberhalb des Sterns ν im Sternbild Andromeda ist schon seit langem bekannt, da man es in klaren Nächten ohne Mühe mit dem bloßen Auge erkennen kann. Ptolemaios hat es allerdings nirgends erwähnt. Die wahrscheinlich früheste Beschreibung des Andromeda-Nebels stammt von dem muslimischen Astronomen Abd ar-Rahman al Sufi, der ihn in einer um das Jahr 965 geschaffenen Serie von Sternbild-Darstellungen als „wolkenförmigen Fleck" erwähnt. Kurz nach der Einführung des Fernrohrs gab Simon Marius die erste teleskopische Beschreibung des Objekts und Messier verzeichnete ihn schließlich unter der Nummer 31 in seinem Nebelkatalog. Im späteren „New General Catalogue" (NGC) ist er unter der Nummer 224 verzeichnet. Doch was war das für ein merkwürdiger Nebel? Darüber herrschte lange Unklarheit.

Die Natur und Entfernung des Nebels

Einen Wandel brachte die Entdeckung der Spektralanalyse. William Huggins konnte somit um 1864 zeigen, dass der Andromeda-Nebel ein anderes Spektrum aufwies als viele der sonstigen nebligen Gebilde des Himmels. Während diese nämlich helle, voneinander isolierte Linien erkennen ließen, die später so genannten Emissionslinien, erinnerte das Spektrum von M 31 eher an Fixsterne mit einem Strahlungskontinuum über alle Wellenlängen und eingebetteten dunklen Absorptionslinien. Doch die Meinungen gingen weit auseinander. Noch 1907 veröffentlichte der Astronom Karl Petrus Theodor Bohlin eine Entfernungsangabe von 20 Lichtjahren für den milchigen Fleck. Andererseits verwies der Amerikaner

DIE ANDROMEDA-SPIRALGALAXIE, UNSERE NÄCHSTE GROSSE NACHBARGALAXIE

Heber Doust Curtis 1917 auf eine Nova im Andromeda-Nebel. Warum sollte diese eine andere mittlere absolute Helligkeit besitzen als die sonstigen damals bekannten Novae? Sollte sich dies aber so verhalten, dann musste M 31 mindestens eine Million Lichtjahre entfernt sein – unter Berücksichtigung möglicher interstellarer Materie sogar noch weiter.

Erst ein Durchbruch auf dem Gebiet der Beobachtungstechnik brachte 1923 schließlich die Wahrheit ans Licht: Damals gelang es Edwin Hubble, die Randpartien des Andromeda-Nebels unter Anwendung des zu seiner Zeit größten Spiegelteleskops der Welt, des 2,5-m-Hooker-Spiegels auf dem Mt. Wilson, in Einzelsterne auf-

DAS HOOKER-TELESKOP

zulösen. Rasch zeigte eine Analyse der vergleichsweise hochauflösenden Fotografien, dass es sich um eine gigantische Sternansammlung handelte, die in vieler Hinsicht unserem Milchstraßensystem ähnelte. Vor allem fand Hubble dort zahlreiche Objekte, wie sie bisher nur aus dem Studium der eigenen Galaxis bekannt waren, so auch Veränderliche mit einem Lichtwechsel wie bei δ Cephei. In der Annahme, dass für diese Cepheiden die gleiche Perioden-Helligkeits-Beziehung gültig ist wie für die galaktischen Objekte desselben Typs, konnte Hubble die Entfernung von M 31 bestimmen. In seinem Buch „The Realm of the Nebulae“ (Das Reich der Nebel) spricht er von 700 000 Lichtjahren! Obwohl der Wert der auf diese Art bestimmten Entfernung gegenüber den heutigen Erkenntnissen noch viel zu klein war, konnte doch kein Zweifel mehr daran bestehen, dass es sich bei M 31 um ein extragalaktisches Sternsystem handelte – weitaus tiefer im Raum schwebend als die beiden Magellanschen Wolken.

EDWIN POWELL HUBBLE

Heute können wir auf Grund der neuen Erkenntnisse von Hipparcos davon ausgehen, dass die Entfernung der Andromeda-Galaxie etwa 3 Millionen Lichtjahre beträgt. Es handelt sich um das entfernteste Objekt, das wir mit dem bloßen Auge im Universum noch mühelos zu erkennen vermögen. Natürlich ist dieser kosmische Nachbar unseres Milchstraßensystems von all den hunderten Millionen Galaxien, die wir inzwischen kennen, der am meisten und gründlichsten untersuchte. Der Vorteil liegt auf der Hand: Bei unserem eigenen Milchstraßensystem haben wir mit der Schwierigkeit zu kämpfen, es von innen heraus erkunden zu müssen und dabei von gewaltigen Staubansammlungen drastisch behindert zu werden. Der Andromeda-Nebel hingegen bietet sich uns im Außenanblick dar. Die heutige moderne Beobachtungstechnik gestattet uns, eine große Menge an Einzelobjekten wie Sterne, Sternhaufen und Gasnebel nicht nur wahrzunehmen, sondern auch detaillierte Daten über diese Objekte zu gewinnen.

Die große Schwester der Milchstraße

Bei der Interpretation des Erscheinungsbildes von M 31 müssen wir berücksichtigen, dass der Neigungswinkel der Äquatorebene des Systems gegen unsere Blickrichtung, der so genannte Visionsradius, etwa 13° beträgt. Dies führt zu einer Verzerrung des Bildes. Dennoch können wir unschwer erkennen, dass es sich hier um ein Spiralsystem desselben Typs handelt wie unsere Milchstraße. Mehrere Windungen der Spiralarme sind trotz der perspektivischen Verkürzung deutlich wahrzunehmen. Allerdings übertrifft M 31 unsere Galaxis deutlich an Ausdehnung und Masse. Der Durchmesser liegt bei 150 000 Lichtjahren, die Masse bei etwa 300

Milliarden Sonnenmassen. Der große Durchmesser der elliptischen Scheibe erscheint uns unter einem Winkel von 4,2° und damit mehr als acht Vollmonddurchmessern. Dies gilt allerdings nur für die Beobachtung in großen Teleskopen. In kleinen Fernrohren nehmen wir nur einen Lichtfleck der Ausdehnung 1,5° x 0,5° wahr.

Die Ähnlichkeit von M 31 mit unserer Galaxis ist sehr weitreichend, so dass der Andromeda-Nebel als eine Art Leitbild für die Erforschung unseres eigenen Milchstraßensystems hervorragend geeignet ist. So finden wir in den zentrumsnahen Gebieten rote Überriesen und eine große Menge von Zwergsternen, die dort einen riesigen Sternhaufen zu bilden scheinen. Die Spiralarme sind – wie in unserem System – durch eine hohe Dichte von neutralem Wasserstoff, durch HII-Regionen sowie OB-Assoziationen und Staubstreifen charakterisiert.

In jüngster Vergangenheit haben Forscher des Max-Planck-Instituts für Radioastronomie der Universität Bonn und Andere eine umfangreiche Kartierung des Andromeda-Nebels vorgenommen und dabei eine bisher nicht erreichte Menge an Daten über die Nachbargalaxie gesammelt. Dabei wurde die Gesamtheit der Spiralarmstruktur mit hoher Auflösung ebenso abgebildet wie einzelne Regionen von nur wenigen Dutzend Lichtjahren Ausdehnung. Die hohe Auflösung spezieller Details erreichten die Wissenschaftler, indem fünf Radioteleskope mit 15 Meter Durchmesser zusammengeschaltet wurden, so dass die wirksame Öffnung des Teleskops 400 Meter betrug. Zahlreiche turbulente Molekülwolken unterschiedlicher Struktur erschienen auf den Bildern. Ihre Eigenschaften werden offensichtlich von jungen Sternen bestimmt, die sich in unmittelbarer räumlicher Nähe befinden.

Wie unsere Galaxis besitzt auch M 31 zwei kleinere Begleitsysteme, die schon bei Messier unter den Nummern 32 (NGC 221) und 110 (NGC 205) verzeichnet sind. Sie können bereits mit Ferngläsern und kleinen Teleskopen gesehen werden. Während M 31 mit einer absoluten Helligkeit von $-21{,}1^{M}$ strahlt, beträgt die der beiden Begleitsysteme nur $-16{,}4^{M}$ und liegt damit um fast 5 Größenklassen niedriger. Der Grund dafür ist, dass die beiden Begleitsysteme wesentlich weniger Sterne enthalten als M 31. Bei NGC 221 sind es etwa 4 Milliarden Sonnenmassen, bei NGC 205 rund das Doppelte. Die Begleiter zählen zum Typ der elliptischen Galaxien – anders als die beiden Magellanschen Wolken.

Durch die optische Messung der Radialgeschwindigkeiten von HII-Gebieten und den radioastronomisch bestimmten des neutralen Wasserstoffs ist es gelungen, auch die Rotationskurve des Andromeda-Nebels aufzunehmen. Sie ist derjenigen unserer eigenen Galaxis äußerst ähnlich. Auch hier findet man zunächst einen Anstieg und dann das flache Auslaufen bis in große Abstände vom Zentrum. Auf dieser Rotationskurve beruht die Massenabschätzung von M 31 zu rund 300 Milliarden Sonnenmassen.

KOLLISIONEN VON MILCHSTRASSENSYSTEMEN

Die Durchmesser der Sterne sind klein im Vergleich zu ihren Abständen. Deshalb sind Kollisionen von Sternen im Weltall extrem unwahrscheinlich.

Anders verhält es sich jedoch mit den Galaxien. Ihre Dimensionen liegen in derselben Größenordnung wie ihre Distanzen untereinander. Zusammenstöße oder nahe Vorübergänge sind daher vergleichsweise häufig zu erwarten und gehören gleichsam zu den Lebensgeschichten der Sternsysteme. Jede Galaxie dürfte im Laufe ihres Lebens mehrere Zusammenstöße oder nahe Begegnungen mit anderen Vertretern ihrer Gattung erleiden. In dicht mit Sternsystemen bevölkerten Galaxienhaufen rechnet man in jeweils 100 Millionen bis 1 Milliarde Jahren mit einem solchen Ereignis.

Karambolagen mit Beteiligung der Milchstraße

Modellrechnungen zeigen, dass auch unsere Galaxis einer Karambolage entgegengeht: In rund 5 Milliarden Jahren wird der Andromeda-Nebel so nahe an unserem Milchstraßensystem vorüberlaufen, dass dies nicht ohne Folgen für die beiden großen Sternsysteme bleiben kann (s. Abb. rechts). Die Sterne selbst sind bei sich durchdringenden Galaxien zwar nicht von Zusammenstößen betroffen, wohl aber die gasförmigen Bestandteile. Das Gas wird förmlich aus den Systemen hinausgefegt – mit schwerwiegenden Folgen. Die Spiralstruktur geht ganz oder teilweise verloren und der Sternentstehungsprozess, der sich gerade in den Gasansammlungen abspielt, kommt zum Erliegen. Gravitative Schockwellen durchlaufen die Gas- und Staubwolken der Galaxien und die hohen Materiedichten an der Front solcher Wellen können wiederum der Auslöser für die Entstehung neuer Sterne sein, wodurch sich andere großräumige Strukturen in den beteiligten Galaxien herausbilden. Davon ist auch der Sterninhalt der beiden beteiligten Galaxien betroffen. Die starken Gezeitenkräfte beim Vorübergang verzerren die früheren Strukturen und sorgen für eine gründliche Neuverteilung. So können sich – je nach der Art der Begegnung zweier Galaxien – Materiebrücken, Schweife und andere neue morphologische Strukturen herausbilden. Unter bestimmten Umständen können zwei Galaxien sogar miteinander verschmelzen. Im Ergebnis entsteht dann als Produkt von galaktischem Kannibalismus eine neue Galaxie.

Die bevorstehende Begegnung unserer Galaxis mit M 31 dürfte übrigens nicht das erste derartige Ereignis im Leben unserer heimatlichen Weltinsel sein. Man schließt dies aus der Tatsache, dass

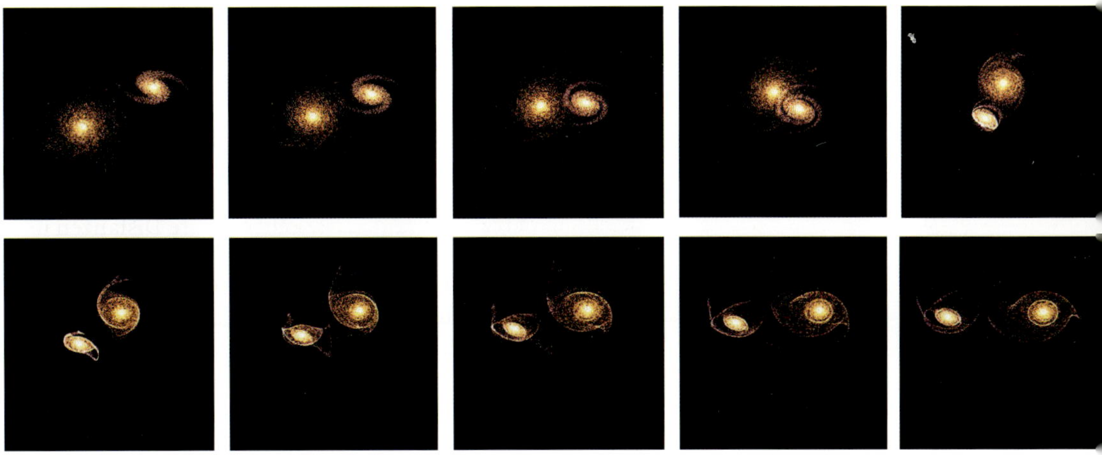

SIMULATION DES ZUSAMMENSTOSSES ZWEIER GALAXIEN IN ZEITSCHRITTEN VON ZEHN MILLIONEN JAHREN

unser Milchstraßensystem zum Typ der Balkenspiralen gehört. Die Entstehung eines zentralen Balkens, von dessen Ende die Spiralarme ausgehen, wird nämlich als das Ergebnis enger Begegnungen zweier Systeme interpretiert. Ist diese Annahme richtig, lässt sich aus der Wahrscheinlichkeit für galaktische Karambolagen die Häufigkeit von Sternsystemen mit Balkenspiralen abschätzen. Seit man die Infrarottechnik zu Hilfe genommen hat, mit der es möglich ist, die zentralen Strukturen der Galaxien zu erforschen, konnte man den theoretisch erwarteten Anteil tatsächlich nachweisen.

Zusammenstöße und ihre Folgen

Beispiele von Kollisionen von Sternsystemen kann man in den weiten Räumen jenseits unserer Galaxis direkt beobachten. Findet man in einer fernen Galaxie Gebiete mit abnorm hohen Sternentstehungsraten, so handelt es sich meist um das Resultat einer Kollision. Diese so genannten Starburst-Galaxien kennt man in Hülle und Fülle. Als der amerikanische Astronom Halton Arp in den 60er-Jahren des 20. Jahrhunderts einen Atlas so genannter pekuliarer Galaxien veröffentlichte, hielt man auch diese teilweise bizarr geformten Gebilde für Produkte kosmischer Kollisionen. Doch erst mit der Entwicklung schnell rechnender Computer wurde es schließlich möglich, Galaxienbegegnungen und -zusammenstöße zu simulieren. Dabei zeigte sich tatsächlich, dass die gerechneten Ergebnisse denen äußerst ähnlich sehen, die man im Kosmos wirklich beobachtet.

Als Prototyp einer Galaxienkollision gelten die „Antennen-Galaxien" NGC 4038 und 4039. Die beiden Zentralgebiete der beteiligten Galaxien sind noch zu erkennen (s. Abb. rechts). In den Spiralarmen erblickt man eine schier unerschöpfliche Ansammlung von bläulichen Sternentstehungsgebieten, die offensichtlich als Ergebnis der Kollision entstanden sind. Rund 1000 junger Sternhaufen sind auf den Fotografien mit dem Hubble-Weltraumteleskop gezählt worden. Man nimmt an, dass es sich um künftige Kugelsternhaufen handelt. Dieses Szenario wirft einige festgefahrene Vorstellungen über den Haufen. Denn nunmehr kann nicht mehr ausgeschlossen werden, dass Kugelsternhaufen in einer Galaxie auch deutlich jünger sein können als andere Objekte – je nach der Vorgeschichte des jeweiligen Sternsystems. Wenn wir annehmen dürfen – und es sieht nach dem heutigen Kenntnisstand ganz so aus –, dass viele Galaxien in ihrem heutigen Zustand Relikte früherer Vermelzungsvorgänge sind, dann ist auch die in elliptischen Galaxien gefundene hohe Zahl von Kugelsternhaufen nicht mehr verwunderlich. Im Gegenteil: Bei der „Fusion" zweier Galaxien kommen wahrscheinlich auch Prozesse in Gang, die zur Bildung neuer Kugelsternhaufen führen.

Eine andere Folge galaktischer Kollisionen betrifft eine Spezies von Sternen, die sich als Einzelobjekte in dem öden Raum zwischen den Galaxien aufhalten. So hatte man schon vor einiger Zeit zahlreiche Planetarische Nebel im Raum zwischen den Sternsystemen des Virgo-Haufens gefunden – ein zunächst schwer erklärbarer Befund. Schließlich wurden mit dem Hubble-Teleskop auch noch intergalaktische Rote Riesen entdeckt. Nach allem, was wir über Sternentwicklung heute wissen, werden sich dort zweifellos auch noch andere, weniger leuchtkräftige Objekte befinden, etwa Hauptreihensterne geringerer Leuchtkraft, die deswegen mit den heutigen technischen Hilfsmitteln nicht nachzuweisen sind. Sie können nur als Folge galaktischer Zusammenstöße dorthin gelangt sein, zumal solche dramatischen Begegnungen von Galaxien in der Frühzeit des Universums noch weitaus häufiger stattgefunden haben müssen als heute. Die dabei wirksam werdenden ungeheuer

DIE ANTENNEN-GALAXIEN NGC 4038 UND NGC 4039 IM STERNBILD RABE

großen Gravitationskräfte haben diese Single-Sonnen gleichsam aus ihren Heimatgalaxien in den intergalaktischen Raum hinausgeschleudert.

So zeigt sich letztlich, dass wir eine einzelne Galaxie nur dann richtig verstehen können, wenn wir sie als Teil einer größeren Gesamtheit von Sternsystemen und deren Wechselwirkungen untereinander begreifen.

EPILOG

Wir sind am Ende unserer Betrachtungen angelangt. Lassen wir die zahlreichen Objekte noch einmal Revue passieren, denen wir bei unseren Überlegungen begegnet sind, so stellen wir fest: Ein gewaltiges Spiel kosmischer Farben, Formen und Energien ist an uns vorübergezogen.

Das war freilich in früheren Jahrhunderten ganz anders. Selbst nach der Erfindung des Fernrohrs erschienen die kosmischen Objekte bis weit in das 19. Jahrhundert hinein als lichtschwache und nahezu farblose Gebilde. Erst die grandiose technische Ausweitung unserer künstlichen Sehwerkzeuge bis zur Wahrnehmung schwächster Intensitäten in allen Wellenlängenbereichen der Strahlung ließ nach und nach die beeindruckende Farbkulisse des Universums vor unseren Augen erstehen, der wir heute auf allen Fotografien begegnen. Mit immer raffinierteren Auswertemethoden fotografischer und elektronischer Dokumente lernten die Astronomen, schwächste Helligkeitsdifferenzen durch Kontrastverstärkung und Falschfarben hervorzuheben und dadurch Strukturen zu entdecken, die uns sonst verborgen geblieben wären. So kamen ganz neuartige Bilder in Umlauf, die zwar die Wirklichkeit widerspiegeln, aber nicht mehr die wahren Farben: die Welt der Falschfarbenbilder, wie wir sie mit keinem Fernrohr der Welt auch nur andeutungsweise beobachten könnten. Hier zeigt sich: Indem wir der Wahrheit immer näher kommen, entfernen wir uns gleichzeitig immer mehr von Anschaulichkeit und unmittelbarem Augenschein.

Auch in der Erkenntnis der Räumlichkeit haben wir längst Abschied genommen von den sinnlichen Bildern früherer Zeiten:

DAS PANORAMA UNSERER MILCHSTRASSE

An die Stelle eines flächenhaften Mosaiks kosmischer Gebilde an der Himmelssphäre hat die Forschung ein dreidimensionales Raumgebilde von unvorstellbaren Ausmaßen gesetzt. Weit jenseits unserer Erfahrungswelt liegen auch die Zeitskalen des kosmischen Geschehens. Angesichts der Dauer eines einzelnen menschlichen Lebens erscheint uns das Firmament wie ein Symbol ewigen Stillstandes. Doch hinter diesem scheinbaren Gleichmaß verbirgt sich ein brodelnder Hexenkessel von Naturgewalten, in dem allerdings selbst rasch ablaufende Vorgänge oft noch die Zeitspanne ganzer irdischer Geschichtsepochen in Anspruch nehmen. Von einem auf immer in sich selbst ruhenden Universum kann keine Rede sein.

Der historische Weg von den ersten staunenden Blicken der Menschen empor zum Lichtband der Milchstraße in grauer Vorzeit bis zu dem heutigen facettenreichen Bild einer majestätisch rotierenden in ständiger Veränderung begriffenen Galaxis zeigt die grandiose Leistung menschlichen Forschens – wer empfindet hier nicht Bewunderung? Doch zugleich mahnt gerade der Weg zu unseren heutigen Kenntnissen auch zu Sachlichkeit und Bescheidenheit. Haben wir nicht Fragen über Fragen offen lassen müssen? So groß die Fortschritte auch sein mögen, die wir gegenüber unseren Vorfahren erreicht haben, so bleibt doch all unser Wissen nur eine Momentaufnahme. Viele Rätsel harren noch ihrer Lösung. Und wenn diese uns heute so brennend erscheinenden Fragen eines Tages beantwortet sein werden? Ohne Zweifel tauchen dann neue Probleme auf.

So mag unsere Vorstellung von den uns umgebenden kosmischen Welten immer vollkommener und umfassender werden – vollendet wird sie dennoch niemals sein. Deshalb bleibt der Kosmos auch weiter, was er immer gewesen ist: voller Abenteuer für künftige Forscher.

ZUM WEITERLESEN

Angesichts der sich rasch verändernden Erkenntnisse sei allen interessierten Lesern empfohlen, die aktuellen Veröffentlichungen in den Zeitschriften *Sterne und Weltraum* sowie *Bild der Wissenschaft*, *Spektrum der Wissenschaft*, *Astronomie heute* und *StarObserver* zu verfolgen. Hier findet man naturgemäß Beiträge von hoher Aktualität. Auch die Suche im Internet ist ausdrücklich zu empfehlen, entweder unter einschlägigen Adressen (z. B. www.eso.org) oder mit Hilfe von Suchmaschinen.

In dem nachfolgenden Verzeichnis von Büchern sind absichtlich auch einige ältere Werke aufgeführt, weil in ihnen manche Aspekte über die Milchstraße – besonders für historisch interessierte Leser – ausführlicher dargestellt werden als in der neueren Literatur. Sollten einige Bücher im Handel nicht mehr erhältlich sein, lassen sie sich aber in jedem Fall in Bibliotheken finden.

Becker, W., *Sterne und Sternsysteme*, Theodor Steinkopff Verlag, 2. Auflage, Dresden und Leipzig, 1950

Brunier, S. *Das Universum*, Kosmos-Verlag, Stuttgart, 2002

Burkert, A., Kippenhahn, R., *Die Milchstraße*, Ch. Beck Verlag, München, 1996

Feitzinger, J. V., *Die Milchstraße*, Spektrum Akademischer Verlag, Heidelberg, 2002

Fischer, D., Duerbeck, H. W., *Das Hubble-Universum*, Birkhäuser-Verlag, Basel, 1998

Gondolatsch, F., *Astronomie*, Klett-Verlag, Stuttgart, 1988

Götz, W., Die offenen Sternhaufen unserer Galaxis, Johann Ambrosius Barth Verlag, Leipzig, 1989

Henbest, N., Couper, H., *Die Milchstraße*, Birkhäuser-Verlag, Basel, Boston, Berlin, 1996

Herrmann, D. B., Schwarz, O. (Hrsgb.), *Basiswissen Schule Astronomie*, Paetec-Verlag, Berlin und Mannheim, 2001

Herrmann, D. B., *Geschichte der modernen Astronomie*, Aulis-Verlag, Köln, 1986

Herrmann, D. B., *Kosmische Weiten*, Johann Ambrosius Barth Verlag, Leipzig, 1990

Keller, H.-U., *Astrowissen*, Kosmos-Verlag, Stuttgart, 2003

Keller, H.-U., *Kosmos Himmelsjahr*, Kosmos-Verlag, Stuttgart

Keller, H.-U., *Von Ringplaneten und Schwarzen Löchern*, Kosmos-Verlag, Stuttgart, 2002

Kippenhahn, R., *Hundert Milliarden Sonnen*, R. Piper & Co. Verlag, München, 1980

Kobold, H., *Der Bau des Fixsternsystems*, Friedrich Vieweg und Sohn, Braunschweig, 1906

Kühn, L., *Das Milchstraßensystem*, Hirzel-Verlag, Stuttgart, 2002
Langer, N., *Leben und Sterben der Sterne*, C. H. Beck, München, 1995
Lehrbuch Astronomie. Sekundarstufe II, Paetec-Verlag Berlin, 2001
Livio, M., *Das beschleunigte Universum*, Kosmos-Verlag, Stuttgart, 2001
Lorenzen, D., H., *Deep Space*, Kosmos-Verlag, Stuttgart, 2000
Lorenzen, D., H., *Geheimnisvolles Universum*, Kosmos-Verlag, Stuttgart, 2002
Mellinger, A., Hoffmann, S., *Der große Kosmos Himmelsatlas*, Kosmos-Verlag, Stuttgart, 2002
Mezger, G. P., *Blick in das kalte Weltall*, Deutsche Verlagsanstalt, Stuttgart, 1992
Pahlen, E. v. d., *Lehrbuch der Stellarstatistik*, Johann Ambrosius Barth Verlag, Leipzig, 1937
Rees, M., *Vor dem Anfang, Eine Geschichte des Universums*; S. Fischer Verlag, Frankfurt/M., 2001
Rohlfs, K., *Die Ordnung des Universums*, Birkhäuser-Verlag, Basel, Boston, Berlin, 1992
Scheffler, H., Elsässer, H., *Bau und Physik der Galaxis*, Bibliographisches Institut, Mannheim, 1992
Unsöld, A., Baschek, B., *Der neue Kosmos*, 7. Auflage, Springer-Verlag, Heidelberg, 2002
Whitney, C. A., *The Discovery of our Galaxy*, Alfred A. Knopf, New York, 1971
Wolfschmidt, G., *Milchstraße, Nebel, Galaxien*, Abhandlungen und Berichte des Deutschen Museums, München, 1995

BILDNACHWEIS

Archiv Archenhold-Sternwarte: 19, 110; Astrophysikalisches Institut Potsdam: 38; Stefan Binnewies: 90/91; NASA/Chandra (Röntgensatellit): 143, 147, 160/161; ESA (European Space Agency): 22; ESO (Europäische Südsternwarte): 64, 74/75, 92, 99, 130/131, 163, 189. 191, 199; Bernd Flach-Wilken: 78; Walter Gröning: 155; Archiv Dieter B. Herrmann: 13, 14, 36, 47, 86; Archiv Kosmos-Verlag: 10, 12, 46, 87, 106, 107, 111, 168; Max-Plack-Institut für Radioastronomie: 96; Sven Melchert: 197; Mount Wilson Observatory: 194; Axel Melliger: 6/7, 96, 109, 200/ 201; NASA/ESA/SOHO (Solar and Heliospheric Observatory): 8/9; NASA/HST (Hubble-Weltraumteleskop): 44/45, 52, 53, 61, 63, 99, 145, 156, 180, 192; National Gallery London: 105; NASA/MPE/Rosat: 139; NOAO (National Optical Astronomical Observatories): 27, 30, 76, 81, 136, 137, 140, 146, 148, 150, 151, 153, 182/183, 184, 188, 193; NRAO (National Radio Astronomical Observatories): 138; Klaus-Peter Schröder: 79, 88, 102/103

REGISTER

IMPRESSUM

Umschlaggestaltung von eStudio Calamar unter Verwendung einer Aufnahme der Bildagentur Astrofoto, dreier Aufnahmen der NASA (drittes von links und beide Bilder auf der Rückseite, Aufnahme-Instrument: Hubble-Weltraumteleskop), zweier Aufnahmen der ESO (das erste und vierte von links, Europäische Südsternwarte, Chile) und einer Aufnahme der National Optical Astronomy Observatories (NOAO, Arizona, USA)

Mit 62 Farbfotos, 9 Schwarzweißfotos und 48 Illustrationen von Gerhard Weiland, Köln.

Bildnachweis S. 203

Bibliografische Information der Deutschen Bibliothek
Die Deutsche Bibliothek verzeichnet diese Publikation in der Deutschen Nationalbibliografie. Detaillierte bibliografische Daten sind im Internet über http://dnb.ddb.de abrufbar.

Gedruckt auf chlorfrei gebleichtem Papier

ISBN 3-440-09409-X
Redaktion: Justina Engelmann
Produktion: Siegfried Fischer, Stuttgart
Printed in Czech Republic/Imprimé en République Tchèque

Postfach 106011
D-70049 Stuttgart
TELEFON +49 (0)711-2191-0
FAX +49 (0)711-2191-422
WEB www.kosmos.de
E-MAIL info@kosmos.de